物联网
智能设备制作

刘持标 李年攸 何力鸿
张子超 郑建城 ○ 著

清华大学出版社
北京

内 容 简 介

本书包括物联网智能设备介绍、物联网智能设备制作基础、智能设备通信技术、智能设备 PCB 电路板设计、物联网节点-智能光敏继电器制作、物联网节点-智能远距离无线电（Long Range Radio，LoRa）测距设备制作、物联网网关-智能微型气象站制作、物联网网关-STM32 智能开关制作、鸿蒙智能网关制作、智能物联网设备上位机软件设计 10 章内容。

本书是作者多年国内外物联网应用领域科研、教学及生产实践成果的总结。目前，市面上还没有有关物联网智能设备制作的教科书，本书填补了这个领域的空白。本书可作为高等院校物联网工程、网络工程、传感网工程、人工智能、智能科学与技术、数据科学与大数据技术、电子信息与通信、信息与计算科学等专业的教学用书，也可作为相关专业研究人员的参考用书。

图书在版编目（CIP）数据

物联网智能设备制作 / 刘持标等著. -- 北京：清
华大学出版社, 2025. 4. -- ISBN 978-7-302-69070-2

Ⅰ. P393.4；TP18

中国国家版本馆 CIP 数据核字第 20252ZD611 号

责任编辑：邓　艳
封面设计：刘　超
版式设计：楠竹文化
责任校对：范文芳
责任印制：刘海龙

出版发行：清华大学出版社
　　　网　　址：https://www.tup.com.cn，https://www.wqxuetang.com
　　　地　　址：北京清华大学学研大厦 A 座　　　邮　　编：100084
　　　社 总 机：010-83470000　　　邮　　购：010-62786544
　　　投稿与读者服务：010-62776969，c-service@tup.tsinghua.edu.cn
　　　质量反馈：010-62772015，zhiliang@tup.tsinghua.edu.cn
印 装 者：北京同文印刷有限责任公司
经　　销：全国新华书店
开　　本：185mm×260mm　　　印　　张：18.5　　　字　　数：462 千字
版　　次：2025 年 5 月第 1 版　　　印　　次：2025 年 5 月第 1 次印刷
定　　价：69.80 元

产品编号：108693-01

前 言
PREFACE

物联网（Internet of Things，IOT）服务涉及智慧农业、智能交通、环境保护、政府工作、公共安全、智能家居、智能消防、工业监测、老人护理、智慧医疗等多个领域。"物联网实时信息系统"通过提供"实时了解、实时控制"的物联网服务，来解决现实社会各个方面所存在的问题。"物联网实时信息系统"由物联网节点、物联网网关、物联网传输网络、物联网数据服务中心、物联网服务接入网络、物联网客户端组成。物联网节点及物联网网关是组成物联网实时信息系统的核心智能设备。通过本书，学生能够理解相关原理，并掌握从印刷电路板（printed circuit board，PCB）开始制作智能网关及智能节点的详细步骤，加深对物联网实时信息系统的理解，增强设计并制作物联网智能设备解决实际问题的工程实践能力。

本书具有显著特色，书中内容是作者在物联网智能设备制作领域历经多年科研、教学及生产实践所取得成果的精心总结。尤为重要的是，它成功填补了物联网智能设备制作领域高校教材的空白，为相关专业的教学与学习提供了宝贵的资源和全新的视角。本书对物联网智能设备制作相关的理论及实践知识的阐述具有较深的深度、较大的广度及较强的可读性。作者基于物联网领域的校企合作、科研及教学成果，对智能设备所涉及的各种概念及关键技术进行了较为完整的论述，在编写上力求使用图文结合的形式，使教材的内容通俗易懂。同时，利用详细的具有较强操作性的实例，指导学生在学习过程中掌握成功制作物联网智能设备的各个步骤，提高学生的学习兴趣及解决实际问题的能力。本书分为3篇，共10章内容。第1篇，物联网智能设备基础，包含3章内容；第2篇，物联网智能设备制作，包含5章内容；第3篇，高级物联网智能设备及软件开发，包含2章内容。

第1章为物联网智能设备介绍，主要内容包括物联网简介、物联网实时信息系统、物联网网关智能设备、物联网数据节点智能设备、物联网控制节点智能设备、物联网智能设备数据存储分析公共平台。第2章为物联网智能设备制作基础，主要内容包括物联网微控制器及开发环境、Arduino IDE集成开发环境及测试、Keil集成开发环境安装及测试、微控制器与物联网节点的连接与测试、物联网数据节点测试、物联网控制节点测试。第3章为智能设备通信技术，主要内容包括智能设备通信技术简介、网关-节点通信技术、网关-数据中心通信技术、网关-数据中心Wi-Fi无线通信测试。

第4章为智能设备PCB电路板设计，主要内容包括PCB电路板设计软件简介、Altium Designer软件安装与应用、嘉立创电子设计自动化（electronic design automation，EDA）标准版安装与使用、嘉立创EDA导出Altium Designer原理图及封装库、Altium Designer测试导出的原理图及封装库、智能设备电子元器件焊接。第5章为物联网节点-智能光敏继电器制作，主要内容包括智能光敏继电器简介、智能光敏继电器的电路图设计、智能光敏继电器的PCB设计、智能光敏继电器的打板与焊接、智能光敏继电器程序设计。第6章为物联网节点-智能 LoRa 测距设备制作,主要内容包括超声波测距设备简介、超声波距离传感器工作原理、LoRa 无线通信模组 SX1278 工作原理、LoRa 超声波测距设备电路设计、智能 LoRa 测距设备程序设计与测试。

第 7 章为物联网网关-智能微型气象站制作,主要内容包括微型气象站简介、微型气象站电子元器件、微型气象站电路图设计、微型气象站制作、微型气象站智能设备软件设计与烧录、Arduino 微型气象站数据通信测试。第 8 章为物联网网关-STM32 智能开关制作,主要内容包括智能开关简介、智能开关电子元器件库文件准备、STM32 智能蓝牙开关电子原理图设计、STM32 智能蓝牙开关 PCB 电路板设计、智能开关软件设计及通信测试。

第 9 章为鸿蒙智能网关制作,主要内容包括鸿蒙操作系统简介、Hi3861 芯片、FS-Hi3861 鸿蒙网关开发环境搭建及测试、BearPi-HM Nano 鸿蒙网关开发环境搭建及测试、鸿蒙应用 App 开发。第 10 章为智能物联网设备上位机软件设计,主要内容包括网关智能设备-上位机介绍、SpringBoot Web 服务器开发、SpringBoot MyBatis Web 服务器设计与实现、传输控制协议(transmission control protocol,TCP)服务器上位机开发。

本书作者刘持标具有丰富的物联网智能设备制作经历,撰写了本书第 1—10 章的主要内容。李年攸、何力鸿、郑建城老师参与了教材内容的审核和完善。中兴新思张子超参与本书第 5 章及第 6 章内容的设计和撰写。校企合作编写教材,一方面可以进一步深化应用技术型高等教育与企业的深度融合,另一方面可以利用企业的优势资源来满足培养高素质物联网应用型人才的需求。

感谢三明学院信息工程学院、福建省农业物联网应用重点实验室、物联网应用福建省高校工程研究中心为本书的顺利完成提供的大力支持。感谢学生徐俊杰、林健所提供的相关案例。感谢 2023 年福建省技术创新重点攻关及产业化项目(校企联合类)(2023XQ009)、2023 年福建省自然科学基金资助项目(2023J011028)、三明市产学研协同创新重点科技项目(2022-G-12)、2019 年省级虚拟仿真实验教学项目-智能农业 3D 虚拟仿真实验教学项目(闽教高〔2019〕13 号)、2021 年省级虚拟仿真实验教学项目-基于物联网的种猪繁育智慧养殖虚拟仿真实验教学项目(闽教高〔2021〕52 号)、2022 物联网工程省级一流本科专业建设点(教高厅函〔2022〕14 号)、福建省现代产业学院"三明学院-中兴通讯 ICT 学院"(闽教高〔2022〕14 号)的支持。同时,欢迎广大读者提出宝贵意见。

在编写本书时,作者虽倾尽全力,却仍觉学识有限。若书中存在不足之处,还望读者海涵,不吝赐教。

2025 年 2 月

著者

目 录
CONTENTS

第 1 篇 物联网智能设备基础

第 2 篇　物联网智能设备制作

第3篇 高级物联网智能设备及软件开发

第 1 篇　物联网智能设备基础

第 1 章

物联网智能设备介绍

学习要点

☐ 了解物联网的相关概念。

☐ 掌握物联网实时信息系统的组成。

☐ 了解物联网数据及控制节点智能设备的相关知识。

☐ 了解物联网网关智能设备的相关知识。

1.1 物联网简介

物联网是指把人们"所感兴趣的物体"通过智能设备连接到网上所构建的网络。物联网可以向用户提供针对"所感兴趣的物体"的"实时了解与实时控制"的物联网服务。"实时了解"是指人们通过智能手机或者计算机，可以每时每刻获取有关"所感兴趣的物体"的状态信息。"实时控制"是指用户通过使用智能手机或者计算机，可以每时每刻远程采取一定的操作来改变"所感兴趣的物体"的状态，如远程打开或者关闭空调等。

人们"所感兴趣的物体"包括"儿童、老人、桥梁、高速公路、医院、河流、工厂、农作物、家禽、空调、灯等"。物联网针对上述"所感兴趣"的物体，所提供的物联网服务包括儿童实时定位、老人健康实时监测、桥梁状态实时监测、智慧交通、智慧医疗、河流状态实时监测、无人工厂、智慧农业、智慧养殖、远程开关空调、远程开关灯等。

物联网实际上是一个可以提供"实时了解、实时控制"服务的信息化综合体，该综合体也被称为"物联网实时信息系统"。

1.2 物联网实时信息系统

当前，物联网是一个规模大小及应用种类各不相同的实时信息系统。物联网实时信息系统通过传感器、射频识别（radio frequency identification，RFID）、全球定位系统（global positioning system，GPS）、北斗卫星导航系统（Beidou satellite navigation system，BDS）及仪表等收集所监测对象的实时状态信息，并将感兴趣信息及时传输到数据服务中心。其对数据中心的各种数据进行智能化处理后可形成各种物联网信息服务。人们可以在没有意识到物联网存在的情况下，通过适当的智能终端设备（如智能手机等）接入网络并享受物联网所提供的各种实时信息服务。

1.2.1 物联网实时信息系统组成

物联网工程的任务是建立高效、稳定的物联网实时信息系统。如图 1-1 所示，物联网实时信息系统一般包含节点、网关、传输网络、数据服务中心、物联网服务接入网络和物联网服务客户端六个部分。①物联网节点是指 RFID 标签、传感器、各种仪表、继电器、执行器等可产生实时数据及进行实时控制的电子元器件。通过物联网节点，人们"所感兴趣的物体"被连接到网络上；②物联网网关是一个具有多种接口的嵌入式计算机设备，其可以收集并处理来自其所管理的各类节点的数据，并将处理后的数据通过其具有的通信接口（3G/4G/5G、Wi-Fi、以太网等）传送到 IOT 数据服务中心；③物联网传输网络负责网关与数据服务中心之间的数据传送，常见的传输网络包括 3G/4G/5G 移动网络、Wi-Fi 无线网络及有线以太网等；④物联网数据服务中心负责存储来自一个或多个 IOT 网关的实时数据，并对数据进行分析、处理及显示；⑤通过物联网服务接入网络，用户可以接收或使用物联网数据服务中心提供的服务，如实时监测、定位跟踪、警报处理、反向控制和远程维护等。物联网服务接入网络和物联网传输网络可以是同一个网络，也可以是不同的网络；⑥物联网服务客户端是用户通过物联网服务接入网络接收或使用数据服务中心提供的服务的设备，它包括智能手机、平板计算机、笔记本计算机和台式计算机等。

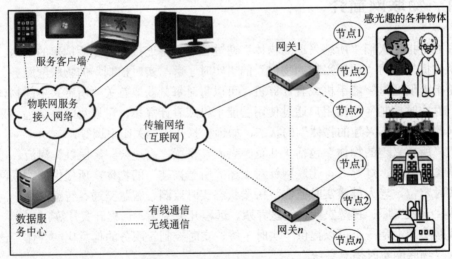

图 1-1　物联网实时信息系统组成

1.2.2 物联网节点

物联网节点的作用是使人们所感兴趣的物体与网络连接起来，将这些物体的各种信息实时地通过物联网网关传输到物联网数据服务中心，并生成各种物联网信息服务。可同网关进行数据交换的节点如图 1-2 所示。

物联网节点具体来说就是仪表、传感器、RFID、摄像头、GPS 设备、执行器和继电器等。一维码、二维码、RFID 标签等节点的主要作用是识别物体；传感网、传感器及仪表等节点主要用来获取物体的状态及环境信息；执行器和继电器主要用来控制被监控的设备；GPS、BDS 等节点主要用来跟踪被监控物体的位置信息；摄像头等节点主要用来监控物体当前的行为状态。物联网节点通过通用串行总线（universal serial bus，USB）、推荐标准 232（recommended standard 232，RS-232）、推荐标准 485（recommended standard 485，RS-485）、蓝牙、红外、ZigBee 等短距离有线或无线传输技术进行协同工作或者传递数据到物联网网关。网关进一步将来自不同节点的数据通过传输网络发送到物联网数据服务中心。

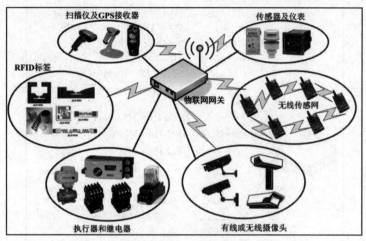

图 1-2　可同物联网网关进行数据交换的各类节点

1.2.3　物联网网关

物联网网关在物联网应用中扮演着非常重要的角色，可以实现感知延伸网络与接入网络之间的协议转换，既可以实现广域互联，又可以实现局域互联，广泛应用于智能家居、智能社区、数字医院和智能交通等各行各业。物联网网关具有数据收集、数据上传及设备控制 3 大功能。

物联网网关数据的收集一般是通过串行通信接口来实现的。网关收集多个传感器信号，并将其转换为数字形式，然后将传感器数据传送到数据服务中心。如果传感器是数字量，可以直接传送出去；如果传感器是模拟量，则需要先进行模拟到数字（Analog to Digital，AD）的转换。

物联网网关既可以通过传感器技术来采集外部环境状态信息，也可以接收用户远程控制命令。一方面，网关可以利用通信模块将采集到的数据传输到数据服务中心；另一方面，网关可以接收控制命令，实现设备控制。

本节以继电器为例，说明物联网网关如何实现设备控制。继电器通常用于自动控制电路，它实际上是一个"自动开关"，使用小电流来控制大电流。例如，STM32 物联网网关控制继电器的电路示意图如图 1-3 所示。STM32 网关接收到来自数据服务中心的控制指令后，STM32 微控制器通过控制继电器引脚 7 的电平来控制电路。将引脚 7 被设置为高电平来打开继电器；将引脚 7 设置为低电平来关闭继电器。当继电器打开时，会发出"哒"声。

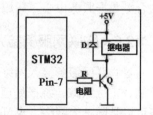

图 1-3　STM32 物联网网关控制继电器的电路示意图

1.2.4　物联网传输网络

物联网传输网络主要基于现有的移动通信网络、互联网等网络来完成来自网关到数据服务中心的数据传输。如图 1-4 所示，物联网网关将综合使用以太网、3G/4G/5G、Wi-Fi 等通信技术，将数据实时传输到数据服务中心。

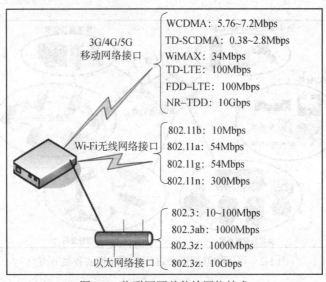

图 1-4　物联网网关传输网络技术

1.2.5　物联网数据服务中心

物联网所提供的实时信息服务是由物联网数据服务中心来完成的。数据服务中心的主要功能是把来自众多物联网网关的数据进行分析和处理，做出正确的控制和决策，实现智能化的管理、应用和服务。用于物联网数据处理的数据服务中心可完成跨行业、跨应用、跨系统的实时信息共享。数据服务中心智能化数据处理所提供的信息化服务可提高很多行业的服务质量，这些行业包括电力行业、医疗行业、交通部门、环境保护、物流管理、银行金融、工业制造、精细农业、城市智能化管理及家居生活等。

物联网数据服务中心，也被称为"云服务中心"，它同人工智能及云计算有着密切的关系。人工智能使数据中心可以快速地收集和分析数据，并产生高质量的数据报告。物联网数据服务中心涉及的存储及计算可以由传统的用户自己掌握的软硬件资源来完成，也可以由来自外部的云计算服务来完成。根据物联网应用规模的不同，数据服务中心可以分为网关服务器融合型数据服务中心、局域网数据服务中心、广域网数据服务中心和多级数据服务中心。

1.2.6　物联网服务接入网络

通过物联网服务接入网络，用户可以接收或使用物联网数据服务中心提供的服务，如实时监测、定位跟踪、警报处理、反向控制和远程维护等。物联网服务接入网络和物联网传输网络可以是同一个网络，也可以是不同的网络。

1.2.7　物联网服务客户端

物联网服务客户端是用户通过物联网服务接入网络接收或使用数据服务中心提供的服务

的设备，它包括智能手机、平板计算机、笔记本计算机和台式计算机等。

1.3　物联网网关智能设备

物联网网关是物联网应用中最重要、最核心的设备。通过与物联网数据节点结合，网关可以实时获取来自"人们所感兴趣物体"的各种数据。同时，通过与物联网控制节点结合，网关还可以实时对"人们所感兴趣物体"进行各种操作。

1.3.1　智能工业物联网网关产品实例

工业物联网网关是工业领域用于通信的网关，它能够实现分散的工业设备之间的数据交互，并通过物联网网关和互联网实现通信。具体来说，工业物联网网关下行连接感知层设备，上行连接传输通道（骨干网），其所处工作环境恶劣，如高温、高噪声、高压、高灰尘等。图 1-5 所示为多接口霜蝉工业物联网网关。

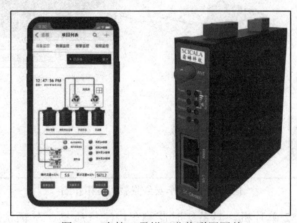

图 1-5　多接口霜蝉工业物联网网关

多接口工业物联网网关的主要功能包括多接口支持、协议转换、远程管理，分别叙述如下。①多接口支持：该网关支持多种不同的通信接口，如以太网、串口、控制器局域网（controller area network，CAN）等，这使得它能够与各种不同类型的工业设备进行连接。这种灵活性使得网关可以适应不同的工业环境和应用场景；②协议转换：由于工业设备使用的通信协议各不相同，因此网关需要具备协议转换能力。多接口霜蝉工业物联网网关内置了多种常用的工业通信协议，如 Modbus（一种串行通信协议）、Profibus（一个用在自动化技术的现场总线标准）、Profinet（基于以太网技术的自动化总线标准）等，可以实现不同协议之间的转换，从而确保设备之间的顺畅通信；③远程管理：该网关支持远程管理功能，可以通过互联网对设备进行远程监控、配置和维护。这大大简化了设备的维护工作，降低了运营成本，同时提高了设备的可用性和可靠性。网关能够对从工业设备收集到的数据进行处理和分析，然后将有用的信息传输到云平台或其他上位管理系统中。这有助于实现对设备的实时监控和智能化管理。在工业物联网环境中，安全性是至关重要的。多接口霜蝉工业物联网网关采用了多种安全措施，如数据加密、访问控制等，以确保数据传输和设备控制的安全性。总的来说，多接口工业物联网网关是一种功能强大、灵活多变的设备，它在工业物联网中发挥着至关重要的作用，能够实现设备之间的连接、通信和数据传输，从而推动工业生产的智能化和自动化进程。

1.3.2　智能网关定制开发案例

针对私家车内部空气质量难以监测及因疏忽导致无行为能力的老人和小孩被困在车内等问题，本案例开发了一个完整的 STM32 私家车安全监测物联网网关，其网络拓扑图如图 1-6 所示。

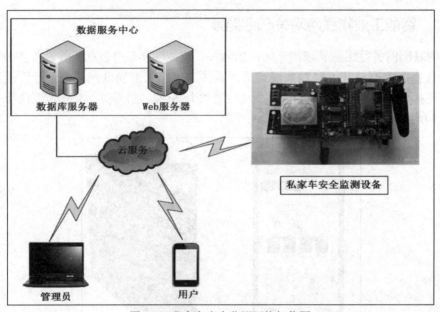

图 1-6　私家车安全监测网络拓扑图

该网关基于 STM32 单片机，具备实时监测车内空气质量、车辆状态及驾驶员行为等功能。通过内置的传感器，网关可以实时采集车内空气质量数据，如二氧化碳、甲醛等有害气体浓度，并及时将数据传输至远程服务器。一旦检测到空气质量异常，网关将立即发出警报，提醒驾驶员及时处理。

此外，该网关还配备了人体感应模块，可实时监测车内是否有乘客。当检测到有乘客被困在车内时，网关会立即发送报警信号至驾驶员手机 App 和远程服务器，以确保乘客安全。在硬件方面，该网关采用了高性能、低功耗的 STM32 单片机，具备较强的数据处理能力和稳定性。同时，该网关支持多种通信方式，如蓝牙、Wi-Fi 和 4G 等，确保数据传输的实时性和稳定性。在软件方面，网关实现了多种功能模块，如数据采集、数据分析、报警处理等。同时，网关还具备自适应学习能力，可根据驾驶员的行为习惯和车内环境进行智能调整，提高监测的准确性。

为了方便用户使用，本案例还开发了手机 App，用户可通过手机 App 实时查看车内空气质量数据、车辆状态及报警信息。

本案例的 STM32 私家车安全监测物联网网关具有以下 4 个优点：①实时监测车内空气质量，保障乘客健康；②人体感应模块可防止老人及小孩被困在车内；③支持多种通信方式，确保数据传输的稳定性；④手机 App 远程控制，方便驾驶员实时了解车内情况。

通过本案例的 STM32 私家车安全监测物联网网关（图 1-7），车主可以更加便捷地关注车内空气质量及乘客安全，有效降低因车内环境问题导致的疾病发生率和救援困难。在未来的汽车智能化发展中，此类网关技术有望成为标准配置，为广大车主带来更加安全、舒适的驾驶体验。该网关主要由 STM32 微处理器、温湿度传感器、烟雾传感器、红外感应传感器、通用无线分组业务（general packet radio service，GPRS）传输模块等组成。

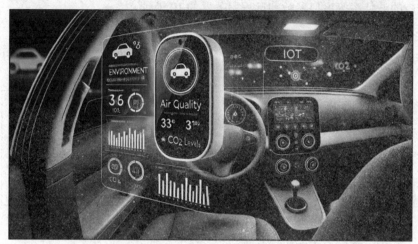

图 1-7　私家车安全监测物联网网关产品示意图

该网关收集车内各种环境数据后，通过 GPRS 模块将数据发送到云服务器上。该网关使用方便，用户通过扫描二维码注册登录并绑定网关后，就可以实时监测车内环境数据并获取安全警报。系统主要通过私家车安全监测设备实时收集传感器的数据，通过 GPRS 将数据发送到云服务器上，设备使用者可以直接在 Android（安卓）客户端查看数据。私家车安全监测系统的 Web 后台可以直接进行后台数据管理，移动端可以实时查看数据。当收集到的数据出现异常时，立刻弹窗报警。STM32 车辆安全监测网关的制作主要使用 Altium Designer 绘制硬件 PCB（图 1-8）；用 Keil uVision4 软件及 C/C++语言来进行硬件驱动开发及代码编译。

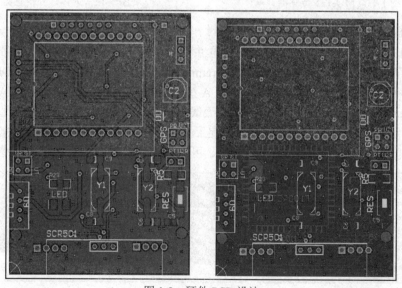

图 1-8　硬件 PCB 设计

1. GPRS 模块

私家车安全监测系统网关摒弃了蓝牙网络和有线以太网，利用 GPRS 网络+服务器的方式提高传输效率和多终端远程控制。GPRS 网络服务快捷便利，可实现车内环境数据的实时传输。如图 1-9 所示，SIM900A 芯片无线模块结构紧凑、可靠性高、造价较低、性能稳定，能适应车载环境的要求。通过 AT 指令（用于终端设备与 PC 应用之间的连接与通信的指令）可以设定对应的波特率等串口参数和远程服务器的 IP 地址。

2. MQ-2 烟雾传感器

如图 1-10 所示，MQ-2 烟雾传感器在私家车安全监测设备中的作用是负责监测车里是否存在过量的二氧化碳。当车里的二氧化碳浓度过高时，会促使设备报警。

图 1-9　GPRS 模块

图 1-10　MQ-2 烟雾传感器

3. MQ-135 传感器与人体红外传感器

如图 1-11 所示，MQ-135 传感器可用于监测有毒气体一氧化碳的浓度是否过高，对有害气体监测具有较好的灵敏度。人体红外传感器如图 1-12 所示，它用于监测车内是否有人。

图 1-11　MQ-135 传感器

图 1-12　人体红外传感器

4. GPS 模块与 DHT11 数字温湿度传感器

如图 1-13 所示，GPS 模块可以实时定位并获取当前所在位置的经纬度，带有电可擦除可编程只读存储器（electrically-erasable programmable read-only memory，EEPROM），可掉电记忆波特率帧数据等设置信息，带有超小型 A 型（subMiniature version a，SMA）和额外输入参数（input parameter extra，IPEX）双重天线接口，连接天线可以更加精准地进行定位。如图 1-14 所示，DHT11 数字温湿度传感器是私家车安全监测设备的温湿度采集模块，该传感器具有抗干扰能力强、性价比高、响应快、可靠性高、功耗低、稳定性强等特点。

图 1-13　GPS 模块

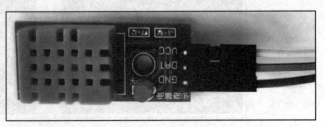
图 1-14　DHT11 数字温湿度传感器

5. PCB 打样成品

将设计好的私家车安全监测的 PCB 图进行打包，并联系正规厂家，将打包好的文件发送给厂家，制成 PCB 电路板，如图 1-15 所示。利用电表测试电路板是否出现短路现象，若一切正常，则将电子元器件焊到电路板上，制成设备成品，如图 1-16 所示。

在完成电路板的制作后，需要对成品进行详细的质量检查。首先，对电路板上的所有电子元器件进行逐一检查，确保它们的型号、规格和位置都符合设计要求。在确保电路板质量合格后，需要进行软件调试。将编写好的程序烧录到微控制器中，然后使用仿真软件对程序进行调试，以保证其在各种工况下的稳定性和可靠性。同时，检查传感器和执行器的信号输出是否正常，以确保整个系统的灵敏度和响应速度满足设计要求。

完成软件调试后，将私家车安全监测设备安装到实际车辆中进行实地测试。在测试过程中，记录设备的工作数据，并与预期目标进行对比。通过分析实测数据，对设备进行优化和改进，以提高其在实际应用中的性能。

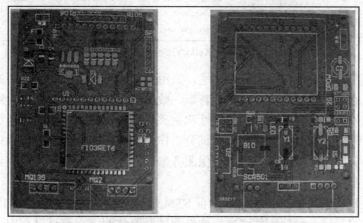

图 1-15　网关 PCB 成品正面（左）与反面（右）

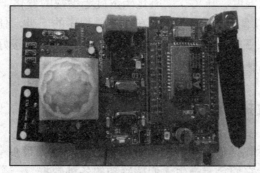

图 1-16　焊接后的私家车安全网关

6. 设备程序设计

至此，STM32 车辆安全监测网关的设计与制作已完成。为了使设备能进行多传感器的数据收集、传输，以及连接服务器，接下来要进行硬件程序的编写、烧录。本设备主要使用 Keil uVision5 进行代码的编写，使用 FlyMcu 软件进行烧录。

如图 1-17 所示，Keil uVision5 安装完成后即可打开。使用 Keil uVision5 进行代码编写时，需要对各个传感器进行初始化和配置，以实现数据采集。针对不同的传感器，需编写相应的数据处理函数。例如，编写对压力传感器、GPS 模块、温度传感器、二氧化碳浓度检测模块等的数据处理函数。这些函数将负责对传感器数据进行滤波、标定、转换等操作，以得到最终的有效数据。

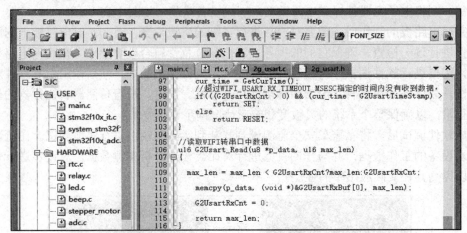

图 1-17　Keil uVision5 主界面

接下来，需要实现数据传输功能。这里，采用串口通信的方式将采集到的数据发送至服务器。编写串口通信函数时，需要注意波特率、数据位、停止位等参数的设置，以确保数据的稳定传输。此外，为了保证数据的实时性和完整性，还需要实现数据加密和校验功能。与此同时，还需要编写服务器连接程序。这部分工作主要包括服务器地址和端口的设置、通信协议的选择、服务器响应处理等。为了确保服务器端能正确解析和处理接收到的数据，还需设计数据格式转换模块。

在完成上述软件编写后，将代码烧录至 STM32 单片机。为了确保设备的安全性和稳定性，需进行严格的测试，包括硬件测试、软件测试及整体测试。测试过程中，需要关注设备在不同工况下的表现，如温度、压力、二氧化碳浓度等参数的变化。

FlyMcu 是一款仿真软件，它是 STM32 在线烧录程序的工具，使用方法简单，开发者使用该软件可以快速入门。下载并安装软件即可直接打开使用，连接好硬件后，就可以将程序编译生成的.hex 文件导入硬件，这个过程也称为代码烧录。

1.4　物联网数据节点智能设备

物联网节点主要包括数据节点与控制节点 2 种类型。数据节点一般指 RFID 标签、传感器、传感网及各种仪表，它们负责产生人们感兴趣的各种数据。一个传感器设备本身可以收集环境数据，并将数据直接上传到物联网网关。传感网是一个无线传感器的集合，多个无线传感器一起完成环境数据的收集，并将数据上传到物联网网关，本章将传感网作为一个特殊的物联网节点。IOT 节点所收集的数据包括物品编码、温度、湿度、气压、耗电量、大气有毒气体含量及水资源有害成分含量等。

1.4.1　智能传感器

智能传感器是一种具有较复杂信息处理功能的传感器。随着微处理器技术的发展，基于微处理器制造的智能传感器可实现数据收集、数据处理及数据交换等功能。与一般的传感器相比，智能传感器具有以下 3 个优势：①通过软件技术可以在成本较低的情况下，实现高精度的信息采集；②在程序的支持下实现数据的自动收集及设备的反向控制功能；③可实现较复杂的数据采集、处理及传输功能。按照应用的不同，传感器可被分为压力传感器、拉力传感器、位置传感器、液位传感器、能量消耗传感器、速度传感器、加速度传感器、射线辐射传感器和热敏传感器、土壤水分传感器（图 1-18）等。

图 1-18　土壤水分传感器

数字传感器（图 1-19）将非电信号转换成数字输出信号。伪数字传感器将被测量信号转换成频率信号或短周期的信号，并将这些信号输出给相应的设备进行处理。对于开关传感器，当被测信号的大小达到一个特定的阈值时，传感器将会对应输出一组低电平或高电平信号。

一个典型的无线温湿度传感器如图 1-20 所示。无线温湿度传感器采用了 LoRa 技术，具有准确度高、响应速度快、体积小、功耗低等优点。传感器的频率响应特性决定了被测量的频率范围，必须在允许频率范围内保持不失真的测量条件。传感器的线性范围越宽，其量程越大，并且能保证一定的测量精度。在选择传感器时，首先要考虑传感器的类型，可根据测量对象与测量环境来确定。

图 1-19　数字传感器

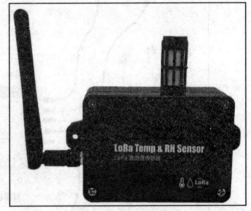

图 1-20　智能传感器

无线温湿度传感器通常由一个传感器和一个数据采集器组成。传感器负责测量环境温湿度，数据采集器负责将数据转换为数字信号并传输给计算机或其他设备。这种传感器可以实时在线测量温湿度，并使用 LoRa 无线通信技术进行数据传输。这意味着用户在任何地方都能进行监控和管理，如在计算机或手机上浏览数据。

基于传感器所测定的信息来源的不同，传感器可分为物理量传感器、化学传感器和生物传感器。如图 1-21 所示，智能脉搏传感器属于生物传感器，利用脉搏传感器可以制造智能穿戴设备，实时监测人体的脉搏信息。

如图 1-22 所示，随着越来越多传感器的使用，医疗器械的性能变得越来越好，市场销量巨大，这给传感器市场提供了一个广阔的发展空间。同时，体积小、性能好且便宜的传感器，更受到医疗领域的青睐。

图 1-21　脉搏传感器

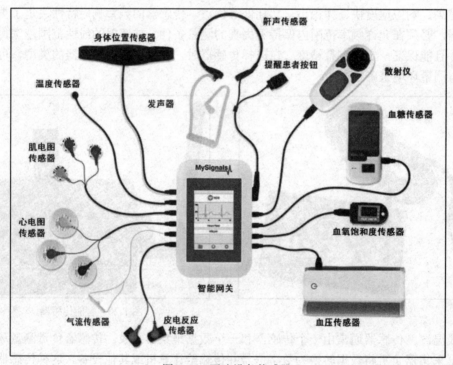

图 1-22　医疗设备传感器

　　如图 1-23 所示，无线传感网可用于危险工作环境下的现场监控，这些危险的工作环境包括煤矿坑道、石油钻井基地及核电站等；使工作现场的工作人员及环境状况可以得到有效监控，以防范危险情况的发生。传感网可以清晰地告诉管理人员工作现场是否有工作人员存在、工作人员正在做什么、工作人员是否安全等其他重要信息。为了实现对工厂废水、废气等污染物的有效监控，可以在工厂的每一个出口都安装相应的无线传感器节点，进行污染相关数据的实时收集、传输、分析及警报。另外，对于那些涉及易燃、易爆、有毒材料的工业化生产，现场的人力监控成本一直居高不下，使用无线传感网进行危险场所监控，可以使工作人员脱离高危环境。

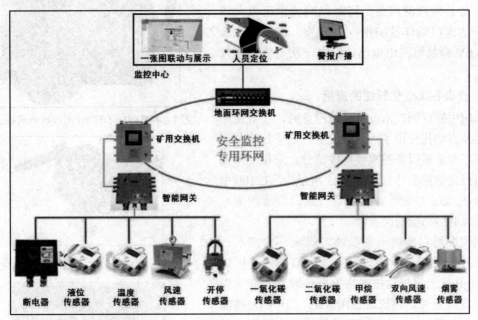

图 1-23　无线传感网在煤矿安全监测中的应用

1.4.2　智能数字仪表

仪表可以用来测量温度、功率、压力等，仪表的外形就像钟表，可以直接通过刻度来显示数值，这也是把这类工具称作仪表的原因。常见的仪表有压力仪表、温度仪表、流量仪表等，它们被广泛地应用于工业生产、农业生产、交通控制、科学研究、环境保护和学校科研教学等。一般而言，当前的很多仪表还不能够将其显示的数值直接变成计算机可以处理的数据。

仪表是利用各种不同的科学技术原理生产出来的工具，可以从不同方面对它们进行分类。按照使用的场所不同，仪表可分为量具仪表、汽车仪表、电离辐射仪表、船用仪表和航空仪表等。按照仪表所测的物理量的不同，仪表可分为温度测量仪表、压力测量仪表和流量测量仪表等。针对物联网应用，仪表可分为智能化仪表和非智能化仪表。智能化仪表以数字形式显示，并可将数据以无线或有线接口发送到计算机中进行数据处理；非智能仪表一般不能将数据直接发送到计算机中进行处理。要想将非智能仪表的数据发送到计算机中，一般要使用第三方的硬件及软件。

无线远程阀控水表是一种利用现代无线通信技术，结合传统的水表计量功能，实现对水表远程监控和控制的智能水表。其主要特点和功能描述如下：①远程监控：通过无线通信技术，如蓝牙、LoRa 等，水表可以与水务部门或水表管理单位建立稳定的远程通信连接。这样，管理部门可以实时获取水表的用水量、水压、水温等数据，对水表进行远程抄表、监控和控制；②阀门控制：水表内部配备了阀门控制装置，通过远程指令可以控制阀门的开启和关闭。这使得管理部门可以在用户欠费、用水量异常等情况下，远程控制阀门的开关，实现对供水的远程控制；③预付费功能：通过远程通信，用户可以实现线上缴费，管理部门可以实时更新用户的用水余额。当余额不足时，系统可以自动发送提醒信息给用户，避免停水。

图 1-24 为 DN15-DN200 无线远传阀控水表，它可以通过红外无线通信技术将所测取的水流量数据上传到物联网网关。同时，网关也可以向该水表下达阀门动作控制指令。另外，该无线水表使用 3.6V 锂氩可充电电池，充电一次可使用 1 月左右。

图 1-24　DN15-DN200 无线远程阀控水表

1. 仪表在工业化领域的应用

在应用物联网技术改造传统产业时，工业生产信息化及自动化应用了大量的仪表，这些仪表是现代大型工业关键设备的重要组成部分，是推动工业化与信息化的重要环节。图 1-25 所示为 AT2100 型 ZigBee 无线压力变送器，它是一款以电池供电、具有无线通信功能的仪表。

图 1-25　AT2100 型 ZigBee 无线压力变送器

该仪表可以实时监测石油、煤炭、自来水、自动化控制领域的重要设备的压力数据，并可以通过 ZigBee 无线传输技术将数据传输到 400 米以外的物联网网关。该仪表使用 3.6V（19Ah）高能锂电池，如果每 10 分钟采集并发送一次数据，电池寿命为 12 个月以上。

2. 仪表在高新技术领域的应用

一般而言，高性能的仪表将会对高水平科学研究和高新技术产业的发展起到非常大的推动作用。同时，仪表在振兴我国科学研究和教育的过程中，对于知识创新和技术创新，发挥着十分重要的作用。比如，图 1-26 所示的 PH-8251 PH仪，它可以同时测取环境的温度及 pH（酸碱）值，这对于很多领域的科学研究很有帮助。PH-8251 型工业用 PH/ORP 计是一台工业用在线 PH（ORP）值测量仪，配以管道连接式复合电极，具有使用方便、读数精确、数值稳定的特点。该仪表具有标准 RS-232C 串行口通信输出，可以连接到物联网网关，完成数据的实时上传。

图 1-26　PH-8251 PH 仪

3. 仪表在环境保护领域的应用

仪表可成为人类社会可持续发展的重要工具，在抵抗自然灾害、法治和相关法律的执行（质量、检查、测量和环境保护等）的实施过程中，各种仪表作为重要的实施手段已被广泛应用。图 1-27 为 QB2000F 型单点壁挂式二氧化硫

图 1-27　QB2000F 壁挂式二氧化硫报警器

检测报警器，它是一种固定式的环境空气质量检测仪表，可连续检测空气中可燃性气体浓度、氧气浓度和有毒有害气体的浓度。QB2000F 仪表可以通过 RS485 串口线将所测取的实时数据传输到与之连接的物联网网关。

1.4.3 智能北斗接收机

如图 1-28 所示，BDS 接收机是用来接收卫星信号以确定地面位置的电子设备。北斗接收机是北斗卫星导航系统的关键设备，用于实现导航定位、数据通信和时间同步等功能。它通过处理卫星信号来解算出用户的位置、速度和时间等信息。根据使用场景，北斗接收机可分为导航型、测地型、授时型和短报文型等不同类型，被广泛应用于各行各业。随着北斗系统的不断发展，北斗接收机的应用前景将更加广阔。

北斗接收机可提供的数据信息主要包括以下几个方面：①位置信息：北斗接收机通过接收并处理北斗卫星的信号，可以实现精确的定位功能，提供

图 1-28 常见北斗模块结构

用户的三维位置坐标，包括经度、纬度和高度等信息。这些数据可以用于各种导航、定位和位置监测等应用。②速度信息：除了位置信息外，北斗接收机还可以计算用户的速度信息，包括水平速度和垂直速度等。这些数据可以用于车辆导航、船舶航行、飞机飞行等需要速度参考的场景。③时间信息：北斗接收机利用北斗卫星提供的高精度时间标准，可以为用户提供精确的时间信息。这对于需要精确时间同步的应用非常重要，如通信网络、电力系统、金融交易等。④航向信息：部分北斗接收机还具备航向测量功能，可以提供用户的航向角信息。这对于需要方向参考的应用非常有用，如船舶航行、无人机飞行等。

特定卫星发射导航和定位信号可供数以百万计的设备接收，BDS 接收机的首要功能是接收卫星导航信号。对用户来说，只要拥有一台 BDS 信号接收机，并对接收到的 BDS 信息进行智能化处理（图 1-29），就可以实现地面、海洋和空间的导航及目标跟踪。

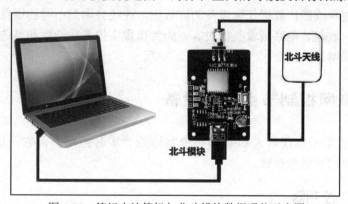

图 1-29 笔记本计算机与北斗模块数据通信示意图

BDS 接收机通过天线接收来自卫星的导航信号，然后将这些信号传输到微控制器。微控制器对接收到的信号进行解调、解码和处理，得到位置、速度和时间等信息。这些信息经过

误差校正和滤波处理后，最终输出给用户。

北斗导航卫星系统是我国着眼于国家安全和经济社会发展的需要，自主建设和运营的。作为具有国家意义的时空基础设施，BDS 为全球用户提供全天候、高精度的定位、导航和授时服务。自提供服务以来，BDS 已广泛应用于交通、农林牧渔、水文监测、气象预报、通信、电力调度、救灾、公安等领域，服务于国家重要基础设施，取得了显著的经济效益和社会效益。基于 BDS 的导航服务已被电子商务企业、智能移动终端制造商和基于位置的服务提供商广泛采用，这些企业已广泛进入大众消费、共享经济和民生领域。BDS 应用的新模式、新业态、新经济正在不断涌现，深刻地改变着人们的生产生活。我国将继续推动 BDS 应用和产业发展，为国家现代化建设和人民生活服务，为全球科技、经济和社会发展作出巨大贡献。

BDS 接收机与北斗导航系统可为全球用户提供定位服务，空间信号精度将优于 0.5 米；全球定位精度将优于 10 米，测速精度优于 0.2 米/秒，授时精度优于 20 纳秒；亚太地区定位精度将优于 5 米，测速精度优于 0.1 米/秒，授时精度优于 10 纳秒，整体性能大幅提升。BDS 接收机与北斗导航系统所提供的中国及周边地区短报文通信服务，服务容量提高 10 倍，用户机发射功率降低到原来的 1/10，单次通信能力为 1000 汉字（14000 比特），全球短报文通信服务，单次通信能力为 40 汉字（560 比特）。

1.4.4　智能摄像头

摄像头是一种获取图像或视频数据的设备，被广泛地应用于视频会议、远程医疗及实时监控等方面。人们也可以通过彼此的摄像头在网络进行有影像、有声音的交谈和沟通。另外，人们还可以将其用于当前各种流行的数码影像，影音处理等。

摄像头可分为数字摄像头和模拟摄像头两大类。数字摄像头可以将视频采集设备产生的模拟视频信号转换成数字信号，进而将其储存在计算机里。模拟摄像头捕捉到的视频信号只有经过特定的视频捕捉卡将模拟信号转换成数字模式，并加以压缩后才可以转换到计算机上运用。数字摄像头可以直接捕捉影像，然后通过串、并口或者 USB 接口将其传到计算机里。计算机市场上的摄像头基本以数字摄像头为主，而数字摄像头又以使用新型数据传输接口的 USB 数字摄像头为主。

在制作智能视频或图片数据获取设备的过程中，往往会用到不同的摄像头模块，如带引脚的摄像头模块、软包装电路摄像头模块等。因为摄像头的多功能性和可选择性，它们有效地应用于很多物联网领域。

1.5　物联网控制节点智能设备

控制节点一般用来实现对人们所感兴趣物体的"实时控制"，它一般包括 PLC 控制器、执行器、继电器和遥控器等。

1.5.1　PLC 控制器

可编程逻辑控制器（programmable logic controller，PLC），是一种专为工业环境应用而设计的数字运算操作电子系统。它具有易于编程、使用灵活、功能强大、可靠性高等特点，被广泛应用于各种工业自动化控制领域。PLC 控制器的主要功能包括以下 5 个方面：①顺序控制：PLC 控制器可以根据预设的程序，按照一定的顺序控制各种机械或生产流程，实现自动化生产；②逻辑控制：PLC 控制器可以进行各种逻辑运算，如与、或、非等，从而实现复杂的控制逻辑；③定时控制：PLC 控制器内置了精确的时钟，可以实现各种定时控制功能，如延时启动、定时关闭等；④计数控制：PLC 控制器可以对输入信号进行计数，根据计数结果控制输出，实现精确的计数控制；⑤数据处理：PLC 控制器可以对模拟量或数字量进行各种处理，如数学运算、数据转换等。

在硬件组成上，PLC 控制器主要包括 CPU、存储器、输入输出接口、电源等部分。其中，CPU 是 PLC 控制器的核心部件，负责执行程序、处理数据、控制输入输出等操作。存储器用于存储程序和数据，输入输出接口用于与外部设备连接，电源则为 PLC 控制器提供稳定的工作电压。在软件方面，PLC 控制器通常采用梯形图、指令表等编程语言进行编程。这些编程语言直观易懂，易于学习和掌握，使得 PLC 控制器的编程和维护变得相对简单。总的来说，PLC 控制器是一种功能强大、可靠性高的工业自动化控制装置，被广泛应用于各种工业控制场合。

1.5.2 智能继电器

继电器通过控制线圈的通断，使得触点的开闭状态发生改变，从而实现对电路的控制（图 1-30）。具体来说，继电器的工作可以分为两个过程：动作过程和保持过程。在动作过程中，当线圈通电时，线圈产生磁场，该磁场使得铁芯磁化并吸引衔铁，进而改变触点的状态（常开触点变为闭合，常闭触点变为断开），从而控制电路的通断。线圈的电流和电压是继电器工作的基本条件，通常用额定电压和额定电流来表示。在保持过程中，一旦继电器的触点状态发生改变，即使线圈的电流消失，由于铁芯的剩磁和触点弹簧的反作用力，触点仍会保持改变后的状态，直到线圈再次通电或受到外力作用才会发生改变。

智能继电器是一种具备智能控制功能的电器设备，它可以根据预设的条件和指令来控制电流的通断。智能继电器可以通过手机、计算机等终端设备与网络连接，实现远程控制功能。用户可以通过手机 App 或者网页来控制继电器的开关状态。智能继电器的应用范围非常广泛，可以用于家庭、办公室、工厂等各种场所。Bluespp 蓝牙继电器模块 App 如图 1-31 所示，其使用方法如下：设置蓝牙串口 App，打开 App，切换到开关那一项，长按灰色方块弹出菜单进行设置，选十六进制，打开指令为 A0 01 01 A2，关闭指令为 A0 01 02 A3，注意空格不要多，格式要一致。给蓝牙继电器模块通电，在 App 里点击"连接"按钮进行搜索，第一次配对会比较久，多搜索几次（也可以用手机自带蓝牙搜索配对）。配对好以后就可以用 App 控制模块了。

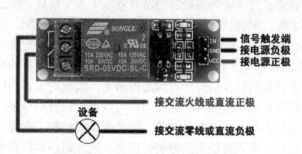

图 1-30 继电器模块引脚连线示意图

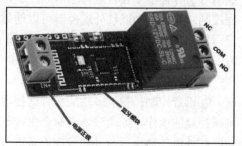

图 1-31 蓝牙继电器模块示意图

1.5.3　智能执行器

执行器是将输入的电信号或控制信号转换为物理运动或其他特定效应的装置。它接收来自控制器的指令，并根据这些指令的内容完成相应的动作。执行器需要控制信号和能源来实现其功能，其中控制信号可以是电压、电流、气动或液压等形式，能源可以是电流、液压或气压等。执行器的主要作用是将这些能源转换为机械运动，从而实现对各种机械或系统的控制。执行器和继电器在工业自动化领域中各自扮演着不同的角色。执行器主要负责接收指令信号并执行相应的操作，以改变被控制对象的状态；而继电器主要用于控制电路的通断，实现电路的自动切换和保护等功能。

智能执行器是一种能够根据预设的指令或条件自动执行动作的智能设备。它通常用于自动化系统中，可以与其他智能设备或系统进行联动，实现自动化控制和操作。智能执行器具备以下 4 个特点。①远程控制：智能执行器可以通过网络连接，实现远程控制功能。用户可以通过手机、计算机等终端设备远程操作执行器的动作。②自动化控制：智能执行器可以根据预设的条件或指令自动执行相应的操作。例如，根据温度传感器的信号，智能执行器可以自动开启或关闭空调。③联动控制：智能执行器可以与其他智能设备或系统进行联动控制。例如，智能执行器可以与智能灯泡进行联动，根据光照传感器的信号自动调节灯光亮度。④定时控制：智能执行器可以根据预设的时间进行定时控制。用户可以设置执行器在特定的时间执行特定的操作。

图 1-32　常闭型水暖电动执行器

智能执行器的应用范围非常广泛，可以用于家庭、办公室、工业自动化等各种场所。它可以提高系统的智能化程度，实现自动化控制和操作，提高工作效率和便利性。图 1-32 所示为一个常闭型水暖电动执行器。

当温控器设定温度大于室内温度两度或以上时，温控器会给执行器一个通电命令，执行器通电工作不再下压分水器阀杆，室内开始加热，当设定温度小于室内温度两度以上时，温控器无输出命令，执行器不工作，分水器阀门常闭，室内温度不变，常闭型多用于家庭壁挂炉分户采暖。

1.5.4　多功能红外遥控器

智能多功能红外遥控器是一种集成了智能控制和多种功能的遥控器设备，它可以通过红外线信号与各种电子设备进行通信和控制，智能多功能红外遥控器通常具备以下 4 个特点。①远程控制：智能多功能红外遥控器可以通过手机、平板计算机等智能终端设备进行远程控制。用户可以通过手机 App 或者其他智能终端上的应用程序来控制遥控器的功能和操作。②智能学习：智能多功能红外遥控器可以学习和模拟各种电子设备的红外信号，实现对不同设备的控制；用户可以通过遥控器上的学习功能，将设备的红外信号学习到遥控器上，实现对设备的控制。③语音控制：智能多功能红外遥控器通常支持语音控制功能。用户可以通过语音指令来控制遥控器的操作，如通过语音命令来控制电视的开关、音量调节等。④智能场景控制：智能多功能红外遥控器可以与其他智能设备进行联动，实现智能场景控制。例如，通过遥控器控制电视、音响、灯光等设备，实现影音娱乐场景的自动化控制。

如图 1-33 所示，IRK02 是一款多功能红外遥控学习模块，通过学习红外遥控的信号，它可以轻松控制各种家用电器、仪器仪表；可以学习市面上大多数品牌的空调、电视、音箱、灯具机顶盒等。它具有多种接口，支持多种控制方式，还支持 MODBUS 协议和简单代码协议；可应用于智能家居、工业领域、自动控制、远程控制等领域。如图 1-34 所示，使用 USB 转串口 TTL 工具进行连接，之后将 USB 插入计算机，打开已经下载好的开发资料包里面的驱动，安装完驱动之后，打开上位机软件，选择对应的串口号，设置出厂默认的波特率 9600，单击"打开"按钮，之后单击"读取信息"，显示设备连接成功。

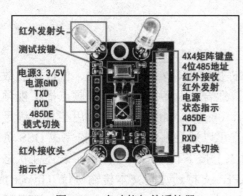

图 1-33　多功能红外遥控器

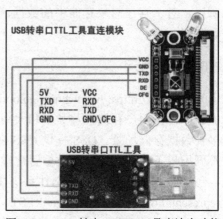

图 1-34　USB 转串口 TTL 工具直连多功能
红外遥控器模块

1.6　物联网智能设备数据存储分析公共平台

物联网智能设备数据存储分析公共平台是指一个集中存储和分析物联网智能设备数据的公共平台。它提供了一个统一的数据存储和分析环境，用于处理来自不同用户、不同智能设备的数据，并提供数据分析和可视化的功能。物联网智能设备数据存储分析公共平台通常具备以下 5 个特点。①数据存储：该平台能够接收和存储来自各种智能设备的数据，包括传感器数据、设备状态数据等。它提供可扩展的数据存储能力，能够处理大量的数据；②数据分析：该平台具备数据分析和处理的能力，可以对存储的数据进行各种分析和计算。例如，该平台可以进行数据聚合、数据挖掘、统计分析等，从中提取有价值的信息；③实时监控：该平台可以实时监控智能设备的状态和数据变化，并及时反馈给用户。用户可以通过平台查看设备的实时数据、告警信息等；④可视化展示：该平台可以将存储的数据通过可视化的方式展示给用户。用户可以通过图表、报表、仪表盘等形式，直观地了解设备数据的趋势、变化和关联；⑤安全保障：该平台具备安全保障机制，确保数据的安全性和保护隐私。它采用加密技术、访问控制等措施，防止未经授权的访问和数据泄露。

1.6.1　阿里云对象存储服务

阿里云创立于 2009 年，服务制造、金融、政务、交通、医疗、电信、能源等众多领域的领军企业，包括中国联通、12306（中国铁路客户服务中心）、中国石化、中国石油、飞利浦、华大基因等大型企业。阿里云对象存储服务（object storage service，OSS）是一款海量、安全、低成本、高可靠性的云存储服务，提供 99.9999999999%的数据持久性，99.995%的数据可用性。阿里云对象存储服务具有多种存储类型供选择，全面优化存储成本。对象存储，是用来描述解决和处理离散单元的方法的通用术语。对象在一个层结构中不会再有层级结构，是以扩展元数据为特征的。我们可以把它理解为商场的存包服务，顾客将包（数据）交给服务员（API 接口），服务员给顾客一个凭证（对象地址 URL），顾客想要取包时，只需要提供凭证，不需要知道自己的包到底是以什么形式存储的，以及存储在哪里，省时省心省力。对象存储中无文件夹的概念，所有的数据都存储在同一个层级，如上所述，对于存在对象存储中的数据，无须知道其存在何处，仅需通过"凭证"即可快速获取数据。

1.6.2　华为云

华为云 OSS（https://www.huaweicloud.com/）提供海量、安全、高可靠、低成本的数据存储能力，可供用户存储任意类型和大小的数据。适合企业备份/归档、视频点播、视频监控等多种数据存储场景。OSS 提供 OSS Browser+、obsutil、obsfs 等多种实用工具，满足用户在不同场景下的数据迁移和数据管理需求。用户可以通过上述工具，轻松完成 OSS 资源管理，包括 OSS 桶创建、并行文件系统挂载、对象上传下载等。OSS 提供了表述性状态传递（representational state transfer，REST）风格 API，支持通过超文本传输协议（hyper text transfer protocol，HTTP）、超文本传输安全协议（hypertext transfer protocol secure，HTTPS）请求调用，实现创建、修改、删除桶，上传、下载、删除对象等操作。

1.6.3　中国移动 OneNET

中国移动 OneNET 是一个定位为平台即服务（platform as a service，PaaS）的物联网开放平台。这个平台的主要功能是在物联网应用和真实设备之间搭建一个高效、稳定、安全的应用平台。面向设备，OneNET 适配多种网络环境和常见传输协议，如受限应用协议（constrained application protocol，CoAP）、轻量级的机器对机器通信（lightweight machine-To-Machine，LWM2M）、消息队列遥测传输（message queuing telemetry transport，MQTT）、Modbus、HTTP 等，提供各类硬件终端的快速接入方案和设备管理服务。同时，它还提供设备在线状态管理功能，设备上下线的消息通知，以及设备数据存储能力，方便用户进行设备海量数据存储与查询。访问官网（https://open.iot.10086.cn/），注册 OneNET 账号，它适用于OneNET 体系的所有服务，填写真实信息并进行认证。注册好账号，然后按步骤进行操作，可创建 MQTT 协议下的产品和设备。

1.7　小结

本章主要介绍了物联网的基本概念、物联网实时信息系统、物联网网关智能设备、物联网数据和控制节点智能设备及物联网智能设备数据存储分析公共平台。一方面，本章介绍了常见的网关智能设备产品实例；另一方面，本章介绍了物联网数据节点智能设备与物联网控制节点智能设备。数据存储分析公共平台包括阿里云对象存储服务、华为云及中国移动OneNET 等。

思考题

1. 简要介绍物联网实时信息系统的主要组成部分。
2. 除了本章所给出的物联网网关智能设备例子，你还知道哪些其他例子？
3. 简要介绍物联网智能节点的类型，并举例说明。

知识拓展

课件

第 2 章

物联网智能设备制作基础

学习要点

☐ 了解物联网智能设备的相关知识。

☐ 掌握物联网微控制器的相关内容。

☐ 掌握物联网微控制器开发工具的相关内容。

☐ 了解物联网电子元器件的相关内容。

2.1 物联网微控制器及开发环境

很多物联网应用中所使用的物联网网关是由单片机制作的。单片机（microcontroller unit，MCU）由中央处理器、内存、只读存储器（read-only memory，ROM）、各种各样的输入/输出（input/output，I/O）接口、中断系统、定时器/计数器等组成，它是一个小型的完美微机系统，广泛应用于工业控制领域。从单片机诞生之日到现在，出现了 4 位、8 位、16 位、32 位及 64 位单片机。这里的"X 位"是指单片机 CPU 芯片一次处理数据的宽度。例如，C51 单片机属于 8 位机，即它的 CPU 一次能处理的数据宽度为 8bits。一般来说，单片机位数越大，CPU 一次处理的数据越多，处理速度越快。

单片机将计算机系统集成到一个小的设备中，它就像一台微型计算机。基于单片机的物联网应用领域非常广泛，如智能仪表、实时工业控制、导航系统、智能家电等。

2.1.1 微控制器的组成结构

如图 2-1 所示，单片机主要由 CPU、ROM、随机存取存储器（random access memory，RAM）、定时/计算器、并行 I/O 口、串行接口、中断系统、时钟电路等组成。

1. 中央处理器

CPU 由一个或几个大型集成电路组成，这些电路执行控制和算术逻辑单元的功能。CPU 可以完成指令提取、指令执行、与外部存储器和逻辑元件交换信息的操作。CPU 可以与存储器和外围电路芯片相结合形成微型计算机。

2. 内部数据存储器

在程序运行时，RAM 用于存储程序和数据；断电后，相关数据会丢失。例如，8051 芯片有 256 个 RAM 单元，前 128 个单元可以用作用户寄存器来存储程序和数据，后 128 个单元被专用寄存器占用。

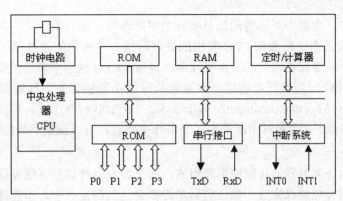

图 2-1　单片机器件组成

3. 只读存储器

程序不运行时，ROM 用于存储程序、原始数据或表单，所以它被称为程序存储器。即使断电，这些程序与数据也不会丢失。

4. 定时/计算器

定时/计算器可以实现定时或计数功能，并通过定时或计数结果控制计算机。定时可通过计数内部时钟频率来实现。计数一般通过统计端口的低电平脉冲的个数来实现。

5. 串行接口

串行接口一般指单片机连接输入及输出设备的接口。串口输入设备用于将程序和数据输入单片机，如计算机键盘、扫描仪等。串口输出设备，如显示器、打印机等，用于显示或存储单片机数据计算或处理的结果。

6. 中断系统

一般情况下，如果单片机不具有中断功能，单片机对外部或内部事件的处理只能使用程序查询，即 CPU 不断地查询是否有事件，这会造成 CPU 的负担。在使用中断系统之后，当 CPU 处理主程序中的某项任务时，中断服务程序向 CPU 发出请求，CPU 暂停其当前主程序工作，来处理中断服务程序任务。在 CPU 处理完事件之后，它将返回主程序原来被中止的地址并继续其工作。上面描述的 CPU 工作过程称为中断，如图 2-2 所示。

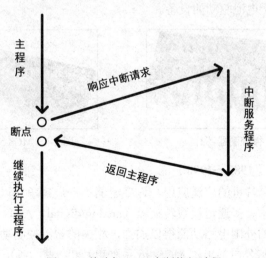

图 2-2　单片机 CPU 中断执行过程

　　单片机程序中，实现中断服务的部分被称为中断系统；单片机产生中断的请求源被称为中断源。中断请求是由中断源向 CPU 发出的处理请求。单片机的硬件除了要自动将断点地址值推入堆栈外，还要保护相关的工作寄存器。最后，CPU 执行中断返回指令，该指令自动将断点地址从堆栈弹出到执行主程序，并继续执行被中断的任务，这被称为中断返回。例如，微计算机系统-51（micro computer system-51，MCS-51）单片机具有很强的中断功能，它有 2 个外部中断源、2 个定时中断源和 1 个串行中断源，可以满足不同控制应用的需要。

7. 时钟电路

　　单片机内部由许多触发器等时序电路组成，如果没有时钟信号，触发器的状态就不能改变，单片机中的所有电路在完成一项任务后最终都会达到稳定状态，不能继续进行任何其他工作。只有通过时钟才能使单片机逐步工作。时钟电路是一种像时钟一样产生精确运动的振荡电路。时钟电路一般由晶体振荡器、控制芯片和电容器组成。例如，MCS-51 芯片一般配置 1 个内部时钟电路，它的振荡器的频率为 12MHz。

2.1.2　微控制器的发展阶段

　　单片机发展历程大致分为以下几个阶段。

1. 探索阶段（1976—1978）

　　1976 年，英特尔制造出 MCS-48 微控制器（图 2-3），它的第一批成员包括 8048、8035 和 8748。MCS-48 系列单片机具有成本低、可用性广、内存效率高、单字节指令集等特点，被广泛应用于大容量的消费电子设备，如电视机、电视遥控器、玩具和其他需要削减成本的小工具。后期，MCS-48 系列单片机被 MCS-51 系列所取代。

2. 完善阶段（1978—1982）

　　在 MCS-48 的基础上，1980 年，英特尔公司推出了功能更加完善的 MCS-51 系列芯片（图 2-4）。MCS-51 指令集是一个复杂指令集计算机的例子，具有独立的程序指令和数据存储（哈佛体系结构）。与其前身 Intel MCS-48 一样，最初的 MCS-51 系列是使用 N 型金属氧化物半导体（n-metal-oxide-semiconductor，NMOS）技术开发的。后来的 MCS-51 系列版本芯片，使用功耗更小的互补金属氧化物半导体（complementary metal oxide semiconductor，CMOS）技术，更适用于电池驱动的设备。

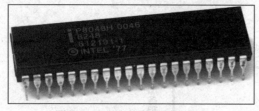

图 2-3　MCS-48 微控制器芯片

图 2-4　MCS-51 微控制器芯片

3. 巩固和发展阶段（1982—1990）

　　随着 MCS-51 系列单片机的广泛应用，许多电器生产厂家争相以 80C51 芯片为核心，将新的电路技术、接口技术、多通道模数转换器（analog/digital，A/D）转换部件等应用于单片机生产。这时的单片机的外围电路功能得以加强，相关的智能控制功能也得以加强。

　　在这个阶段，英特尔公司推出了 MCS-96 系列单片机（图 2-5），它包括一些用于测控系统的模数转换器、程序运行监视器和脉宽调制器。MCS-96 系列单片机通常用于硬盘驱动器、调制解调器、打印机、模式识别和电机控制。直到 2007 年，英特尔才宣布停止整个 MCS-96 系列芯片的生产。

图 2-5 MCS-96 微控制器芯片

4. 综合发展阶段（1990—2024）

这是微控制器的综合发展阶段。在这个阶段，8 位、16 位、32 位单片机得以全面发展，单片机在各个领域全面、深入地开发和应用。在这个阶段，单片机具有强大的寻址范围、强大的计算能力。同时，这个阶段出现了很多小型、廉价的专用单片机，如 Arduino、MSP430、树莓派等。近年来，主要的国产微控制器包括 SHC16L 系列芯片、华大半导体 HC32F4A0 系列芯片、士兰微电子 SPC7L64B、兆易创新 GD32 系列芯片、爱普特微电子 APT 系列芯片等。

2015 年 4 月，上海华虹集成电路有限责任公司成功研发我国第一款超低功耗单片机 SHC16L 系列芯片；该芯片可用来制作智能工业仪表、血糖监测仪、血压监护仪、心电记录监护仪、火警探头、智能门锁等。HC32F4A0 系列是华大半导体推出的一款高性能的工控 MCU，它拥有 M4 内核，主频达到 240MHz，具有强大算力，性价比也相对较高。这款 MCU 在 PLC、伺服驱动、变频器、数字电源等多个领域都有广泛应用。

士兰微电子 SPC7L64B 是一款高性能的无刷电机微控制器，采用了先进的合封工艺，将 MCU 芯片和功率器件预驱动芯片合二为一。它广泛应用于家电中的电机控制，如燃气热水器、洗碗机、吸尘器等；也常用于无刷工具类，如电动工具、园林工具等。兆易创新 GD32 系列为基于 ARM Cortex-M3 和 ARM Cortex-M4 内核的 MCU 产品。这些 MCU 以高性能、低功耗著称，广泛应用于工业、汽车、计算、消费类电子等多个领域。爱普特微电子 APT 系列为 RISC-V 内核的微控制器；他们的 MCU 产品在物联网、工业控制、消费电子等多个领域都有应用。爱普特微电子的 APT MCU 在非 ARM 核 32 位 MCU 市场出货量第一，市场占有率第一。

海思是华为的全资子公司，在单片机领域，海思推出了 Hi3861 及 Hi3065H 芯片。2021 年 5 月 24 日，华为海思为鸿蒙 OS 推出了一款 Hi3861 芯片。Hi3861 是一款高度集成的 2.4GHz SoC Wi-Fi 芯片，它集成了 IEEE 802.11b/g/n 基带和 RF 电路，包括功率放大器 PA、低噪声放大器 LNA、RF balun、天线开关以及电源管理等模块，支持 20MHz 标准带宽和 5MHz/10MHz 窄带宽，提供最大 72.2Mbit/s 物理层速率。Hi3065H 芯片首次发布于 2021 年 12 月 18 日，其采用了 RISC-V32 内核，主频高达 200MHz，能够满足复杂的数据处理和实时控制需求。基于 Hi3065H 芯片的单片机凭借其高性能、高集成度、易开发和嵌入式 AI（人工智能）能力等特点，在多个领域展现出了广泛的应用前景。

另外，灵动微电子 MM32H5480 搭载了基于 Armv8-M 架构的 32 位 Star-MC1 内核（兼容 Cortex-M33），采用先进的 40nm 低漏电工艺设计，工作频率高达 300MHz，荣获 2024 年度硬核 MCU 芯片奖。根据 IHS（信息处理服务）、IC Insights（集成电路洞察）报告预估，2024 年中国 MCU 市场规模为 455 亿元人民币，且预计将持续增长。这表明国产单片机芯片市场具有广阔的发展前景。

2.1.3　微控制器分类

1. 8 位微控制器

8 位单片机数据总线宽度为 8 位，通常只能直接处理 8 位数据。目前，8 位单片机是品种最丰富、应用最广泛的单片机。当前，8 位单片机主要分为 C51 系列和非 C51 系列单片机。C51 系列单片机为 8 位单片机的典型代表，它具有众多的逻辑位操作功能和丰富的命令系统。Atmel 挪威设计中心的 A 先生与 V 先生，于 1997 年设计出一款使用 RISC 指令集的 8 位单片机，起名为 AVR。一般来说，最常用的 8 位单片机包括 C51、AVR、可编程接口控制器（programmable interface controllers，PIC）三个系列。很多单片机公司以 Intel MCS51 为核心，形成了本公司主打的 C51 单片机产品，如 Atmel 公司的 AT89S52 单片机、STC 公司的 STC89C52RC 单片机。

80C51（简称 C51）是一种低电压、高性能的，使用 CMOS 工艺制作的 8 位微处理器，它带有 4K 字节闪烁可编程可擦除只读存储器。针对功能单一、低功耗的物联网应用，可开发基于 C51 单片机的价格便宜、运行稳定的物联网网关。虽然目前 C51 单片机的品种很多，但其中最具代表性的当属 Intel 公司的 MCS-51 单片机系列。Intel MCS-51（通常称为 8051）是 Intel 于 1980 年开发的用于嵌入式系统的单片机系列，它在 20 世纪 80 年代和 90 年代初很流行。MCS-51 是一个复杂指令集计算机的例子，其具有单独的空间来存储程序指令和数据。

Intel 最初的 MCS-51 系列是使用 NMOS 技术开发的，就像其前身 Intel MCS-48 一样。但后来的版本，使用 CMOS 技术来制作，芯片名称中含有 CMOS 的第一个字母 C，如 80C51，这个系列的芯片比 NMOS 的芯片消耗更少的功率，这使得它们更适用于电池驱动的设备。

国产最新 8 位单片机芯片在近年来取得了显著的发展，各大厂商纷纷推出了具有高性能、低功耗及丰富外设接口的新品。比如，中微半导体 SC8F072 系列产品，基于 Intel 8051 内核，具有高效的指令执行能力和快速的运算速度。其以卓越的性能和稳定的质量赢得了市场的广泛认可，广泛应用于各类电子设备中，并推出了一些新产品，主要是为了提高单片机的控制功能，如高速 I/O 口、模/数转换器（analog-to-digital converter，ADC）、脉冲宽度调制（pulse width modulation，PWM）、加权数据发送器（weight data transmitter，WDT）的内部集成，以及低压、微功耗、电磁兼容的性能。

一般而言，80C51 单片机系列芯片又分为 51、52 两个系列，并以芯片型号的最末位数字作为标志。51 和 52 微控制器的核心结构完全相同，两者的主要区别在于 RAM 和 ROM。51 子系列为基础系列，52 子系列为性能增强系列。52 子系列功能增强的具体方面为：片上 ROM 从 4KB（千字节）增加到 8KB；片上 RAM 从 128B 增加到 256B；定时器/计数器数量从 2 增加到 3；中断源数量从 5 增加到 6。如果程序可以在 51 设备上运行，那么它也可以在 52 设备上运行。

2. 16 位微控制器

16 位单片机的数据总线宽度为 16 位，运算速度和数据处理能力明显优于 8 位单片机。目前，16 位单片机包括 TI 的 MSP430 系列、凌阳的 SPCE061A 系列、摩托罗拉的 68HC16 系列、英特尔的 MCS-96/196 系列等。比如，TI 公司 MSP430 单片机具有功耗低、速度快、超小型、稳定性高及接口丰富等特点。国内公司凌阳科技推出的 SPCE061A，是一款 16 位通用型 MCU。它内嵌 32KB 的闪存（FLASH），处理速度快，适用于处理复杂的数字信号。凌阳科技在微控制器芯片领域具有丰富经验，拥有多项专利技术。

3. 32 位微控制器

32 位单片机的数据总线宽度为 32 位，与 8 位及 16 位单片机相比，32 位单片机的运行速度和功能大大提高。32 位单片机主要由 ARM 公司开发，因此提到 32 位单片机，一般都是指 ARM 单片机。STM32 是由 STMicroelectronics 开发的 32 位单片机，它的开发基于 32 位 RISC ARM Cortex-M7F、Cortex-M4F、Cortex-M3、Cortex-M0+和 Cortex-M0 芯片家族。

2006 年，Atmel 公司推出了由挪威科技大学设计的 AVR 32 位体系结构处理器。AVR32 具有高性能和低功耗的特点，并且每个时钟周期可以处理更多的工作，从而在较低的时钟速率和极低的功耗下实现较多的功能。

STM32 系列芯片基于 ARM Cortex-M3 内核，非常适合需要高性能、低成本和低功耗的物联网网关设计。根据性能，STM32 系列芯片分为两个不同的系列：STM32F103"增强"系列和 STM32F101"基本"系列。增强系列的时钟频率达到 72MHz，是同类产品中性能最高的产品；STM32F101 时钟频率为 36MHz；两个系列都内置 32K 至 128K 闪存。STM32F103 时钟频率为 72MHz，代码可以从闪存执行。STM32L 系列产品以超低功耗 ARM Cortex-M4 处理器为核心，采用 STMicroelectronics 独有的两种节能技术：130nm 特殊低漏电流制造工艺和优化的节能架构，提供业界领先的节能性能。

如图 2-6 所示，STM32 新系列主要采用 LQFP64 封装，不同的包装保持插针排列的一致性。结合 STM32 平台的设计理念，开发人员可以通过选择不同系列的 STM32 芯片来满足物联网网关个性化的应用需求。

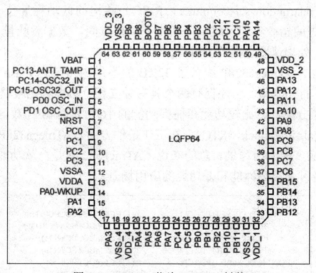

图 2-6　STM32 芯片 LQFP64 封装

以 STM32F103C8T6 芯片为例，其名称由七部分组成，命名规则如下。①STM32 表示 ARM Cortex-M3 内核的 32 位微控制器；②F 代表芯片子系列；③103 代表增强型系列；④R 代表管脚数量，其中 T 代表 36 个管脚，C 代表 48 个管脚，R 代表 64 个管脚，V 代表 100 个管脚；⑤B 项为嵌入式闪存容量，其中 6 表示 32KB 闪存，8 表示 64KB 闪存，C8 代表该型号具备的 64KB Flash 存储容量和 20KB RAM 容量。⑥T 表示封装，其中 H 表示 BGA（球栅阵列）封装，T 表示 LQFP（薄型四方扁平）封装，U 表示 VFQFPN 封装。⑦该部分表示工作温度范围，其中 6 代表温度范围为-40℃至+85℃；7 代表温度范围-40℃至+105℃。

　　国产 32 位 MCU 广泛应用于物联网、智能家居、工业控制、汽车电子、消费电子等领域。随着新兴技术的不断发展，其市场需求将持续增长。国内公司华大半导体推出的 HC32 系列产品，基于 ARM Cortex-M 内核，具有高性能、低功耗、高集成度等特点。该系列产品广泛应用于汽车电子、工业控制、消费电子等领域。HC32 系列 MCU 还提供了多种封装形式和开发工具支持。

2.1.4　Arduino Nano 微控制器

1. Arduino Nano 简介

　　本节以 Arduino Nano 为例，介绍 Arduino 开发板的片上资源。Arduino 的开源、开放、廉价、简单、跨平台等特点使其得以快速发展，成为制作相关物联网应用网关的首选。使用 Arduino 单片机制作的物联网网关可以获取各种传感器数据，也可以通过继电器及执行器完成各种控制操作。Arduino 是一家开放源码的硬件和软件公司、项目和用户社区；它设计和制造单板微控制器与微控制器套件，用于构建可感知、可控制物体的智能设备。Arduino 产品根据通用公共许可协议（general public license，GPL）获得生产许可，允许任何人制造 Arduino 板和软件分发。

　　Arduino 是一个开源硬件。大多数 Arduino 板都拥有一个 ATMEL 的 8 位 AVR 微控制器（ATmega8、ATmega168、ATmega328、ATmega1280、ATmega2560）和不同的内存、引脚与特征。通用 ATMega168 微控制器的布局如图 2-7 所示。它是一种基于增强型 AVR 精简指令集计算机（reduced instruction set computer，RISC）结构的低功耗 8 位 CMOS 微控制器。ATMega168 具有先进的指令集和单时钟周期指令执行时间，数据吞吐量可达 1MIPS/MHz，可以减少系统功耗与处理速度之间的矛盾。

　　在硬件资源方面，ATmega328P 配备了 32KB 的系统内可编程 Flash 存储器，以及 1KB 的 EEPROM 和 2KB 的 SRAM。它还拥有两个具有独立预分频器和比较器功能的 8 位定时器/计数器，一个具有预分频器、比较功能和捕捉功能的 16 位定时器/计数器，以及具有独立振荡器的实时时钟（real-time clock，RTC）。在工作条件方面，ATmega328P 的工作电压范围为 1.8～5.5V，能够适应多种应用场景。总的来说，ATmega328P 是一款功能强大、易于使用的微控制器，适用于各种需要高性能和低功耗的应用场景。

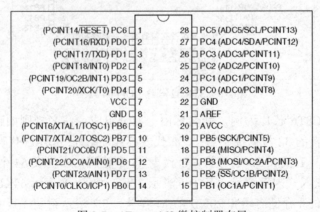

图 2-7　ATmega168 微控制器布局

目前基于 Atmel 芯片的 Arduino 硬件主要包括 Arduino Uno、Arduino Duemilanove、Arduino Nano（图 2-8）、Arduino Mega、Arduino Leonardo、Arduino Micro、Arduino Mini 和 Arduino Ethernet 等。Arduino IDE 软件开发平台可以满足不同类型 Arduino 硬件编程、调试与烧录。

Nano 是一款基于 Microchip ATmega 328P 8 位微控制芯片的智能硬件开发板，它小巧且功能强大（图 2-9）。采用双排针引出，可以方便栈接在面包板上，可以灵活地通过杜邦线与其他模块相连，可以恰到好处地藏身于各种设计之中，方便灵活，是控制系统硬件电路设计中不可多得的单片机平台。

图 2-8　Arduino Nano 微控制器

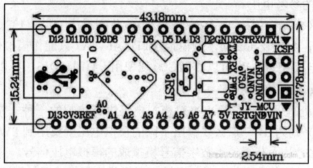

图 2-9　Arduino Nano 微控制器尺寸示意图

Arduino Nano 的片上资源如下：控制器 ATmega328P、Flash 32KB、SRAM 2KB、EEPROM 1KB、SRAM 2KB、模拟输入引脚 8 个、数字 IO 22 个、PWM 6 个、时钟频率 16MHz；其引脚如图 2-10 所示。

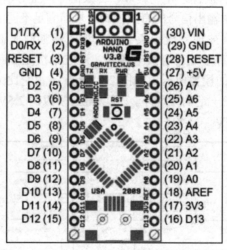

图 2-10　Arduino Nano 微控制器引脚示意图

2. Arduino Nano 引脚简介

ATmega328P 共有 32 个引脚，有三组功能接口，分别为 PortB、PortC、PortD，后面会详细提到。单片机引脚数量有限，都是多个功能共同复用同一个引脚，通过软件配置来实现特定的功能。引脚的详细功能介绍如下：

Nano 板上引脚（1）（2）为串口输出输入引脚，来自引脚（1）及引脚（2）的信号，通过 Nano 板上的 CH340 芯片，被转换为 USB 信号，方便主机下载程序和通信。这两个脚尽量不做其他用途。

（28）为系统复位引脚，（29）为信号地、电源地共用引脚，（30）为外部电源输入引脚，推荐输入范围 7～12V，电池供电的情况下使用。板上通过 LDO 稳压为 5V，给系统供电。在插入 USB 接口的情况下，（30）VIN 可以不连。USB 接口的 5V 通过一个二极管给系统供电。（27）引脚为双向电源引脚，外部有 5V 电源时，此引脚可作输入，省去了电池。如果有电池，而外部没有 5V 电源时，此引脚可以给外部提供 5V 电源。（17）3V3 电源输出，此电源由 CH340 USB 芯片转换而来，给外部 3.3V 系统供电。（18）AREF，模拟参考电压输入，一般不用连，此脚空置的情况下，328P 微控制默认使用集成电路内部的 1.1V 做 AD（模拟转数字）电路的参考电压。

复用接口引脚（5）～（16）、（19）～（26），分别对应 D[2：13]、A[0：7]，D 代表 digital，为数字接口；A 代表 analog，为模拟接口。A6、A7 只能作模拟使用。A4、A5 除作模拟使用外，可以作 IO 使用，也可以作 I2C 总线使用。D10～D13，可以作 SPI 总线使用。

3. Arduino Nano 模拟信号输出

PWM 是利用微处理器的数字输出来对模拟电路进行控制的一种非常有效的技术。假设高电平为 5V、低电平则为 0V，那么要输出不同的模拟电压就要用到 PWM。通过改变 IO 口输出的方波的占空比，从而获得使用数字信号模拟成的模拟电压信号。

脉冲宽度调制是一种模拟控制方式，根据相应载荷的变化来调制晶体管基极或 MOS 管栅极的偏置，来实现晶体管或 MOS 管导通时间的改变，从而实现开关稳压电源输出的改变。这种方式能使电源的输出电压在工作条件变化时保持恒定，是利用微处理器的数字信号对模拟电路进行控制的一种非常有效的技术。在 ATmega328P 这样的微控制器中，PWM 功能被广泛应用于电机控制、LED（发光=极管）亮度调节、音频信号产生等多种应用场合。通过编程设置 PWM 的占空比，可以实现对输出信号的有效控制，从而满足不同的应用需求。

电压是以一种脉冲序列被加到模拟负载上去的，接通时是高电平 1，断开时是低电平 0。接通时直流供电输出，断开时直流供电断开。通过对接通和断开时间的控制，可以输出任意不大于最大电压值 5V 的模拟电压。如图 2-11 所示，占空比为 50%表示高电平时间占一半，低电平时间占一半。在一定的频率下，可以得到模拟的 2.5V 输出电压。那么 75%的占空比，得到的电压就是 3.75V。

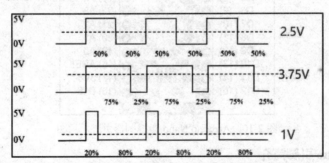

图 2-11　PWM 占空比与输出平均电压之间的关系示意图

调节占空比可以实现不同电压的输出，实现对电机转速的调节。对于直流电机来讲，电机输出端引脚是高电平电机就可以转动，电机的转速就是周期内输出的平均电压值。

　　舵机的控制就是通过一个固定的频率，给其不同的占空比来控制舵机不同的转角。舵机的频率一般为50Hz，也就是一个20ms左右的时基脉冲，而脉冲的高电平部分一般为0.5ms～2.5ms，来控制舵机不同的转角。500～2500μs的PWM高电平部分对应控制180度舵机的0～180度；一般而言，0.5ms对应0度、1.0ms对应45度、1.5ms对应90度、2.0ms对应135度、2.5ms对应180度。图2-12表示占空比从1ms变化到2ms时，转角的变化。

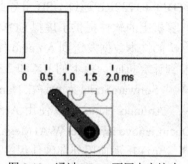

图 2-12　通过 PWM 不同占空比来
控制舵机不同转角

　　在一定的频率下，通过不同的占空比即可得到不同大小的输出模拟电压，PWM就是通过这种原理实现数字模拟信号转换的。D3、D5、D6、D9、D10、D11可以作PWM输出用。每一个引脚只能用作一个用途，比如用了SPI总线后，D10、D11就不能够再作PWM用。

4. Arduino Nano 电源简介

　　Arduino Nano可以通过Mini-B USB连接、5V调节外部电源（引脚27）供电。电源自动选择到最高电压源。

5. Arduino Nano 输入输出

　　Nano微控制器上的14个数字管脚都可以用作输入或输出，使用pinMode()、digitalWrite()和digitalRead()函数。它们在5伏电压下工作，每个引脚可提供或接收最大40毫安的电流，内部上拉电阻为20千～50千欧。

　　此外，一些管脚还具有特殊功能。0（RX）和1（TX）为串口，用于接收（RX）和发送（TX）TTL串行数据。这些引脚连接到FTDI USB-to-TTL串行芯片的相应引脚。引脚2和3为外部中断。这些管脚可配置为触发低值、上升或下降边缘或值变化的中断。

　　PWM引脚有3、5、6、9、10和11引脚。使用analogWrite()函数提供8位PWM输出。支持SPI通信的引脚包括10（SS）、11（MOSI）、12（MISO）、13（SCK）。有一个内置的LED连接到数字管脚13；当管脚为高值时，LED亮，当管脚为低值时，LED熄灭。

　　Nano微控制器有8个模拟输入，每个输入提供10位分辨率（1024个不同的值）。默认情况下，它们从接地电压测量到5伏，但是可以使用analogReference()函数更改其范围的上限。模拟管脚6和7不能用作数字管脚。引脚A4、A5支持集成电路总线（inter-integrated circuit，I2C）通信。例如，A4可以连接串行数据线（serial data line，SDA）；A5连接串行时钟线（serial clock line，SCL）。Nano微控制器使用Wire库，进行I2C双线接口（two wire interface，TWI）通信。另外，AREF硬件可模拟输入的参考电压；与analogReference()函数一起使用。RESET硬件可以将此线调低以重置微控制器；通常用于在屏蔽板上添加重置按钮，以阻止板上的重置按钮。

6. Arduino Nano 通信

　　Arduino Nano具有许多用于与计算机、另一个Arduino或其他微控制器通信的设施。ATmega328提供通用异步收发器（universal asynchronous receiver/transmitter，UART）生存时间（time to live，TTL）（5V）串行通信，可在数字引脚0［接收（Receive，RX）］和1［发送（Transport，TX）］上使用。板上的未来技术设备国际（future technology devices international，

FTDI）FT232RL 通过 USB 引导此串行通信，而 FTDI 驱动程序（包含在 Arduino 软件中）为计算机上的软件提供了虚拟 COM 端口。Arduino 软件包括一个串行监视器，该监视器允许将简单的文本数据发送到 Arduino 板或从 Arduino 板发送。当数据通过 FTDI 芯片和 USB 连接传输到计算机时，板上的 RX 和 TX 指示灯将闪烁（但对于针脚 0 和 1 上的串行通信则不是这样）。SoftwareSerial 库允许在 Nano 的任何数字引脚上进行串行通信。

Arduino Nano 可以使用 Arduino 软件进行编程。从"工具>板"菜单中选择 Arduino Duemilanove 或 Nano W/ATMega328。Arduino Nano 上的 ATMega328 预装了一个引导加载程序，允许在不使用外部硬件程序员的情况下向其上载新代码。它使用原始的 stk500 协议进行通信。

Arduino Nano 的设计方式是允许在连接的计算机上运行的软件对其进行重置，而不是在上载之前需要按下"重置"按钮。FT232RL 的一条硬件流量控制线数据终端就绪（data terminal ready，DTR），通过 100 纳米法拉电容器连接到 ATMega328 的复位线。当这一行被断言（取低）时，复位行下降足够长的时间来复位芯片。Arduino 软件使用此功能，只需在 Arduino IDE 工作界面单击 Upload 按钮即可上载代码。

2.1.5　STM32F103C8T6 微控制器

STM32F103x8 简介

STM32F103C8T6（图 2-13）使用高性能的 ARM Corte-M3 32 位的 RISC 内核，工作频率为 72MHz，内置高速存储器（高达 128KB 的闪存和 20KB 的 SRAM），具有丰富的增强 I/O 端口和连接到两个先进外设接口（advanced peripheral bus，APB）。

STM32F103C8T6 供电电压为 2.0～3.6V，包含-40℃～+85℃温度范围和-40℃～+105℃的扩展温度范围。一系列的省电模式保证低功耗应用的要求。

STM32F103C8T6 包含 2 个 12 位的 ADC、3 个通用 16 位定时器和 1 个 PWM 定时器，还包含标准和先进的通信接口：多达 2 个 I2C 接口和串行外设接口（serial peripheral interface，SPI）、3 个 USART（全双工通用同步/异步串行收发模块）接口、一个 USB 接口和一个 CAN 接口。STM32F103C8T6 最小系统板的尺寸可能因不同的设计和生产厂商而有所差异（图 2-14）。一般来说，最小系统板包括微控制器芯片、必要的电源电路、晶振、复位电路及一些扩展接口等。

图 2-13　STM32F103C8T6 微控制器模块

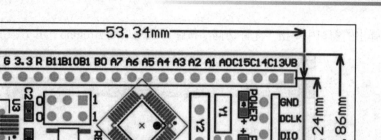

图 2-14   STM32F103C8T6 微控制器模块尺寸示意图

STM32F103C8T6 具有多个引脚，每个引脚都可以配置不同的功能以实现各种应用需求。①电源引脚：主要是 VCC（电路的供电电压）和 GND（电线接地端），为微控制器提供稳定的工作电压和接地；②复位引脚：NRST，当该引脚输入低电平时，微控制器会发生复位，重新开始执行程序；③晶振引脚：OSC_IN 和 OSC_OUT，用于连接外部晶振，为微控制器提供稳定的时钟源；④调试引脚：如串行数据输入输出引脚（serial wire data input output，SWDIO）和串行线时钟引脚（serial wire clock，SWCLK），用于连接调试器，实现对微控制器的在线调试和编程。此外，STM32F103C8T6 还具有大量的通用输入输出（general-purpose input/output，GPIO）引脚，如 PA0-PA15、PB0-PB15 等。这些引脚可以用于输入/输出、外部中断、模拟输入等多种功能。通过编程，其可以实现对这些引脚的灵活配置和控制。

除了 GPIO 引脚外，STM32F103C8T6 还具有一些特殊功能引脚，如 USART 的 TX/RX 引脚（如 PA9/PA10）、I2C 的 SCL/SDA 引脚（如 PB10/PB11）等。这些引脚用于连接外设，实现微控制器与外部设备的通信和数据传输。

2.2 Arduino IDE 集成开发环境及测试

2.2.1 Arduino IDE 安装

Arduino 集成开发环境（integrated development environment，IDE）是 Arduino 团队提供的一款专门为 Arduino 设计的编程软件，使用它，便能将程序从代码上传至 Arduino 主板。

如图 2-15 所示，从 Arduino 官网（https://www.arduino.cc/en/Main/Software）下载最新版本的 Arduino IDE 开发工具，可以根据自己的使用环境选择相应的软件进行下载并存储。双击所下载的文件来安装 Arduino IDE。

在随后的安装界面，单击"我同意"按钮继续安装，再选择"仅为我安装"选项及单击"下一步"按钮。进一步地，选择"目标文件夹"及单击"安装"按钮（图 2-16）。

接着，关注 Arduino IDE 软件开发工具安装进程，直至完成 Arduino IDE 软件开发工具的安装。如果能够通过设备管理器查到与 Arduino 相关的串口（图 2-17），则证明 Arduino IDE 安装成功。

另外，对于安装 360 杀毒、360 安全卫士等杀毒软件的计算机，在安装/使用 Arduino IDE 软件之前，需要关闭这些杀毒软件程序，否则 Arduino IDE 的一些串口识别及烧录程序将被视为"有害程序"，然后被自动清除，导致无法进行程序的烧录。最后，启动 Arduino IDE 工具，并在防火墙弹出的窗口中单击"允许访问"按钮，成功启动 Arduino IDE 开发软件（图 2-18）。

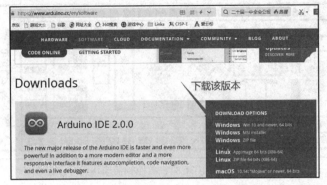

图 2-15　下载最新版本的 Arduino IDE 开发工具

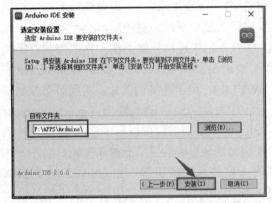

图 2-16　选择"目标文件夹"及单击"安装"

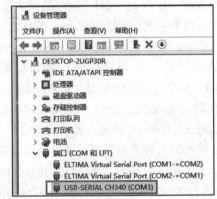

图 2-17　查看新安装的 Arduino 相关串口

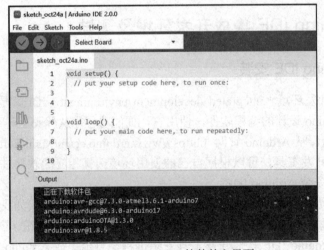

图 2-18　Arduino IDE 软件的主界面

2.2.2　Arduino IDE 配置

打开 Arduino IDE 的过程中，程序会自动下载安装很多软件包。如果弹出窗口，可关闭窗口，避免让 IDE 自动安装过多库文件。如图 2-19 所示，将［Tools］→［Processor］配置为 ATmega328P（Old Bootloader）。这个设置非常重要，否则 Arduino 烧录［Upload］将会失败。

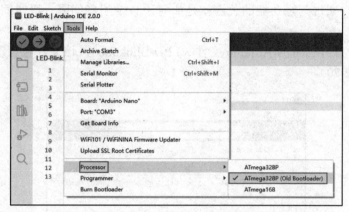

图 2-19 将［Tools］→［Processor］配置为 ATmega328P（Old Bootloader）

Arduino IDE 编程界面大致分为四个部分，分别是菜单栏、工具栏、编辑区及状态区。Arduino 采用串口下载代码并存储到内部的 Flash 中。将程序烧录到 Arduino 中的主要步骤描述如下：

（1）查找串口。首先，安装 CH340（一种 USB 转串口芯片）驱动。Windows 开始处右击，选择设备管理器，单击端口，如果连接正确，即可看到 Arduino 对应的端口号。

（2）选择好对应的例程。配置 Arduino 开发板的下载口，选择 Arduino 开发板型号；单击 Tools->Board，选择 Arduino 开发板型号；如 Arduino Nano，这里只需要配置一次，之后操作都会默认使用该型号。

（3）串口配置。在加载示例项目来测试 Arduino 之前，需要配置 IDE 来使用连接到计算机的 Arduino；点击 Tools->Port，然后查找 Arduino 的 COM 端口。正常情况下，Arduino IDE 软件开发工具界面底部显示串口信息。如果 Arduino IDE 不能识别串口，需要删除文件夹［Arduino15］，然后重新启动计算机。［Arduino15］文件夹的路径一般为"C:\Users\Administrator\AppData\Local\Arduino15"。删除这个 Arduino15 文件夹，如果不删除，即使重新安装也不会解决串口不能被 Arduino IDE 识别到的问题。这是安装 IDE 后自动在 C盘生成的，这和安装时所设置的安装路径无关。对于不同的用户，上述文件夹的路径可能有所不同，可以进行相应的更改。

2.2.3 Arduino Nano 编程测试

点亮一个 LED 灯是学习 Arduino 单片机入门的开始，本次测试的目标是利用单片机控制 LED 灯闪烁。LED 灯的工作原理是利用了发光二极管的单向导通性，当发光二极管两端电压差达到一定阈值范围（硅管的正向导通压降约为 0.6～0.8V、锗管约为 0.2～0.3V）时，LED 灯就会点亮。通过 Arduino Nano 的 D13 引脚输出高电平 3.3V，使得二极管导通，LED 点亮；反之，当 Arduino Nano 的 D13 引脚输出低电平 0V 时，二极管截止，LED 熄灭。

在 Arduino 中，GPIO 引脚的定义非常简单易用，只要通过接口函数 pinMode（13，OUTPUT）即可实现。需要注意的是在 Arduino 编程中，所有外设定义相关的接口函数，如本节中的 GPIO 引脚 D13 输出模式的定义，都需要写在文本编辑区的 void setup(){}函数中。接下来就需要在主循环程序（会一直循环，相当于 while（1））中，定义 LED 灯的闪烁逻辑了。于是，实现闪烁功能的关键就是如何让 D13 引脚间隔一段时间，交替输出高、低电平了。

Arduino IDE 打开已有的 Arduino 文件（LED-Blink.ino）；该文件包含编程测试 LED 灯闪烁源代码（图 2-20）。

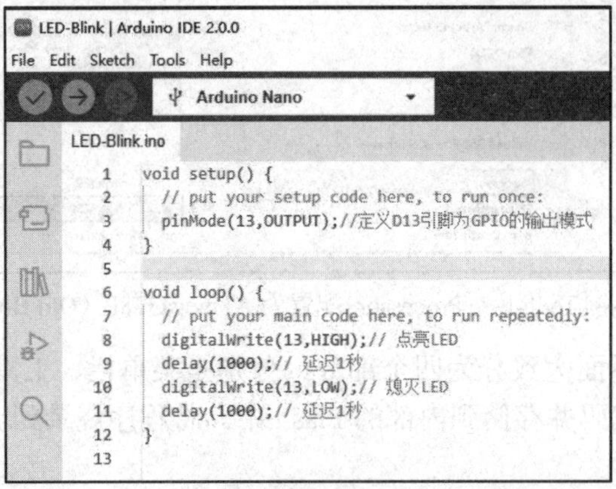

```
LED-Blink | Arduino IDE 2.0.0
File  Edit  Sketch  Tools  Help

     ⌄  →           ⬢ Arduino Nano          ▾

  LED-Blink.ino
  1   void setup() {
  2     // put your setup code here, to run once:
  3     pinMode(13,OUTPUT);//定义D13引脚为GPIO的输出模式
  4   }
  5
  6   void loop() {
  7     // put your main code here, to run repeatedly:
  8     digitalWrite(13,HIGH);// 点亮LED
  9     delay(1000);// 延迟1秒
 10     digitalWrite(13,LOW);// 熄灭LED
 11     delay(1000);// 延迟1秒
 12   }
 13
```

图 2-20　Arduino IDE 编程测试 LED 灯闪烁源代码

在 LED 灯闪烁源代码中，通过 digitalWrite（13，HIGH）和 digitalWrite（13，LOW）两个接口，函数就可以方便地实现 D13 引脚高、低电平的输出。另外，通过接口函数 delay（1000），可以方便地实现延时 1 秒的功能。注意，每调用一次接口函数，要使用英文字符"；"结束，否则系统无法识别，编译下载的时候会报错。在源代码中使用 Serial.print（"Open LED\n"）函数串口输出相关信息，并保存程序修改；然后，点击"→"图标，编译上传 Arduino 源代码，可在 IDE 界面底部查看源代码编译及上传日志。如无错误提示，编译后的程序将被烧录到 Arduino 单片机中，并开始运行程序。

如果还是有 Uploading 错误，可以通过反复关闭 Arduino IDE 软件、反复拔掉再插回烧录用的 USB 线、反复进行烧录来解决。一般情况下，最后都能成功进行 Arduino 程序的烧录。成功烧录程序后，Arduino Nano 单片机上红色的 LED 灯间隔 1 秒闪烁（图 2-21）。同时，可查看 Arduino Nano 单片机通过串口所输出的相关信息（图 2-22）。

有了以上实验的基础，接下来继续完成 Arduino 单片机的串行口发送"hello world"给 PC 串口调试助手的实现。Arduino 中的串行口同样简单易用，只需要通过 Serial.begin（9600）接口函数定义串行口的波特率（本实验中设置波特率为 9600），再使用接口函数 Serial.print（"hello world"）即可通过串口对外发送数据信息"hello world"。把 USB 线连接到 Arduino nano 的板子上，并连接到计算机 USB 接口。单击"上传命令"按钮。Arduino IDE 会自动编译并上传程序到开发板，等上传成功后即可点击 Arduino IDE 右上角串口监视器按钮，打开自带的串口监视器查看程序运行情况。我们会看到在串口监视器中间每隔 1 秒循环显示一次"hello world"（图 2-23）。

通过上面两个案例，我们可以了解到：①Arduino 源程序主要由 setup()、loop()和其他若干个函数组成；②setup()和 loop()函数是程序必备的两个函数，如果这两个函数缺失，编译时会提示错误；③系统通电或复位后，会执行 setup()函数中的程序，该程序只会执行一次；

该函数中通常放置 Arduino 的初始化设置程序，如引脚状态、初始化串口等。④系统执行完 setup() 函数后，会循环执行 loop() 函数中的程序；该函数中，通常放置程序的主要功能，如传感器数据采集、分析计算、模块驱动输出等。

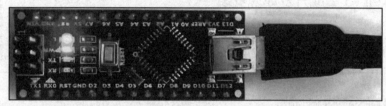

图 2-21　烧录程序之后的 Arduino Nano 单片机运行示意图

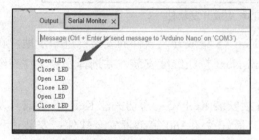

图 2-22　Arduino IDE 串口工具监测 Arduino 单片机运行结果

图 2-23　Arduino Nano HelloWorld 程序串口输出

2.3　Keil 集成开发环境安装及测试

Keil v5 是一款由 Keil Software（现为 ARM 公司的一部分）开发的集成开发环境，用于嵌入式软件开发。以下是它的主要特点和功能：

（1）具备完整的集成开发环境。Keil v5 提供了一个包含代码编辑器、编译器、调试器和仿真器等组件的完整集成开发环境。这些组件能够方便地进行配置和管理，从而提供高效的开发体验。

（2）支持多种编程语言。开发者可以使用 C 语言、C++语言或汇编语言等多种编程语言在 Keil v5 中进行开发，这满足了不同开发者的需求。

（3）具备强大的调试功能。Keil v5 具备强大的调试功能，如单步执行、断点调试和变量监视等，这些功能可以帮助开发者快速定位和解决问题。

（4）具备广泛的硬件支持。Keil v5 支持多种基于 ARM 处理器的芯片，如 STM32、NXP LPC、Freescale Kinetis 等。这使得开发者可以针对不同的硬件平台进行开发。

（5）易于学习和使用。Keil v5 提供了丰富的文档和示例代码，使得新手开发者也能快速上手。同时，它还提供了模拟器和仿真器等工具，方便开发者进行离线测试和仿真。

（6）具有高效的下载速度。与之前的版本相比，Keil v5 的 SWD 下载速度有了显著的提升，这大大提高了开发者的效率。

（7）具有清晰直观的操作界面。Keil v5 的操作界面清晰直观，使得开发者可以轻松地进行各种操作。

Keil v5 被广泛应用于嵌入式系统的开发，包括物联网设备、嵌入式控制器、汽车电子和工业自动化等领域。它提供了一个全面的开发环境，帮助开发人员更高效地开发和调试嵌入式软件。要了解 Keil v5 集成开发环境安装及库文件配置步骤，请扫码观看视频。

2.3.1　Keil v5 集成开发环境安装

如图 2-24 所示，点击安装 Keil v5 集成开发软件。安装过程中，对于弹出的"用户账户控制"窗口，允许应用对设备进行更改。

名称　　　　　　　　　　^	修改日期	类型	大小
Keil MDK V5注册机(2032)	2020/2/21 14:00	应用程序	498 KB
MDK527pre　　→ 双击安装	2019/8/23 23:24	应用程序	845,512 KB

图 2-24　双击安装 Keil v5 集成开发软件

在后续的安装界面，单击 Next 按钮，继续 Keil v5 集成开发软件的安装；进一步地，在随后的安装界面中，同意[License Agreement]单击 Next 按钮继续安装，并选择安装文件夹继续安装 Keil v5（图 2-25）。

接着，在后续安装界面填写用户相关信息继续安装 Keil v5；密切关注 Keil v5 集成开发软件安装过程中的状态。进一步地，安装之前，最好关闭 360 等杀毒安全软件；安装过程中，如出现杀毒软件警告，则允许安装程序所有操作。继续关注 Keil v5 集成开发软件安装过程中的状态，直至完成 Keil v5 集成开发软件的安装；并查看 Keil v5 安装文件夹中新产生文件的具体情况（图 2-26）状态。为了保障 Keil v5 软件开发环境的相对稳定性，配置启动程序时不进行更新及下载文件，如图 2-27 所示。

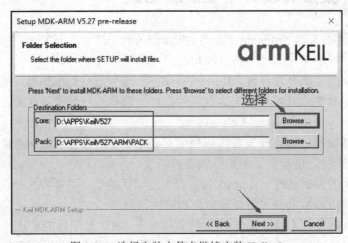

图 2-25　选择安装文件夹继续安装 Keil v5

图 2-26　Keil v5 安装文件夹详情

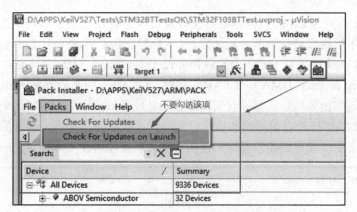

图 2-27 配置启动程序时不能进行更新及下载文件

2.3.2 Keil v5 STM32 芯片支持包及标准库配置

配置 Keil v5 STM32 芯片支持包及标准库可以显著简化 STM32 微控制器的开发过程，提高开发效率和代码质量，同时确保软件的兼容性和可移植性。

1. 准备 Keil.STM32F1xx_DFP.2.4.0 芯片支持包

Keil.STM32F1xx_DFP.2.4.0 是针对 STM32F1 系列芯片的设备家族包（Device Family Pack，DFP）。这个支持包是专为 Keil 微控制器开发工具包（Microcontroller Development Kit，MDK）开发环境设计的，旨在提供针对 STM32F1 系列微控制器的全面开发支持。

具体来说，Keil.STM32F1xx_DFP.2.4.0 芯片支持包包含了以下内容。①CMSIS 驱动程序：ARM Cortex 微控制器软件接口标准（cortex microcontroller software interface standard，CMSIS）是 ARM 公司为 Cortex-M 处理器定义的一套通用的 API 接口和功能函数库，它简化了软件开发流程，使开发者能够更便捷地访问 Cortex-M 内核及其外设；②设备定义头文件：这些头文件包含了 STM32F1 系列芯片的各种寄存器和外设的定义，是开发者编写硬件相关代码的基础；③软件组件：这包括一些预编译的库文件、中间件或功能模块，用于加速开发过程；④代码示例库：支持包通常提供一系列示例项目，展示如何使用各种外设和功能，帮助开发者更快地入门；⑤设备配置和初始化文件：这些文件提供了对 STM32F1 系列芯片进行配置和初始化的模板或工具。

安装 Keil.STM32F1xx_DFP.2.4.0 芯片支持包后，开发者可以在 Keil MDK 环境中创建、编译和调试针对 STM32F1 系列芯片的应用程序。这个支持包确保了开发者能够充分利用 STM32F1 系列芯片的功能，并简化了与硬件相关的开发工作。在 Keil 官网（http://www.keil.com/dd2/pack）下载 STM32 芯片开发相关 Keil.STM32F1xx_DFP.2.4.0 芯片支持包。下载过程中，接受"最终用户许可协议（End User Licence Agreement，EULA）"，并存储所下载的文件。

如图 2-28 所示，查看已下载的"Keil.STM32F1xx_DFP.2.4.0.pack"文件包。进一步地，在已打开的 Keil v5 工作界面，启动 Keil 软件包安装导入功能，选定安装 Keil.STM32F1xx_DFP.2.4.0 文件包，并密切观察文件包的安装进程。最后，查看安装 Keil.STM32F1xx_DFP.2.4.0 后相关文件存储地点（图 2-29）；如果相关文件存在，则证明支持文件包安装成功。

2. 准备 STM32F10x_StdPeriph_Lib_V3.5.0 标准外设库

STM32F10x_StdPeriph_Lib_V3.5.0.rar 是 STMicroelectronics 为 STM32F10x 系列微控制器提供的标准外设库（standard peripherals library，SPL）的压缩包。这个库提供了一套完整的、

针对 STM32F10x 系列 MCU 的固件函数，使开发者能够轻松地使用和控制 MCU 上的各种外设，而无须深入了解底层硬件细节。具体来说，STM32F10x_StdPeriph_Lib_V3.5.0 标准库包含了用于控制 STM32F10x 系列 MCU 上的各种外设［如 GPIO、TIMER、ADC、直接存储器存取（direct memory access，DMA）、USART、SPI、I2C 等］的驱动函数和相关的数据类型定义、宏定义等。这些函数和定义都被封装在库中，开发者只需调用相应的函数或使用相应的定义，就可以实现对 MCU 外设的控制和操作。此外，该标准库还提供了丰富的示例代码和工程模板，帮助开发者更快地理解和掌握库的使用方法，以及如何在实际项目中应用这些库函数。

名称	修改日期	类型	大小
⬛ Keil.STM32F1xx_DFP.2.4.0	2023/3/4 10:09	uVision Software Pack	49,063 KB

《 系统 (D:) › APPS › KeilV527 › 库文件 　　　ㆍ ㆚ 　　 🔎 在 库文件 中搜索

图 2-28　已下载的 Keil.STM32F1xx_DFP.2.4.0 文件

《 KeilV527 › ARM › PACK › .Download 　　　ㆍ ㆚ 　　 🔎 在 .Download 中搜索

名称	修改日期	类型	大小
⬛ ARM.CMSIS.5.4.0	2018/8/1 16:13	uVision Software...	134,091 KB
▫ ARM.CMSIS.5.4.0.pdsc	2018/8/1 16:41	PDSC 文件	210 KB
⬛ ARM.CMSIS-Driver.2.3.0	2018/6/25 19:32	uVision Software...	235 KB
▫ ARM.CMSIS-Driver.2.3.0.pdsc	2018/6/25 19:36	PDSC 文件	17 KB
⬛ Keil.ARM_Compiler.1.6.1	2018/12/12 17:41	uVision Software...	3,852 KB
▫ Keil.ARM_Compiler.1.6.1.pdsc	2018/12/12 16:46	PDSC 文件	20 KB
⬛ Keil.MDK-Middleware.7.8.0	2018/12/12 17:55	uVision Software...	71,371 KB
▫ Keil.MDK-Middleware.7.8.0.pdsc	2018/11/13 8:10	PDSC 文件	240 KB
⬛ Keil.STM32F1xx_DFP.2.4.0	2023/3/4 10:09	uVision Software...	49,063 KB
▫ Keil.STM32F1xx_DFP.2.4.0.pdsc	2021/12/10 13:58	PDSC 文件	206 KB

图 2-29　安装 Keil.STM32F1xx_DFP.2.4.0 后相关文件存储地点

从 STM32 社区网站或者其他网站，得到 STM32F10x_StdPeriph_Lib_V3.5.0.rar 标准库文件（图 2-30），并解压；可检查解压之后得到的文件。进一步地，根据用户特定需求，如图 2-31 所示，新建 SmartIOTDevices 文件夹，并在里面新建三个文件夹：CMSIS（存放内核函数及启动引导文件）、IOTLIB（存放智能物联网设备相关库函数）、USER（存放用户的函数）。

系统 (D:) › APPS › KeilV527 › 库文件 　　　ㆍ ㆚ 　　 🔎 在 库文件 中搜索

名称	修改日期	类型	大小
🗀 STM32F10x_StdPeriph_Lib_V3.5.0	2020/3/26 11:36	文件夹	
⬛ Keil.STM32F1xx_DFP.2.4.0	2023/3/4 10:09	uVision Software Pack	49,063 KB
⬛ STM32F10x_StdPeriph_Lib_V3.5.0	2023/3/4 10:45	WinRAR 压缩文件	21,380 KB

图 2-30　STM32F10x_StdPeriph_Lib_V3.5.0.rar 标准库下载及解压

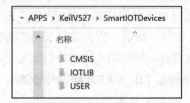

《 APPS › KeilV527 › SmartIOTDevices

名称
　🗀 CMSIS
　🗀 IOTLIB
　🗀 USER

图 2-31　新建 SmartIOTDevices 文件夹

打开刚才下载的官方标准库，将 Libraries\CMSIS\CM3\CoreSupport 中的文件和 Libraries\CMSIS\CM3\DeviceSupport\ST\STM32F10x 中的文件全部复制到刚才新建的 CMSIS 中。进一步地，将官方库 Libraries\STM32F10x_StdPeriph_Driver 中的 inc 和 src 文件夹复制到刚才新建的 IOTLIB 文件夹中对应的 inc 与 src 文件夹中。

将 STM32F10x_StdPeriph_Lib_V3.5.0\Project\STM32F10x_StdPeriph_Template 中的 main.c、Release_Notes、stm32f10x_conf.h、stm32f10x_it.c、stm32f10x_it.h、system_stm32f10x.c 6 个文件复制到新建的 USER 文件夹中。

2.3.3 Keil v5 新建 STM32 工程及测试

为了实施 Keil v5 新建 STM32 工程及测试，首先在前面所建立的 USER 文件夹中建立子文件夹 STM32HelloWorld，并将 USER 文件中所选择的 6 个文件拷贝到所建立的新文件夹 STM32HelloWorld。如图 2-32 所示，打开 Keil 软件开发平台，新建工程 STM32，命名该工程并将其保存到刚刚创建的 STM32HelloWorld 文件夹中（图 2-33）。接着，进入芯片选择步骤，并单击 OK 按钮；并关闭随后弹出的窗口。要了解 Keil v5 新建 STM32 工程及测试的第一部分及第二部分，请扫描观看视频。

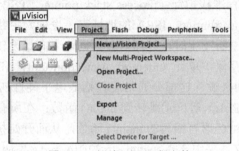

图 2-32 新建 Keil 工程文件

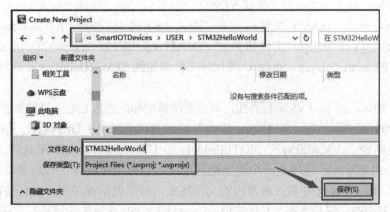

图 2-33 新建 STM32HelloWorld 工程文件并保存到 STM32HelloWorld 文件夹

在 Keil v5 工作界面，点击"品"字形彩色图标，弹出 Manage Project Items 窗口。然后，把"Target1"改为"STM32"，并删除 SourceGroup1；接着，在 Groups 中依次添加 CMSIS、USER、IOTLIB、STARTUP（图 2-34）。把刚刚复制到文件夹下的文件依次对应添加到 CMSIS、USER、IOTLIB、STARTUP 中。添加过程如下。

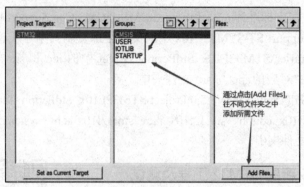

图 2-34　创建 Keil 工程源代码组

在 CMSIS 文件中，只添加 core_cm3.c。对于源代码组 USER，添加 3 个文件：main.c、stm32f10x_it.c、system_stm32f10x.c。在 IOTLIB 文件中，只需要添加 D:\APPS\KeilV527\SmartIOTDevices\IOTLIB\src 中的全部".c"文件即可。

startup_stm32f10x_md.s 文件是 STM32F10x 系列微控制器在 Keil MDK 或其他 ARM Cortex-M 开发环境中的启动文件。这个文件是汇编语言编写的，主要完成以下几个关键任务。①初始化堆栈：设置程序运行时所需的堆栈指针。这包括初始化主堆栈指针（main stack pointer，MSP）和进程堆栈指针（process stack pointer，PSP）。②中断向量表：定义中断服务例程（interrupt service routine，ISR）的地址表，也称为中断向量表。每个中断源都有一个唯一的中断向量，当中断发生时，处理器会根据这个向量跳转到相应的 ISR。③系统初始化：配置系统时钟、内存保护单元（memory protection unit，MPU）及其他必要的硬件设置。对于 STM32F10x 系列来说，这部分通常还包括低电平硬件初始化，如配置时钟源、锁相环（phase-locked loop，PLL）等；④跳转到 main() 函数：在所有的硬件和系统初始化完成后，启动文件会负责跳转到 C 语言编写的 main() 函数，从而开始执行用户程序。

在 CMSIS\startup\arm 文件夹中选择 startup_stm32f10x_md.s 添加到 STARTUP 组中，添加完毕单击 OK 按钮。进一步地，为了测试 STM32 通过串口发送"HelloWorld"，需要进行下述配置。将 usart.h、sys.h、delay.h 文件拷贝到"D:\APPS\KeilV527\SmartIOTDevices\IOTLIB\inc"中；将 usart.c、sys.c、delay.c 文件拷贝到"D:\APPS\KeilV527\SmartIOTDevices\IOTLIB\src"中。并将对应的 usart.c、sys.c、delay.c 源代码文件添加到 STM32HelloWorld 项目 IOTLIB 组中（图 2-35）。

如图 2-36 所示，在 Keil v5 编程界面，单击魔法棒图标，进入 C/C++设置界面，修改 Define 栏与 Include Path 栏中的内容。在 Define 栏输入 USE_STDPERIPH_DRIVER，并在 Include Path 栏加入头文件路径"..\..\CMSIS；..\..\IOTLIB\inc；..\..\USER\STM32HelloWorld"。在 Keil 开发环境中，Create HEX File 选项是一个输出配置选项，它指定在编译工程后是否生成一个 Intel HEX 格式的文件。HEX 文件是一种常用的文件格式，用于表示程序在 ROM、EPROM 或其他非易失性存储器中的代码和数据。具体来说，Create HEX File 选项的作用是在编译和链接过程结束后，将生成的二进制可执行文件（通常是.axf 或.elf 格式）转换为一个 ASCII 编码的 HEX 文件。如图 2-37 所示，配置 Output 可执行文件信息[Create HEX File]。

在保存所有文件之后，单击编译图标启动编译过程。Keil v5 编程界面有 Build 及 Rebuild 两个编译图标。Build 只针对在上次编译后更改过的文件进行编译，而 Rebuild 会编译所有文件。同时，密切关注编译输出信息，查看是否存在编译错误，若存在错误则进行修正，直到编译成功，无错误出现。进一步地，在 STM32HelloWorld 工程"main.c"中添加"Hello World"输出相关语句，保存所有文件并继续编译（图 2-38）。

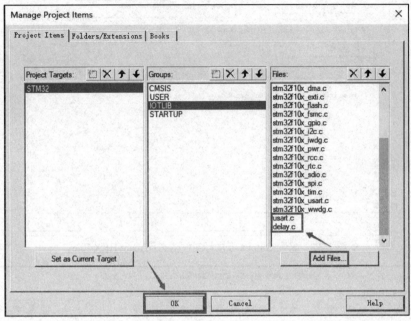

图 2-35　在 STM32HelloWorld 工程 IOTLIB 组中添加串口发送相关文件

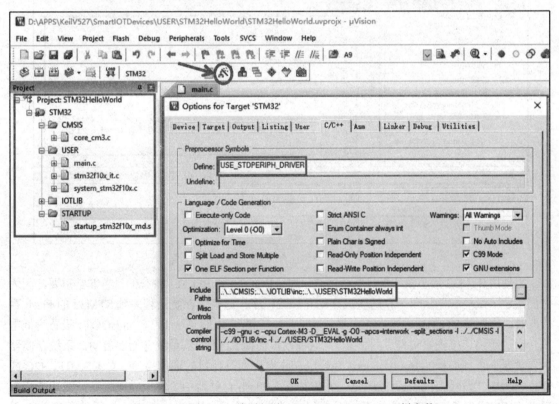

图 2-36　配置 C/C++编译相关 Define 及 Include Paths 栏参数

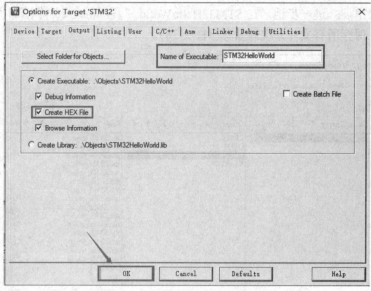

图 2-37 配置 Output 可执行文件信息［Create HEX File］

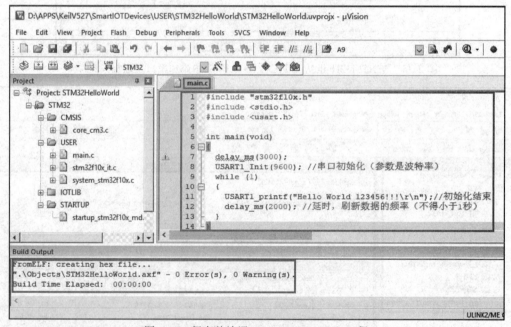

图 2-38 保存并编译 STM32HelloWorld 工程

当使用 STM32 最小核心板进行程序烧录时，BOOT0 和 BOOT1 跳线的设置非常重要，因为它们决定了微控制器从哪个存储区域启动并加载程序。通常，在烧录程序到 STM32 的 Flash 存储器时，需要将 BOOT0 设置为高电平（通过跳线连接到 VCC 或 3.3V），而 BOOT1 设置为低电平（通过跳线连接到 GND）（图 2-39）。这种设置会使 STM32 从系统存储器启动，系统存储器中包含了一个预编程的 BootLoader。BootLoader 允许通过特定的通信接口（如 USART、I2C 或 SPI）接收来自外部设备的程序数据，并将其写入 Flash 存储器中。烧录完成之后，在通电状态下，将 BOOT0 及 BOOT1 跳线变为默认配置（图 2-40）；否则，一断电，烧录的程序将会丢失。STM32 使用 USB-TTL 模块进行程序烧录与调试。在"usart.c"源代码 void USART1_Init （u32 bound）函数中，通过"GPIO_InitStructure.GPIO_Pin = GPIO_Pin_9;"，STM32 的 A9 引脚被定义为串口发射端（TXD）。类似地，A10 引脚被定义为串口接收端（RXD）。如图 2-41 所示，USB-TTL 引脚与 STM32 引脚连接情况如下：①USB-TTL-GND 连接 STM32 任一 GND；②USB-TTL-RXD 连接 STM32-A9（TXD）引脚；③USB-TTL-TXD 连接 STM32-A10（RXD）引脚；④USB-TTL-3V3 连接 STM32-3.3 引脚。

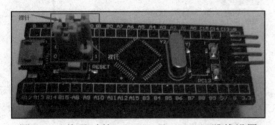　　

图 2-39　烧录时的 BOOT0 及 BOOT1 跳线设置　　　图 2-40　烧录后的 BOOT0 及 BOOT1 跳线
　　　　　　　　　　　　　　　　　　　　　　　　　　　　设置（默认配置）

　　FlyMcu 是一款用于 STM32 芯片的 ISP 串口烧录程序的专用工具，它可以通过串口烧录单片机程序，并且支持在电路编程（in circuit programing，ICP）和在应用编程（in applicating programing，IAP），具有编程、校验、读器件信息等功能。这款软件被广泛使用，特别是对于专业的单片机开发者来说，应该非常适用。它可以通过下载器（如 CH340 等串口烧写模块）下载单片机程序，将编辑好的程序代码（生成的 HEX 文件）烧录到硬件中。对于 STM32F103 系列单片机，使用 FlyMcu 进行烧录时，推荐的 bps 设置通常为 115200 或 9600。但具体设置可能因硬件环境和通信需求而异，因此建议根据实际情况进行调整和测试。如图 2-42 所示，使用 FlyMcu 工具，选择编译生成的"STM32HelloWorld.hex"，并将其烧录到 STM32 中（图 2-43）。如果烧录不成功，检查串口占用、硬件连接、供电、FlyMcu 烧录波特率设置、DTR 及 RTS 电平设置等情况。

图 2-41　STM32 使用 USB-TTL 模块进行程序烧录与调试

图 2-42　利用 FlyMCU 工具将 HEX 文件烧录到 STM32 单片机中

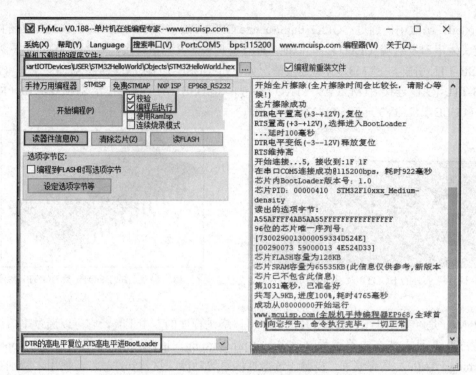

图 2-43　STM32 单片机烧录成功

将 STM32 核心板断电后，再次通电运行。如图 2-44 所示，利用 XCOM 串口工具，查看 STM32 单片机串口发送的信息。XCOM 串口工具波特率的配置需要与源代码中串口初始化函数 "USART_Init（9600）" 所设置的串口波特率保持一致。

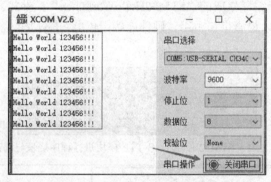

图 2-44　XCOM 串口工具显示 STM32 单片机串口发送的数据

2.4　微控制器与物联网节点的连接和测试

2.4.1　杜邦线连接微控制器与节点测试

杜邦线，又称跳线或配线电缆，是一种常用的电子元器件，被广泛应用于电子、计算机、汽车等领域。它由一个或多个绝缘导线组成，外层包裹着彩色的塑料套管，外形常为长条形，有直角和弯角两种形状。杜邦线主要用于电子设备内部各部件之间的连接，具有接线可靠、操作方便、重复使用等优点。杜邦线的类型主要分为三种。①公对公杜邦线：两端都是尖头的杜邦线，有针脚，主要用于与排母进行连接（图 2-45）；②母对母杜邦线：两端都是带孔的连接线，主要用于与排针进行连接（图 2-46）；③公对母杜邦线：一端是尖头，另一端是带孔的连接线，既可以与排母连接，也可以与排针连接，使用非常灵活（图 2-47）。

此外，根据导线的直径和间距的不同，杜邦线还可以分为多种规格，2.54mm 间距的杜邦线是最常见的一种，适用于大多数电子设备的连接需求。

如图 2-48 所示，利用杜邦线可将 STM32 微控制器与 DHT11 温湿度传感器连接，并进行温湿度数据收集测试。

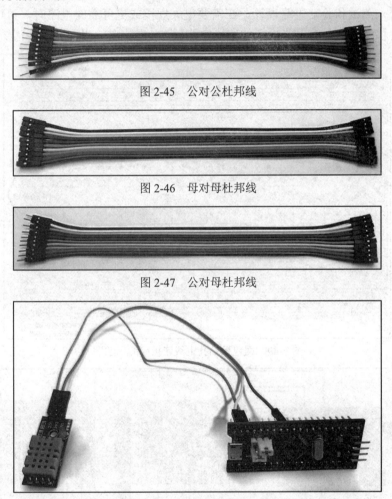

图 2-45　公对公杜邦线

图 2-46　母对母杜邦线

图 2-47　公对母杜邦线

图 2-48　利用杜邦线将 STM32 微控制器与 DHT11 温湿度传感器连接

2.4.2　面包板连接微控制器与节点测试

面包板，也被称为无焊面包板或原型板，用于构建电子电路半固定性原型。它无须焊接或破坏轨道，因此可以重复使用，是一种在电子电路设计和原型制作中常用的工具。它提供了一种方便地连接电子元件的方法，而无须进行焊接。面包板的使用范围广泛，可以用于制作从小型模拟和数字电路到完整的中央处理器等各种电子系统的原型。

面包板通常由一系列 U 形金属触点组成，这些触点位于电绝缘外壳中的孔网格下方。元件的引线和通过孔插入的线段由下面的触点在弹簧张力下保持，从而实现电气连接。这种设计使得电子元件可以轻松地插入和拔出，便于电路的修改和重新配置。

如图 2-49 所示，纵向紧密排列的 5 个插孔为一组，互相连通；上下两侧横向排列的数个插孔为一组，互相连通，用于连接电源或接地；这些只要撕开底部贴纸就能看清。不同组之间可以通过杜邦线或者器件等连接，同一组内连接器件必然短路。中间凹槽隔离上下两部分。电路中的电子元件一般先接在上面，再与旁边的电源和 GND 连接。

面包板的使用非常方便，只需将元件的引脚插入相应的孔中，就可以实现电路的连接。它适用于开发环境中的小型电路实验和原型设计（图 2-50）。它提供了一种快速、经济且易于修改的方式来测试和验证电路设计。在需要更大规模或更可靠的电路时，可以将无焊面包板上的原型转移到更持久的电路板（如印刷电路板）上进行进一步的开发和生产。

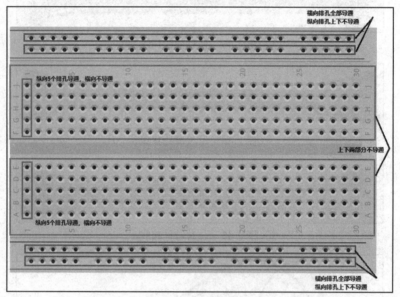

图 2-49　面包板插孔电线连接导通示意图

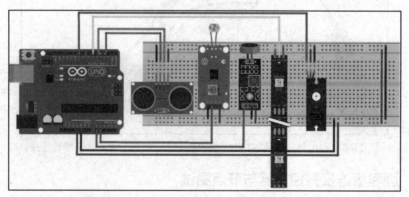

图 2-50　使用面包板及杜邦线将 Arduino 与不同电子元器件连接在一起

2.4.3　万能板连接微控制器与节点测试

如图 2-51 所示，万能板，也被称为万用板、实验板、学习板、洞洞板或点阵板，是一种按照标准 IC 间距（2.54MM）布满焊盘、可根据自己的意愿插装元器件及连线的印制电路板。它被广泛用于电子电路的实验、设计和原型制作中。

与专业的 PCB 制板相比，万能板具有使用门槛低、成本低廉、使用方便和扩展灵活等优势。这使得它特别适合学生、电子爱好者和工程师在电子设计竞赛、项目开发或电路实验中使用。万能板上的焊盘可以根据需要进行连接，以构建所需的电路。用户可以使用焊锡将元件引脚与焊盘连接起来，从而创建电子电路。万能板还可以方便地修改和重新配置电路，因为焊锡连接可以相对容易地拆除和重新焊接。总的来说，万能板是一种非常实用的电子电路实验和设计工具，它为用户提供了一个简单、经济且灵活的平台，用于构建和测试电子电路原型。

如图 2-52、图 2-53 所示，使用万能板可以制作酒精检测智能设备，其采用 STC12C5A16AD 或者 STC12C5A60S2 单片机作为主控制器。所制作的智能设备，可以检测气体中的酒精/乙醇浓度，1602 液晶显示屏可以显示酒精浓度；当前浓度大于阈值时，红灯亮，实施报警。

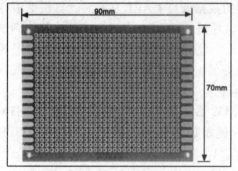

图 2-51　万能板（孔间距 2.54MM）

图 2-52　基于万能板的酒精检测智能设备制作（正面）

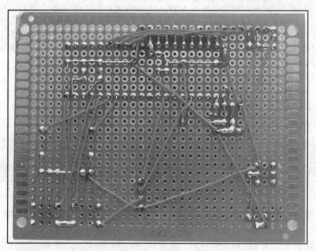

图 2-53　基于万能板的酒精检测智能设备制作（反面）

2.5　物联网数据节点测试

物联网数据节点是物联网体系结构的重要组成部分。它们充当物理世界和互联网之间的连接元素，负责从物理世界收集数据或对其采取行动。物联网数据节点种类繁多，可以很简单，如联网的小型传感器；也可以很复杂，如作为不同数据源数据集中器的无线传感网基站，或者是运行更复杂算法（称为边缘计算）的节点。这些设备通过各种信息传感器、射频识别技术、全球定位系统、红外感应器、激光扫描器等各种装置与技术，实时采集任何需要监控、连接、互动的物体或过程的信息。

2.5.1　STM32 微控制器采集 DHT11 温湿度传感器数据

STM32 采集 DHT11 温湿度传感器数据时，首先需要初始化 DHT11 传感器，然后通过 STM32 的 GPIO 口与 DHT11 进行通信，读取 DHT11 输出的温湿度数据。具体步骤描述如下：①配置 STM32 的芯片型号和对应的固件库；②确保 STM32 最小核心板与 DHT11 传感器正确连接，通常 DHT11 的数据线连接到 STM32 的某个 GPIO 口上；③编写一个 DHT11 的驱动函数，该函数负责发送起始信号、检测 DHT11 的响应、接收 40 位数据并解析出温湿度值；④在主函数中调用 DHT11 的驱动函数，周期性地获取温湿度数据。⑤可以将获取到的数据通过 UART 发送到计算机端进行显示。⑥编译整个项目，确保没有语法错误和警告。通过 ST-LINK、USB TTL 或其他调试器将生成的 HEX 文件下载到 STM32 最小核心板上。⑦给 STM32 最小核心板通电，观察 DHT11 传感器是否有正常工作指示（如 LED 闪烁等）；通过串口助手或其他工具查看从 STM32 发送出来的温湿度数据，确保数据正确无误。

如图 2-54 所示，建立新的 Keil 工程测试 STM32 数据收集，该工程被命名为"STM32 DHT11"。进一步地，为新的 STM32DHT11 工程添加虚拟源文件组 CMSIS、USER、IOTLIB 及 STARTUP（图 2-55）。

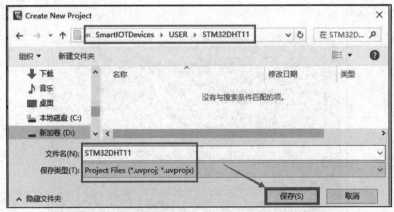

图 2-54　建立新的 Keil 工程测试 STM32 数据收集

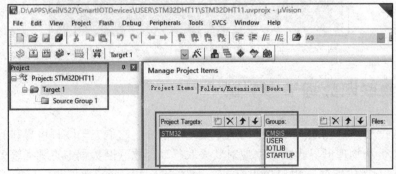

图 2-55　STM32DHT11 工程添加源文件组

为 STM32DHT11 工程添加的源文件组 CMSIS、USER、IOTLIB 及 STARTUP，并不是真实存在于硬盘中的文件夹，只出现在 STM32DHT11 工程的配置文件中，并且在编译或者生成可执行文件的过程中，将这些文件夹中的文件关联过来。将 2.3.3 章节中所建立 STM32HelloWorld 工程中的 "main.c" "stm32f10x_it.c" "system_stm32f10x.c" "stm32f10x_conf.h" "stm32f10x_it.h" 5 个文件复制到文件夹 "D:\APPS\KeilV527\SmartIOTDevices\USER\STM32DHT11" 中。进一步地，配置 STM32DHT11 工程项目所生成的 HEX 执行文件名称。然后单击魔法棒，进入 C/C++设置界面，在 define 一栏输入 "USE_STDPERIPH_DRIVER"，并将 "..\..\CMSIS；..\..\IOTLIB\inc；..\..\USER\STM32DHT11" 填写到头文件路径 Include Path 栏中。将 "dht11.h" 拷贝到 "D:\APPS\KeilV527\SmartIOTDevices\IOTLIB\inc" 中；将 "dht11.c" 拷贝到 "D:\APPS\KeilV527\SmartIOTDevices\IOTLIB\src" 中。进一步地，将 "dht11.c" 添加到 STM32DHT11 工程中所对应的 IOTLIB 源代码组之中。

存储于硬盘当中的 CMSIS、IOTLIB 及 STARTUP 文件夹一般存储公共的、变化不大的、可以服务于不同应用的源代码文件（.c）及头文件（.h）。凡是需要用户为特定应用修改或者编写的源代码文件，最好都放在特定的用户文件夹中，如 STM32HelloWorld、STM32DHT11 文件夹中。对于本项目，将 STM32DHT11 工程文件夹之下的 "main.c" "stm32f10x_it.c" "system_stm32f10x.c" 3 个文件添加（关联）到 STM32DHT11 工程的 USER 组中。

如图 2-56 所示，修改 STM32DHT11 工程项目 USER 组所关联的 main.c 文件，使其源代码尽量与图中显示的一致。同时，在 "dht11.c" 程序中，void DHT11_GPIO_OUT（void）及 void DHT11_GPIO_IN（void）函数，确保 GPIO_InitStructure.GPIO_Pin = GPIO_Pin_7。同时，在其他相应的函数中，确保从 GPIO_Pin_7（A7）引脚读取字节或者比特数据。这样，当 DHT11-DAT 引脚连接 STM32-A7 引脚，STM32 运行程序时，就可以获取 DHT11 温湿度传感器数据。

图 2-56 STM32DHT11 工程项目虚拟文件夹 USER 中的 main.c 文件

然后，单击 "↓↓" 图标进行重新编译，如果存在编译错误，请修改到没有错误发生为止（图 2-57）。

为了烧录程序及查看串口输出信息，需要使用 USB-TTL 串口模块，USB-TTL 模块引脚与 STM32 引脚连接情况描述如下：①USB-TTL-GND 连接 STM32 任一 GND。②USB-TTL-RXD 连接 STM32-A9（TXD）引脚。③USB-TTL-TXD 连接 STM32-A10（RXD）引脚。USB-TTL-3V3 连接 STM32 微控制器 SWIO 引脚旁边的 3V3 引脚。将 STM32 最小核心板的

跳线配置为“烧录”状态。然后，利用 FlyMcu 工具，将成功编译的 STM32DHT11.hex 文件烧录到 STM32 中。进一步地，利用 FlyMCU 工具，选择正确的 CH340 串口，将 STM32DHT11 项目生成的执行文件烧录到 STM32 微控制器中。如果烧录过程出现错误，请检查 USB-TTL 模块是否接触良好。如果接触不好，请重新拔插 USB-TTL 模块。烧录完成之后，在通电状态下，将 BOOT0 及 BOOT1 跳线变为默认配置；否则，一断电，烧录的程序就会丢失。

如图 2-58 所示，本节实验所使用的温湿度传感器与 STM32 引脚连接描述如下。①DHT11-GND 引脚连接 STM32 任一 GND。②DHT11-DAT 引脚连接 STM32-A7 引脚。③DHT11-VCC 引脚连接 STM32-3.3 引脚。如图 2-59 所示，可得到完整的 STM32、DHT111 及 USB-TTL 杜邦线连接。如果顺利，USB-TTL 串口可显示 STM32 微控制器温湿度数据输出（图 2-60）。

```
Build Output
compiling stm32f10x_pwr.c...
assembling startup_stm32f10x_md.s...
compiling stm32f10x_rtc.c...
compiling stm32f10x_rcc.c...
compiling stm32f10x_sdio.c...
compiling stm32f10x_spi.c...
compiling stm32f10x_wwdg.c...
compiling stm32f10x_usart.c...
compiling dht11.c...
compiling usart.c...
..\..\IOTLIB\src\usart.c(24): warning:  #260-D: explicit type is missing ("int" assumed)
  _sys_exit(int x){
..\..\IOTLIB\src\usart.c: 1 warning, 0 errors
compiling stm32f10x_tim.c...
linking...
Program Size: Code=9316 RO-data=820 RW-data=28 ZI-data=1636
FromELF: creating hex file...
".\Objects\STM32DHT11.axf" - 0 Error(s), 3 Warning(s).
Build Time Elapsed:  00:00:02
```

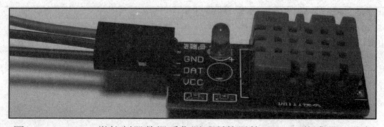

图 2-57 STM32DHT11 工程项目编译成功日志

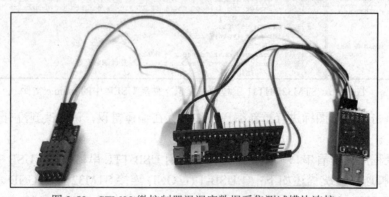

图 2-58 STM32 微控制器数据采集测试所使用的 DHT11 传感器及引脚

图 2-59 STM32 微控制器温湿度数据采集测试模块连接

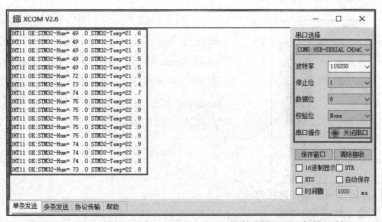

图 2-60　USB-转 TTL 串口显示 STM32 微控制器温湿度数据输出

2.5.2　Arduino 微控制器采集温湿度传感器数据

在前面的章节里，我们已经学习了使用 Arduino Nano 开发板实现 LED 灯闪烁及通过串行口对外输出字符串"Hello World"的方法。利用其中的知识点，结合 DHT11 温湿度传感器的使用方法，Arduino Nano 可以实现温湿度传感器数据的收集。具体实现步骤描述如下：①首先，DHT11 温湿度传感器是通过 1-wire 总线协议进行控制及数据传输的，所以在编程时，需要定义 Arduino 上的一个 GPIO 引脚为单总线的通信引脚。比如，#define DHT PIN 4，定义 4 脚为单总线的数据通信引脚；②其次，读取到的温湿度传感器数据需要通过串行口输出到 PC 端；所以这里需要通过串口初始化接口函数 Serial.begin（9600）来定义串口，并通过串口将温湿度数据打印输出；③最后，这里要使用 DHT11 传感器，至关重要的一步是下载库文件，并在 Arduino 代码中添加相关的头文件 dht.h，并将源代码文件命名为"ReadDHT11.ino"。

当遇到 Arduino Nano 温湿度数据采集程序编译出错（缺失 dht.h）时，为了解决这个问题，需要安装 dht 库文件。进一步地，Arduino IDE 选择 dht 库文件，并进行安装。安装完成之后，查看 Arduino IDE 所安装的 dht 库文件的存储路径。进一步地，可查看被安装 dht 库文件的存储详情，来确认库文件是否安装成功。在 Arduino IDE 编译及上传程序的过程中，如果出现上传（Uploading）一直不结束的问题（图 2-61），可以关闭并重启 Arduino IDE。最后，Arduino Nano 微控制器数据采集程序可完成编译，并成功上传到 Nano 微控制器。

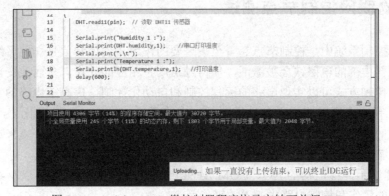

图 2-61　Arduino Nano 微控制器程序烧录空转可关闭 IDE

图 2-62　DHT11 温湿度传感器使用杜邦线
连接 Arduino Nano 微控制器

如图 2-62 所示，DHT11 温湿度传感器 DAT 引脚连接 Nano 微控制器的 D4 引脚，DHT11 的 GND 连接 Nano 的任一 GND 引脚、DHT11 的 VCC 引脚连接 Nano 的任一 VCC 引脚。如图 2-63 所示，Arduino Nano 微控制器采集温湿度传感器数据，并将其通过串口输出。

```
Arduino IDE 2.0.0
File  Edit  Sketch  Tools  Help

        ⌁ Arduino Nano              ▾

ArduinoNanoReadDHT11.ino
 1    #include <dht.h>
 2    dht DHT;
 3    const int pin = 4;  // 将把 DHT11 的 data pin 连到 arduino Pin 4, D4
 4    void setup()
 5    {
 6      Serial.begin(115200);
 7      while (!Serial) {;}
 8    }
 9    //主循环-----------------------------------------
10    void loop()
11    {
12      DHT.read11(pin);  // 读取 DHT11 传感器
13      Serial.print("Nano-Hum:");
14      Serial.print(DHT.humidity,1);     //串口打印湿度
15      Serial.print(",\t");
16      Serial.print("Nano-Temp:");
17      Serial.println(DHT.temperature,1);  //打印温度
18      delay(600);
19    }

Output   Serial Monitor ✕

Message (Ctrl + Enter to send message to 'Arduino Nano' on 'COM5')

08:43:46.124 -> Nano-Hum:58.0,   Nano-Temp:27.0
08:43:46.766 -> Nano-Hum:58.0,   Nano-Temp:27.0
08:43:47.377 -> Nano-Hum:58.0,   Nano-Temp:27.0
08:43:47.988 -> Nano-Hum:58.0,   Nano-Temp:27.0
08:43:48.628 -> Nano-Hum:58.0,   Nano-Temp:27.0
08:43:49.237 -> Nano-Hum:57.0,   Nano-Temp:27.0
```

图 2-63　Arduino Nano 微控制器数据采集测试

2.6　物联网控制节点测试

在继电器控制系统中，控制节点起着至关重要的作用。当控制信号作用于继电器的输入节点时，继电器内部的电磁铁会被激活，使得触点产生相应的动作，从而改变输出节点的电路状态。这种控制方式可以实现电路的远程控制和自动化控制，提高了电路的安全性和可靠性。继电器控制节点可以应用于各种需要控制电路通断的场合，如自动化生产线、电力系统、通信系统等。在实际应用中，我们需要根据具体的控制需求和工作环境来选择适当的继电器型号与控制节点连接方式，以确保电路的正常运行和控制效果的实现。

如图 2-64 所示，继电器的 NO、COM 及 NC 分别代表不同类型的触点及其连接方式，它们在继电器的工作和控制电路中起着关键作用。

公共端（Common，COM）是继电器中多个
触点的共享连接点。在继电器中，COM 端通常与
NO 或 NC 触点配对使用，构成完整的电路连接。
公共端可以是正极或负极，具体取决于电路设计
和应用需求。在连接时，应注意公共端的极性，
以确保电路正常工作。

图 2-64　一个典型继电器结构

常闭触点（normally closed，NC）在继电器
未通电时处于闭合状态。当继电器通电时，NC 触点会断开，从而使电路断开。在控制电路
图中，常闭触点通常用动断（D 型）触点的符号表示。常闭触点在电路中起着安全保护和自
动控制的作用，当继电器失去电源或出现故障时，它可以确保电路处于安全状态。

常开触点（normally open，NO）是继电器的一种触点类型，表示该触点在继电器未通电
（常态下）时是断开的。当继电器通电（接收到控制信号）时，NO 触点会闭合，从而使电路
导通。在控制电路图中，常开触点通常用动合（H 型）触点的符号表示。

如图 2-65 所示，使用 COM 与 NC 建立一个工作电路。COM 触点直接连接交流火线或
直流正极，NC 触点连接工作设备及接交流零线或直流负极。如图 2-66 所示，使用 COM 与
NO 建立一个工作电路，COM 触点直接连接交流火线或直流正极，NO 触点连接工作设备及
零线或直流负极。

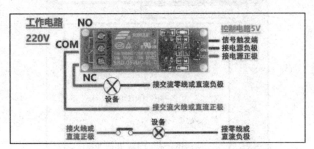

图 2-65　使用 COM 与 NC 建立一个工作电路

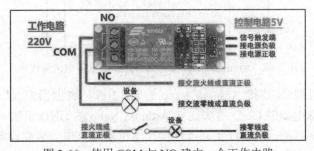

图 2-66　使用 COM 与 NO 建立一个工作电路

2.6.1　Arduino 微控制器控制继电器测试

如图 2-67 所示，在进行 Arduino Nano 控制继电器测试时，首先需要将
继电器模块与 Arduino Nano 开发板进行连接。一般来说，继电器模块有三
个引脚：VCC、GND 和信号控制引脚。VCC 和 GND 分别连接到 Arduino
开发板的 5V 与 GND 引脚，以提供继电器工作所需的电能。信号控制引脚则连接到 Arduino

的一个数字输出引脚，用于接收来自 Arduino 的控制信号。连接完成后，需要通过 Arduino IDE 编写程序来控制继电器的开关状态（图 2-68）。程序通常使用 digitalWrite()函数来设置数字输出引脚的状态，从而控制继电器的通断。例如，将数字输出引脚设置为 HIGH 状态可以使继电器闭合，设置为 LOW 状态则可以使继电器断开。

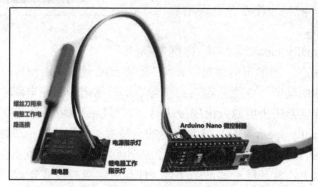

图 2-67　Arduino Nano 微控制器测试继电器

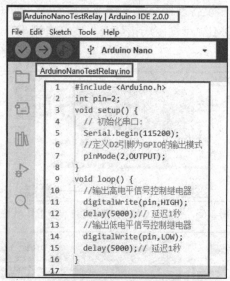

图 2-68　Arduino Nano 微控制器控制继电器测试源代码

继电器的信号引脚 IN 连接 Arduino Nano 的 D2 引脚；继电器的 VCC 引脚连接 Arduino Nano 的 5V 引脚；继电器的 GND 引脚连接 Arduino Nano 的 GND 引脚。在测试过程中，可以通过继电器的动作声音、指示灯状态或连接在继电器输出端的负载设备的工作状态来判断继电器是否正常工作。通过听"哒哒"声音及观察继电器工作指示灯可以判断继电器控制是否成功。如果一切正常，说明 Arduino Nano 成功控制了继电器的开关状态。

2.6.2　STM32 微控制器控制继电器测试

在进行 STM32 控制继电器测试时，首先需要将继电器模块与 STM32 开发板进行连接。如图 2-69 所示，继电器模块会有电源引脚（VCC 和 GND）及一个或多个控制引脚，将 VCC 和 GND 分别连接到 STM32 开发板的相应电源引脚上，以提供继电器工作所需的电压和电流。控制引脚则连接到 STM32 的一个或多个 GPIO（通用输入输出）引脚上，用于接收来自 STM32 的控制信号。

连接完成后，需要通过 STM32 的开发环境（如 Keil、STM32CubeIDE 等）编写程序来控制继电器的开关状态。程序通常使用 STM32 的库函数来设置 GPIO 引脚的状态，从而控制继电器的通断。例如，设置 GPIO 引脚为高电平使继电器闭合，设置为低电平则使继电器断开。如图 2-70 所示，创建 Keil v5 工程项目相关 STM32TestRelay 文件夹，并将如图所示的 6 个文件拷贝到新创建的文件夹中。

图 2-69　STM32TestRelay 硬件连接

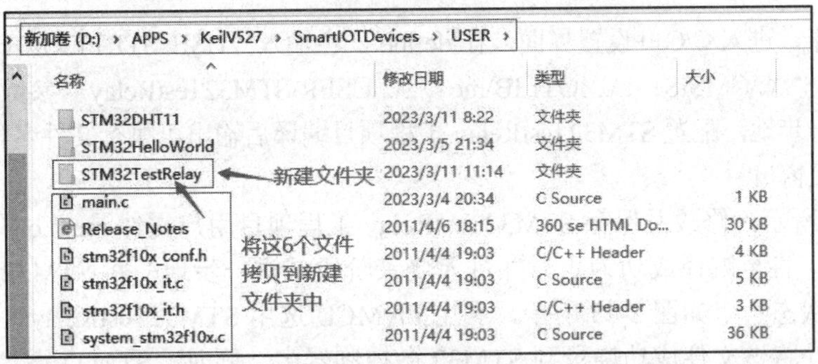

图 2-70　建立继电器测试文件夹 STM32TestRelay

新建 STM32TestRelay 文件夹中具备 3 个与工程开发密切相关的源代码文件。首先，Keil v5 创建新的命名为 STM32TestRelay 工程项目，并将其存储到 USER\STM32TestRelay 文件夹中。接着，为新建 STM32TestRelay 工程项目选取相应的芯片类型，并关闭所跳出的运行环境管理窗口。进一步地，修改 STM32TestRelay 工程项目目标名称及删除目标下的文件夹[Source Group 1]；在 STM32TestRelay 工程项目目标设备下建立 CMSIS、USER、IOTLIB、STARTUP 4 个源代码组并分别关联必要源文件（图 2-71）。

在 STM32HelloWorld、STM32DHT11 工程项目实践的基础上，利用已有的 CMSIS、IOTLIB 中的文件来开发 STM32TestRelay 工程项目。分别将 relay.h、relay.c 拷贝到已建立的 SmartIOTDevices\IOTLIB\inc 及 SmartIOTDevices\ IOTLIB\src 文件夹中。

STM32TestRelay 工程项目组 CMSIS 关联 SmartIOTDevices\CMSIS 文件夹中的 core_cm3.c 文件；STM32TestRelay 工程项目组 USER 关联 SmartIOTDevices\USER\ STM32 TestRelay 文件夹中的 main.c、stm32f10x_it.c、system_stm32f10x.c 文件。STM32TestRelay 工

程项目组 IOTLIB 关联 SmartIOTDevices\IOTLIB\src 文件夹中所有文件，这包括 sys.c、delay.c、usart.c、relay.c 等，否则将产生编译错误。进一步地，STM32TestRelay 工程项目组 STARTUP 关联 SmartIOTDevices\CMSIS\startup\arm 中的 startup_stm32f10x_md.s 文件。

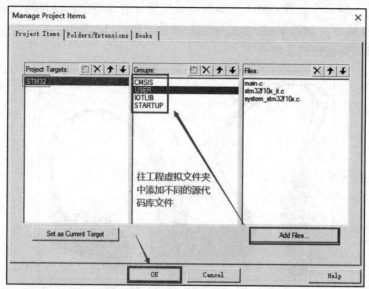

图 2-71　STM32TestRelay 工程项目目标设备下建立 4 个源文件组并分别关联必要源文件

单击魔法棒，进入 C/C++设置界面，在 define 一栏输入"USE_STDPERIPH_DRIVER"，并将头文件路径"..\..\CMSIS；..\..\IOTLIB\inc；..\..\USER\STM32TestRelay"参数填写到 Include Path 栏中。进一步地，配置 STM32TestRelay 工程项目编译后输出可执行文件名称，并单击 OK 按钮，配置关闭窗口。

如图 2-72 所示，修改并保存 STM32TestRelay 工程项目用户文件 main.c 的源代码，解决相关编译错误，直至编译成功为止，并进入烧录阶段。进一步地，将 STM32 微控制器跳线设置为"烧录状态"。如图 2-73 所示，利用 FlyMCU 选用 STM32TestRelay 工程项目生成的可执行文件，并将该文件成功烧录到 STM32 微控制器中。同时，STM32 微控制器烧录完成后，在通电的情况下，将跳线恢复到默认设置。

为了测试 STM32 微控制器对继电器的控制，相关引脚连接描述如下。①USB-TTL 模块的 3V3 引脚连接 STM32 模块的 3.3 引脚。②USB-TTL 模块的 GND 引脚连接 STM32 模块的 GND 引脚，或者标记为 G 的引脚。③USB-TTL 的外部数据输入线（Receive eXternal Data，RXD）引脚连接 STM32 模块的 A9 引脚；USB-TTL 的外部数据输出线（Transmit eXternal Data，TXD）引脚连接 STM32 模块的 A10 引脚。④STM32 模块的 A8 引脚连接继电器的 IN 或者其他标记为"信号"的引脚，这是因为在 relay.h 源代码中 A8 被 RELAY1 GPIO_Pin_8 定义为连接继电器"信号"引脚的引脚；STM32 模块的 5V 引脚连接继电器的 VCC 引脚；STM32 模块的 GND 引脚连接继电器的 GND 引脚。⑤继电器的 COM 连接设备交流电源的"火线"或者直流电的"正极"；继电器的 NC 或者 NO 与设备相连接；设备的 GND 与电源的 GND 相连接。如图 2-74 所示，可通过串口工具将继电器打开或关闭指令发送到 STM32 微控制器，并进一步控制继电器的打开或关闭。在测试过程中，可以通过继电器的动作声音、指示灯状态或连接在继电器输出端的负载设备的工作状态来判断继电器是否正常工作。

```
D:\APPS\KeilV527\SmartIOTDevices\USER\STM32TestRelay\STM32TestRelay.uvprojx - µVision
File  Edit  View  Project  Flash  Debug  Peripherals  Tools  SVCS  Window  Help

Project                         main.c
Project: STM32TestRelay      1  /***********************************************
  STM32                       2     程序名：    控制继电器程序
    CMSIS                     3     编写时间：  2023年1月9日
      core_cm3.c              4     硬件支持：  STM32F103C8
    USER                      5     Relay Signal Pin is defined as A8 Pin
      main.c                  6
      stm32f10x_it.c          7  #include "stm32f10x.h"  //STM32头文件
      system_stm32f10x.c      8  #include "sys.h"
    IOTLIB                    9  #include "delay.h"
    STARTUP                  10  #include "usart.h"
      startup_stm32f10x_md.s 11  #include "relay.h"
                             12
                             13  int main (void){//主程序
                             14    u8 a;
                             15    USART1_Init(115200);
                             16    RELAY_Init();//继电器初始化
                             17
                             18    while(1){
                             19      a =USART_ReceiveData(USART1);
                             20      if(a== '0'){
                             21        USART1_printf(" 继电器放开");
                             22        RELAY_1(0);
                             23      }
                             24      if(a== '1'){
                             25        USART1_printf(" 继电器吸合");
                             26        RELAY_1(1);
                             27      }
                             28    }
                             29  }
                             30  }
```

图 2-72　STM32TestRelay 工程项目用户文件 main.c 的主要代码

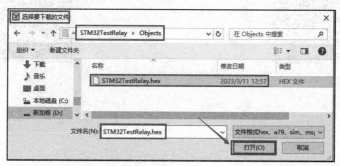

图 2-73　利用 FlyMCU 选用 STM32TestRelay 工程项目生成的可执行文件

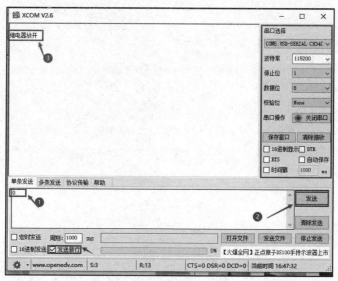

图 2-74　使用 XCOM 串口助手发送指令测试继电器工作状态

2.7　小结

本章介绍了物联网微控制器及其开发环境，包括微控制器与物联网节点的连接和测试、物联网数据节点测试、物联网控制节点测试。同时，本章介绍了微控制器的组成结构、微控制器的发展阶段。进一步地，本章介绍了 Arduino Nano 微控制器、STM32F103C8T6 微控制器；还介绍了 Arduino IDE 集成开发环境及 Keil v5 集成开发环境的安装。最后，重点介绍了基于 USB-TTL 串口的 STM32 控制继电器 Keil v5 编程测试。

思考题

1. 简述微控制器的组成结构。
2. 简述 Arduino Nano 微处理器的特点。
3. 简述 STM32 微控制器采集温湿度传感器数据的步骤。

请扫描下列二维码获取第 2 章–物联网智能设备制作基础–源代码与库文件相关资源。

第 3 章

智能设备通信技术

学习要点

☐ 了解网关-节点通信技术的相关知识。

☐ 掌握网关-数据中心通信技术的概念及类型。

☐ 掌握网关-数据中心 Wi-Fi 通信的主要知识点。

☐ 掌握 STM32 Wi-Fi 设备通信的主要实现步骤。

3.1 智能设备通信技术简介

物联网智能设备通信技术一般包括两个部分。一部分是物联网智能设备将数据发送到局域网数据服务中心或者云服务中心所使用的通信技术；另一部分是物联网智能设备的微控制器与所连接的物联网数据节点或者控制节点之间的数据通信技术。

物联网网关在将数据发送到云服务中心时，可以使用多种无线或有线通信技术。以下是其中一些常见的通信技术。①Wi-Fi：Wi-Fi 是一种被广泛使用的无线局域网技术，物联网网关可以通过 Wi-Fi 网络将数据发送到云服务中心。Wi-Fi 具有高速率和广泛覆盖的优势，适用于需要较高数据传输速率的场景。②蜂窝移动网络：物联网网关还可以利用蜂窝移动网络（如 4G、5G）进行数据传输。这种技术具有全球覆盖和高速数据传输的特点，适用于需要广泛连接和移动性的物联网应用。③以太网：以太网是一种常用的有线局域网技术，物联网网关可以通过以太网连接将数据发送到云服务中心。以太网具有高速、稳定和可靠的特点，适用于需要稳定连接的物联网应用。

物联网智能设备的微控制器与所连接的数据节点或控制节点之间的数据通信技术是物联网系统中的关键环节。这些技术确保设备之间能够高效、准确地传输数据，从而实现物联网的智能化和自动化。在物联网智能设备中，微控制器通常通过内置的通信接口（如 UART、SPI、I2C 等）与数据节点或控制节点进行通信。这些接口可以连接有线或无线通信模块，从而实现与远程设备的数据交换。微控制器与节点之间的通信技术主要有无线通信技术和有线通信技术。①有线通信技术，如串行通信 RS-232、RS-485 等，通过物理电缆连接设备。②无线通信技术则更为灵活，不需要物理电缆连接，因此被广泛应用于物联网设备中。常见的无线通信技术包括超宽带（ultra wide band，UWB）、蓝牙、Zigbee、LoRa 等。蓝牙是日常生活中非常常见的无线通信技术，具有高速率和广泛的兼容性等特点。Zigbee 则是一种低功耗、低数据速率的无线通信技术，特别适合用于需要大量设备连接的物联网场景。LoRa 则是一种长距离、低功耗的无线通信技术，适合用于需要覆盖广泛区域的物联网应用。

3.2　网关–节点通信技术

如图 3-1 所示，网关具有一种或多种短距离通信接口，完成"网关-节点"短距离数据通信。随着技术的发展，网关可以支持更多类型的短距离通信接口，以满足不断增长的通信需求。

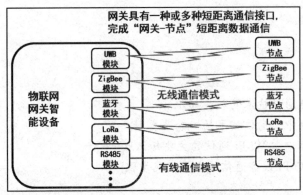

图 3-1　物联网网关–节点短距离数据通信类型示意图

3.2.1　UWB 无线技术

UWB 无线技术是一种全新的、与传统通信技术有极大差异的通信新技术。UWB 无线通信技术是一种采用极宽频带的无线载波通信技术，它不采用正弦载波，而是利用纳秒级的非正弦波窄脉冲传输数据，因此其所占的频谱范围很宽。UWB 无线通信技术具有很多优点。首先，它的系统复杂度相对较低，这使得 UWB 设备的设计和生产更加简单。其次，UWB 的发射信号功率谱密度非常低，这意味着它对其他无线设备的干扰很小，同时更难被截获，从而提高了通信的安全性。此外，UWB 对信道衰落不敏感，这使得它在室内等密集多径场所中能够保持较好的通信质量。最后，UWB 的定位精度非常高，这使得它在需要精确定位的场景中具有很大的优势。

在应用领域方面，UWB 无线通信技术特别适用于室内等密集多径场所的高速无线接入，如智能家居、智能仓储、智能安防等。此外，它还可以用于雷达、定位和图像传输等领域。由于其高速率和低功耗的特性，UWB 也被视为未来无线通信领域的重要发展方向之一。总的来说，UWB 无线通信技术是一种具有广阔应用前景的新型无线通信技术，它在高速数据传输、精确定位和低功耗等方面具有显著优势，有望在未来的无线通信领域发挥重要作用。

如图 3-2 所示，UWB 可实现实时病人与医疗资源定位。例如，在企业复产复工的防疫工作期间，在办公区域部署一套接触追踪与疑似轨迹追溯系统，可实现员工的聚集管控、疑似人员接触追踪、疑似人员历史轨迹回放、企业/厂区内位置大数据热力图等功能。

1. UWB 基站

如图 3-3 所示，UWB 基站是一种基于超宽带技术的无线通信基站。这种基站主要的作用是定位，其定位精度可以达到厘米级，其原理是通过测量 UWB 信号在基站与标签之间往返的飞行时间来计算距离。UWB 基站相当于 GPS 卫星，提供位置基准参考，但与之不同的是，UWB 定位不需要空旷环境，能够实现实时、超精确、超可靠的定位和通信。

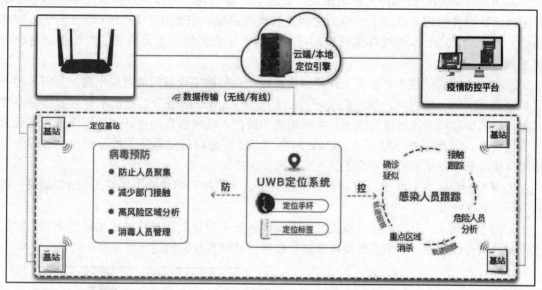

图 3-2　基于 UWB 实现实时病人与医疗资源定位

2. UWB 标签

如图 3-4 所示，UWB 标签，同为定位系统的重要组成部分，分为腕带型、工牌型、资产型等多种类型，高度适配于对人员、车辆、资产等的定位追踪。它通常由微控制器、UWB 芯片、电源管理模块和天线等部分组成，具有小巧、轻便、低功耗等特点。UWB 标签通过 UWB 信号与 UWB 基站进行通信，利用到达时间差（Time Difference of Arrival，TDOA）测量技术或接收信号强度指示（Received Signal Strength Indication，RSSI）等方法，可以实现厘米级的高精度定位。在定位系统中，UWB 标签通常被佩戴在需要定位的目标对象上，如人员、物资、车辆等，以便基站对其进行精确定位和跟踪。

此外，UWB 标签还可以与其他传感器进行集成，如加速度计、陀螺仪等，从而实现对目标对象更全面的监测和感知。将这些数据上传到上位机或云端进行处理和分析，可以实现对目标对象的智慧管理和控制。

总的来说，UWB 标签是一种基于 UWB 技术的高精度定位设备，具有广泛的应用前景，尤其在需要精确定位和监测的场景中发挥着重要作用。它可以与其他传感器和智能设备相结合，为智能家居、智能仓储、智能安防等领域的应用提供有力支持。

图 3-3　UWB 基站

图 3-4　UWB 标签

3.2.2 ZigBee 无线技术

ZigBee 无线通信技术是一种近距离、低成本、低功耗的无线网络技术，主要用于传输范围短、数据传输速率低的电子设备之间进行数据传输。它是基于 IEEE（电气电子工程师学会）批准的 802.15.4 无线标准开发的，可应用于小范围的基于无线通信的控制和自动化等领域。

ZigBee 无线通信技术可以省去计算机设备、一系列数字设备间的有线电缆，实现多种不同数字设备间的无线组网，使它们实现通信。每个 ZigBee 网络节点不仅本身可以作为监控对象，如其所连接的传感器直接进行数据采集和监控，还可以自动中转别的网络节点传过来的数据资料。除此之外，每一个 ZigBee 网络节点还可在自己信号覆盖的范围内，和多个不承担网络信息中转任务的孤立的子节点进行无线连接。

如图 3-5 所示，在 ZigBee 点对点通信模式下，无线串口模块使用协商式 MAC 协议，可双向同时高速收发。

如图 3-6 所示，在广播通信模式下，串口输入一个模块的数据将被模块转为无线数据发出，附近所有信道相同的节点都能接收到此数据，并将其从它们的出口发出。

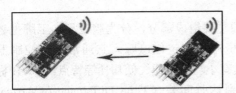

图 3-5　ZigBee 点对点通信模式

图 3-6　ZigBee 节点广播通信模式

物联网网关上配置了 ZigBee 模块，该模块同 ZigBee 物联网节点组成 ZigBee 网络实现数据通信。ZigBee 无线通信技术具有低功耗、低成本、低速率、近距离、短时延、高容量、高安全等特点，被广泛应用于智能家居、工业自动化、智能农业（图 3-7）、智能照明、智能安防等领域。与其他的无线通信技术相比，ZigBee 无线通信技术在低功耗和低成本方面更具有优势，这使得它在物联网领域具有广泛的应用前景。

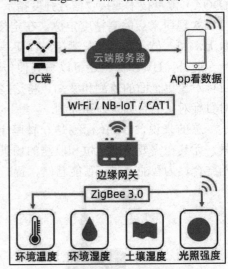

图 3-7　基于 ZigBee 节点的农业生产环境监测系统示意图

3.2.3 蓝牙无线通信技术

蓝牙无线通信技术是一种短距离无线通信技术，可以使电子设备在短距离内进行数据传输。它可以使电子设备在不需要使用线缆连接的情况下进行通信，从而实现了设备的无线连接和数据的无线传输。

蓝牙技术利用了 2.4GHz 的 ISM 频段开放给工业、科学和医疗使用的频段，采用跳频扩频技术，传输速率可以达到 1Mbps。它支持点对点及点对多点的通信，工作在全球通用的 2.4GHz ISM 频段。蓝牙技术最初由爱立信公司提出，旨在解决移动设备之间的通信问题，后来得到了许多公司的支持和发展，成为一种被广泛应用的无线通信技术。

蓝牙技术的应用范围非常广泛，可以应用于手机、笔记本计算机、耳机、音箱、汽车等各种电子设备之间的连接和通信。例如，通过蓝牙技术，手机可以与耳机进行无线连接，实现无线听音乐和通话；汽车可以通过蓝牙技术与手机连接，实现车载电话和音频播放等功能。此外，蓝牙技术还可以应用于智能家居、智能穿戴设备、医疗设备等领域，为人们的生活和工作带来了极大的便利。物联网网关上配置蓝牙模块，该模块同蓝牙物联网节点组成网络实现数据通信。图 3-8 所示为一个具有蓝牙模块的温湿度传感器。

图 3-8　蓝牙温湿度传感器

1. 蓝牙 4.0 无线通信技术

蓝牙 4.0 无线通信技术是蓝牙技术联盟推出的一个重要版本，也是目前被广泛应用的蓝牙技术之一。它在之前蓝牙技术的基础上进行了大量的优化和改进，拥有更低的功耗、更高的传输速度和更安全的连接等特点，被广泛应用于智能手机、平板计算机、智能手表、智能家居等领域。

蓝牙 4.0 无线通信技术引入了蓝牙低功耗（bluetooth low energy，BLE）技术，这使得蓝牙设备在传输小量数据时能够以极低的功耗进行通信，从而延长了设备的电池寿命。同时，蓝牙 4.0 还支持经典蓝牙和高速蓝牙两种模式，可以满足不同设备和应用场景的需求。

除了更低的功耗，蓝牙 4.0 无线通信技术还拥有更高的传输速度和更稳定的连接。它采用了更高效的编码方式和更快速的传输协议，可以在短时间内传输更多的数据，并且减少了传输过程中的干扰和丢包现象，从而提高了通信的稳定性和可靠性。

此外，蓝牙 4.0 无线通信技术还加强了安全性方面的设计。它采用了更加安全的连接方式和加密机制，可以保护传输的数据不被恶意攻击和窃取，从而确保了通信的安全性和隐私保护。

2. 蓝牙 5.0 无线通信技术

蓝牙 5.0 无线通信技术是蓝牙技术联盟在蓝牙 4.x 版本之后推出的一个重要更新。相比之前的蓝牙版本，蓝牙 5.0 在传输速度、工作距离、广播模式和安全性等方面都进行了显著的提升和优化。首先，蓝牙 5.0 的传输速度上限为 2Mbps，是之前 4.2LE 版本的两倍，从而加快了数据的传输速度并提升了用户体验。其次，蓝牙 5.0 的有效工作距离也得到了大幅提升，是上一版本的 4 倍。理论上，蓝牙发射和接收设备之间的有效工作距离最远可达 300 米，这使得蓝牙 5.0 在智能家居等领域具有更广泛的应用前景。

此外，蓝牙 5.0 还引入了新的广播模式，包括 2M PHY 和扩展广播等，这使得蓝牙设备能够更高效地发送和接收广播信息，进一步降低了功耗并提高了设备的连接性能。在安全性方面，蓝牙 5.0 采用了更加安全的连接方式和加密机制，提供了更强的数据保护能力，从而确保了通信的安全性和隐私保护。

3.2.4　LoRa 无线通信技术

LoRa 无线通信技术是一种基于扩频技术的远距离无线传输方案，由美国 Semtech 公司开发并推广。LoRa 的最大特点是在同样的功耗条件下比其他无线方式传播的距离更远，实现了低功耗和远距离的统一。它在同样的功耗下比传统的无线射频通信距离扩大 3 倍～5 倍。

LoRa 主要在全球免费频段运行，包括 433、868、915 MHz 等。LoRa 无线通信技术采用了扩频调制技术，即使数据速率很低也能保持与噪声很好的隔离度。由于 LoRa 模块终端设备的功率很小，因此它主要使用异步通信协议。

LoRa 无线通信技术的优势在于技术方面的长距离能力。单个基站可以覆盖整个城市或数百平方千米范围。在一个给定的位置，距离在很大程度上取决于环境或障碍物，但 LoRa 有一个链路预算优于其他任何标准化的通信技术。这种技术的特点是远距离、低功耗、低成本和低速率，非常适合于需要远距离通信和低功耗的物联网应用，如智能抄表、智能停车、车辆跟踪、工业监控、智慧农业等。

总的来说，LoRa 无线通信技术是一种专为物联网应用设计的远距离、低功耗无线传输技术，具有广泛的应用前景和市场潜力。随着物联网的快速发展，LoRa 无线通信技术将会得到更广泛地应用和推广（图 3-9、图 3-10）。

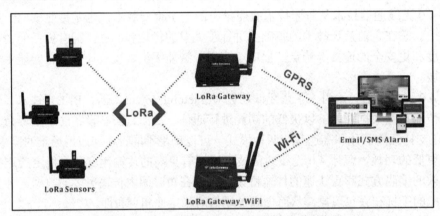

图 3-9　基于 LoRa 网关-节点通信的物联网应用

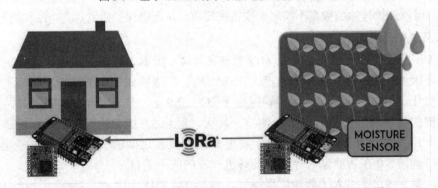

图 3-10　基于 LoRa 物联网网关-节点短距离数据通信类型示意图

3.2.5　RS485 有线通信技术

RS485 有线通信技术是一种在工业控制环境中常用的串行通信协议。RS485 采用半双工异步通信方式，支持多点通信，最多可连接 32 个节点（在某些情况下，通过采用特定的中继器或集线器，可以支持多达 128 个或 256 个节点）。RS485 通信技术主要有 4 个方面的特点：①传输距离远：在理想环境下，使用标准电缆，RS485 的通信距离最远可达 1200 米。

但实际应用中可能会受到电缆质量、通信速率、网络负载以及环境噪声等因素的影响。②差分信号传输：RS485 采用差分信号传输方式，即使用两根信号线（A+和 B−）的电压差来表示逻辑状态。这种方式能有效抵抗共模干扰，提高信号传输的可靠性。③接口电平低：RS485 的电气特性使得其接口信号电平比 RS232 低，不易损坏接口电路的芯片，且与 TTL 电平兼容，方便与 TTL 电路连接。④传输速率适中：在短距离（如 10 米以内）传输时，RS485 的数据传输速率可达 35Mbps；在较长距离传输时，速率会有所降低，但在 1200 米时仍能保持 100Kbps 的传输速率。

总的来说，RS485 通信技术因其传输距离远、抗干扰能力强、支持多节点通信及接口简单等优点，在工业自动化、智能楼宇（图 3-11）、环境监测等领域得到了广泛应用。但它也有一些局限性，如半双工通信方式可能导致通信效率较低，以及在高速率、长距离传输时可能需要额外的信号增强或中继设备等。

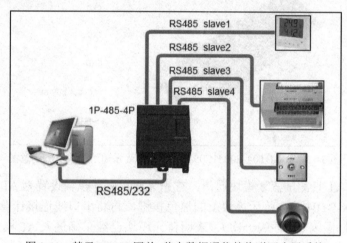

图 3-11 基于 RS485 网关−节点数据通信的物联网应用系统

3.2.6 Arduino Nano 微控制器−蓝牙节点数据通信测试

Arduino Nano 可以通过连接蓝牙模块实现与其他蓝牙设备的数据通信。以下是一个基本的步骤和示例，用于展示如何使用 Arduino Nano 控制蓝牙模块进行数据通信。

1. DX-BT04-E02 蓝牙通信模块

如图 3-12、图 3-13 所示，DX-BT04-E02 是一款蓝牙通信模块，具备多种功能和特点，适用于各种蓝牙无线串口数据传输场景。

以下是关于 DX-BT04-E02 蓝牙通信模块的简要介绍。①接口类型：UART，这使得它可以方便地与各种设备进行串口通信。②蓝牙版本：4.2，保证了良好的兼容性和稳定的通信性能。③传输速率：高达 11500Kbps，确保了快速的数据传输能力；在开阔环境下，通信距离可达 75 米，满足多种应用场景的需求。④双协议支持：串口协议（serial port profile，SPP）+BLE，这使得它可以同时支持经典蓝牙和低功耗蓝牙两种通信协议，具有更广泛的应用范围。

2. USB-TTL 模块连接蓝牙模块测试 AT 指令及无线通信

如图 3-14 所示，USB-TTL 模块 5V、VCC 不参与连接，蓝牙模块 STATE、EN 引脚不参与连接。具体描述如下：①USB-TTL 模块 3V3 引脚与蓝牙模块 VCC 引脚相连接。②蓝牙模块 TXD 引脚与 USB-TTL 模块 RXD 引脚相连接。③蓝牙模块 RXD 引脚与 USB-TTL 模块 TXD 引脚相连接。④蓝牙模块 GND 引脚与 USB-TTL 模块 GND 引脚相连接。

图 3-12　DX-BT04-E02 HC05/HC06 兼容蓝牙通信模块

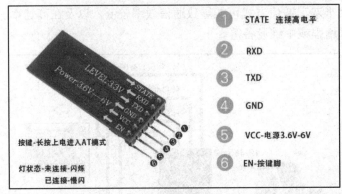

图 3-13　DX-BT04-E02 HC05/HC06 兼容蓝牙通信模块引脚示意图

　　为了利用串口工具测试蓝牙模块通信，首先需要将蓝牙模块设置为 AT 模式。如图 3-15 所示，先按住 DX-BT04-E02 蓝牙模块上的黑色按键，再将串口线连接计算机进行上电，发现蓝牙模块指示灯慢闪（2 秒闪一次），表明蓝牙模块已经正确进入 AT 模式。如图 3-16 所示，打开 SSCOM V5.13.1 串口/网络数据调试器。选择正确的端口，波特率设置为 38400，其他设置为数据位 8，停止位 1，校验位 None。此时，进入蓝牙 AT 指令配置状态，AT 模式下波特率是 38400。同时，要选中"发送新行"。

　　当蓝牙模块设置混乱时，可使用"AT+ORGL"命令恢复出厂设置。执行"AT+NAME"命令可获取蓝牙名称；执行"AT+NAME=HC-05"命令，可设置蓝牙名称为"HC-05"；执行"AT+ROLE=0"命令，可设置蓝牙为从模式；执行"AT+CMODE=1"命令，可设置蓝牙为任意设备连接模式；执行"AT+PSWD=1234"命令，可设置蓝牙匹配密码为"1234"。

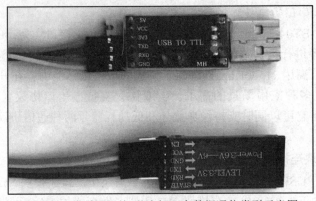

图 3-14　物联网网关-节点短距离数据通信类型示意图

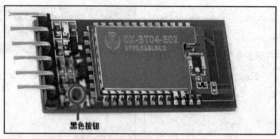

图 3-15 按住 DX-BT04-E02 蓝牙模块上的"黑色"按键进入 AT 指令模式

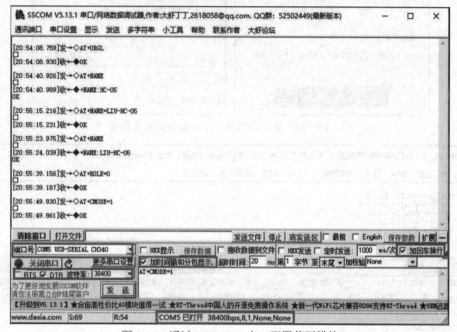

图 3-16 通过 USB-TTL 串口配置蓝牙模块

利用"AT+ROLE"命令所设置的主从模式意义如下:蓝牙主机就是能够搜索别人并主动建立连接的一方,从机则不能主动建立连接,只能等别人连接自己,主从一体就是能够在主机和从机模式间切换,既可作主机也可作从机。在任意蓝牙设备连接模式下,蓝牙模块不需要任何 USB、串口接线,直接通过蓝牙信道和其他蓝牙设备配对通信。

AT 配置完毕后,将 USB-TTL 拔掉断电,然后插回 USB,蓝牙模块变为正常模式,波特率为 9600。此时,如图 3-17 所示,运行手机 SPP 蓝牙串口助手,连接 DX-BT04-E02 蓝牙模块,并将数据从手机发送到蓝牙模块。与蓝牙模块连接的 USB-TTL 模块可以将收到的数据通过串口助手打印出来(图 3-18)。

3. Arduino Nano 连接蓝牙模块发送及接收数据测试

Arduino Nano 连接蓝牙模块发送及接收数据测试源代码 ArduinoBLEDataTest.ino 如图 3-19 所示。

如图 3-20 所示,将蓝牙模块与 Arduino Nano 模块通过杜邦线连接在一起。蓝牙模块的 STATE、EN 引脚不连接;Arduino Nano 的 D11 引脚连接蓝牙模块的 RXD 引脚;Arduino Nano 的 D10 引脚连接蓝牙模块的 TXD 引脚;Arduino Nano 的 GND 引脚连接蓝牙模块的 GND 引脚;Arduino Nano 的 5V 引脚连接蓝牙模块的 VCC 引脚。Arduino Nano 烧录完成之后,通电进入正常工作状态。

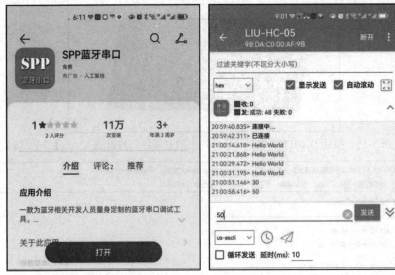

图 3-17　SPP 蓝牙串口助手发送数据到蓝牙模块

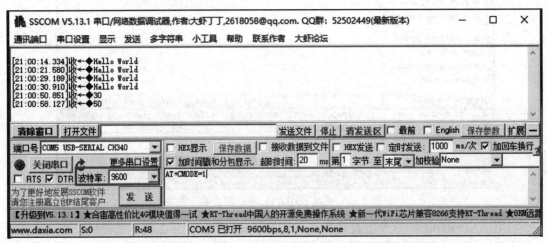

图 3-18　USB-TTL 串口模块通过蓝牙模块接收手机蓝牙助手发来的数据

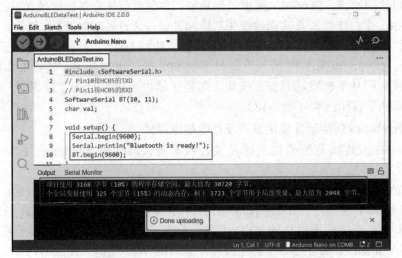

图 3-19　Arduino Nano 蓝牙测试代码编译及烧录成功

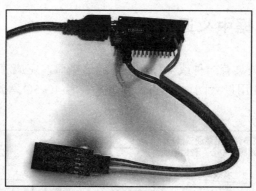

图 3-20　Arduino Nano-蓝牙模块杜邦线连接示意图

　　Arduino Nano 所连接的蓝牙模块被配置为"从机模式"，等待被连接并接收来自蓝牙助手的数据。如图 3-21 所示，手机运行 SPP 蓝牙串口 App，开启手机蓝牙功能。在其上搜索并连接 Arduino Nano-蓝牙模块，如果搜索不到模块，可以试着多配对几次。如图 3-22 所示，打开 SSCOM V5.13.1 串口/网络数据调试器，并将波特率设置为 9600 来接收数据。

图 3-21　手机蓝牙助手向 Arduino Nano-蓝牙模块发送及接收数据

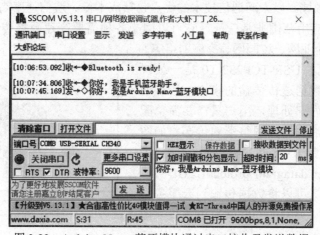

图 3-22　Arduino Nano-蓝牙模块通过串口接收及发送数据

3.3　网关-数据中心通信技术

如图 3-23 所示，网关具有一种或多种远距离通信接口，完成"网关-数据服务中心"数据通信。例如，网关可使用以太网、Wi-Fi、NBIoT 或者 4G/5G 等通信技术，将数据发送到远程数据服务中心。

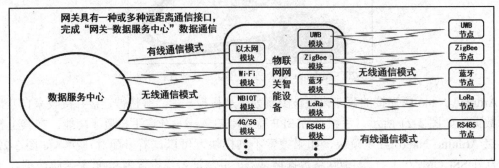

图 3-23　网关-数据服务中心通信接口示意图

3.3.1　以太网通信技术

以太网通信技术是一种局域网技术，它使用同轴电缆作为网络媒体，采用载波多路访问和冲突检测机制的通信方式。以太网中所有的站点共享一个通信信道，在发送数据时，站点将自己要发送的数据帧在该信道上进行广播，以太网上的所有其他站点都能够接收到这个帧。以太网的标准拓扑结构为总线型拓扑，但快速以太网为了减少冲突，使用交换机来进行网络连接和组织。

以太网是现实世界中最普遍的一种计算机网络，被广泛应用于各种场景。以太网有多种类型，包括标准以太网、快速以太网、千兆以太网和万兆以太网等。标准以太网是最早的以太网，传输速率为 10Mbps；快速以太网的传输速率为 100Mbps，它保持了与标准以太网相同的帧格式、MAC 机制和 MTU，使得现有的网络应用程序和网络管理工具能够在快速以太网上使用；千兆以太网传输速率为 1000Mbps，通常被用于高速的服务器连接、校园网骨干和企业网等；万兆以太网传输速率为 10Gbps，它使用光纤作为传输介质，被广泛应用于数据中心和城域网等领域。以太网通信技术的优点包括成本低、通信速率高、抗干扰性强等。以太网通信技术的应用范围非常广泛，它可以用于各种需要高速数据传输和稳定连接的场景，如数据中心、企业网、校园网、家庭网络等。

如图 3-24 所示，USR-TCP232-T0 是一款快速实现网口和串口数据透传传输的模块，所有的数据协议转换全部内部处理，用户只需要简单配置，即可实现串口端数据到网络端的传送。如图 3-25 所示，产品自带 RJ45 网口，支持 TCP、用户数据报协议（user datagram protocol，UDP），与物联网设备结合，可以将数据传输到云服务中心，还可以用于不同类型的物联网应用场景（图 3-26）。

图 3-24　USR-TCP232-T0 以太网通信接口

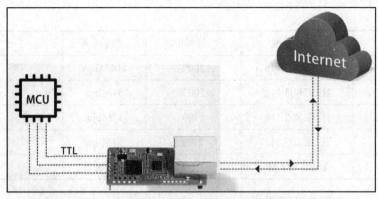

图 3-25　嵌入式模块通过 USR-TCP 模块传输数据到云服务中心

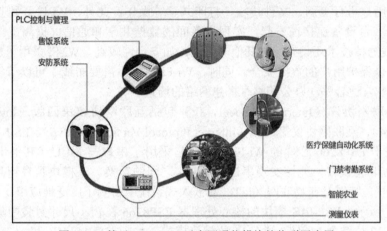

图 3-26　基于 USR-TCP 以太网通信模块的物联网应用

3.3.2　Wi-Fi 无线通信技术

Wi-Fi 无线通信技术是一种基于 IEEE 802.11 标准的无线局域网技术，利用高频的无线电波作为传输媒介，实现设备间的数据传输和通信。Wi-Fi 技术具有传输速率高、可靠性高、有效距离长等优点，被广泛应用于各种场景，如家庭、办公室、公共场所等。Wi-Fi 的通信速率可以很高，如 IEEE 802.11b 标准的最大带宽为 11Mbps，而 IEEE 802.11a、802.11g 和 IEEE 802.11ax，标准的最大带宽更是达到了 54Mbps、108Mbps 及 10Gbps。同时，Wi-Fi 的通信距离也相对较远，一般室内可以覆盖几十米到上百米的范围，室外则可以覆盖更远的距离。如表 3-1 所示，现有的 Wi-Fi 无线通信标准包括 802.11a、802.11b、802.11g、802.11n、802.11ac、802.11ax、802.11be。具有 Wi-Fi 模块的物联网网关可以通过无线通信将数据发送到物联网数据服务中心。

表 3-1　Wi-Fi 无线通信标准一览表

Wi-Fi 版本	Wi-Fi 标准	发布时间/年	最高速率	工作频段/GHz
Wi-Fi 7	IEEE 802.11be	2022	30Gbps	2.4
Wi-Fi 6	IEEE 802.11ax	2019	11Gbps	2.4
Wi-Fi 5	IEEE 802.11ac	2014	1Gbps	5

续表

Wi-Fi 版本	Wi-Fi 标准	发布时间/年	最高速率	工作频段/GHz
Wi-Fi 4	IEEE 802.11n	2009	600Mbps	2.4
Wi-Fi 3	IEEE 802.11g	2003	54Mbps	2.4
Wi-Fi 2	IEEE 802.11b	1999	11Mbps	2.4
Wi-Fi 1	IEEE 802.11a	1999	54Mbps	5
Wi-Fi 0	IEEE 802.11	1997	2Mbps	2.4

Wi-Fi 技术的应用场景非常广泛，它可以用于连接个人计算机、智能手机、平板计算机等设备，方便用户进行上网、文件传输、打印共享等操作。此外，Wi-Fi 还可以用于构建无线局域网，将多台设备连接在一起，实现设备间的数据共享和通信，提高工作效率和便利性。Wi-Fi 无线通信技术还具有一些其他的优点，如安全性较高，Wi-Fi 采用了加密和认证等安全机制，可以保护用户的数据安全。同时，Wi-Fi 技术不需要布线，可以节省大量的布线成本和时间，非常适合移动办公和临时搭建网络的场景。

常见的互联网协议（Internet Protocol，IP）包括互联网协议第四版（Internet Protocol Version 4，IPv4）、互联网协议第六版（Internet Protocol Version 6，IPv6）。ESP-01S 无线通信模块是一款基于 ESP8266 芯片的 Wi-Fi 模块，它采用了串口与 MCU（其他串口设备）通信，内置 TCP/IP 协议栈，能够实现串口与 Wi-Fi 之间的转换。该模块具有超高的性价比和广泛的应用场景，特别是在物联网（IoT）和嵌入式系统中得到了广泛地应用。

如图 3-27 所示，ESP-01S 模块的核心处理器 ESP8266 在较小尺寸封装中集成了业界领先的超低功耗 32 位微型 MCU，带有 16 位精简模式，主频支持 80MHz 和 160MHz，支持实时操作系统（real time operating system，RTOS），集成 Wi-Fi MAC/BB/RF/PA/LNA，板载天线。这些特性使得 ESP-01S 模块具有强大的处理能力和 Wi-Fi 连接功能，同时体积小巧，便于微控制器将其集成到各种物联网应用中（图 3-28）。

图 3-27　ESP-01S 无线通信模块

ESP-01S 模块支持标准的 IEEE802.11b/g/n 协议，完整的 TCP/IP 协议栈，具有丰富的 Socket AT 指令，能够提供 UART/Wi-Fi 接口，支持 STA/AP/STA+AP 三种工作模式，支持 Smart Config/AirKiss 一键配网。这些功能使得 ESP-01S 模块能够方便地与各种设备进行通信，实现数据的无线传输和网络连接。

总之，ESP-01S 无线通信模块是一款功能强大、性价比高的 Wi-Fi 模块，适用于各种物联网和嵌入式系统的应用场景。它的出现为开发者提供了一种简单、快速、低成本的无线通信解决方案，推动了物联网技术的发展和普及。

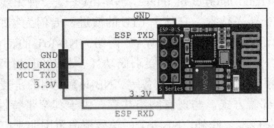

3-28 控制器模块与 ESP-01S 连接示意图

3.3.3 移动通信技术

移动通信是进行无线通信的现代化技术，这种技术是电子计算机与移动互联网发展的重要成果之一。移动通信技术经过第一代、第二代、第三代、第四代技术的发展，目前，已经迈入了第五代发展的时代（5G 移动通信技术），这也是目前改变世界的几种主要技术之一。当前流行的移动通信技术主要包括 4G 技术和 5G 技术。移动通信模块可以使物联网网关在远离以太网通信设施、远离 Wi-Fi 通信设施的情况下，依托 2G、3G、4G、5G 移动通信网络，方便地将数据发送到物联网数据服务中心。

6G 的网络峰值速率将大幅提升，可能达到 100Gbps 至 1Tbps，相比 5G 有显著的提高。6G 网络将与卫星通信系统紧密结合，实现全球范围内的无缝覆盖。无论是在偏远地区、海洋、空中还是其他通信基础设施不完善的区域，用户都可以通过卫星通信接入 6G 网络，享受高速通信服务。根据国际标准化组织的时间表以及行业的普遍预期，6G 预计将在 2030 年左右商用。

如图 3-29 所示，Quectel RM500Q-GL 是一款专为 IoT/eMBB 应用而设计的 5G Sub-6GHz 模块。它采用 3GPP Release 15 技术，同时支持 5G NSA（非独立组网）和 SA（独立组网）模式，这使得它能够适应未来 5G 网络的不同部署策略和需求。该模块能在各种应用场景下灵活使用，如工业级路由器、家庭网关、机顶盒、工业笔记本计算机、个人笔记本计算机、工业级 PDA、加固型工业平板计算机等（图 3-30）。

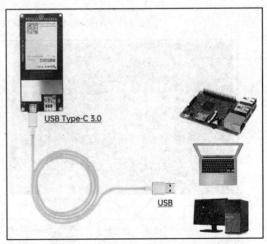

图 3-29 移远通信 Quectel RM500Q-GL 无线通信模块及天线

图 3-30 移远通信 RM500 5G 无线通信模块与微控制器或者计算机连接示意图

3.3.4 NB-IoT 无线通信技术

窄带物联网（narrowband internet of things，NB-IoT）是一种无线通信技术，构建于蜂窝网络，是 IoT 领域的一个新兴技术。它基于 LTE 的演进，专门为物联网（IoT）领域的设备和服务设计，特别适用于低功耗广域（LPWA）网络。NB-IoT 的特点是功耗低、覆盖范围广、成本低、连接量大，因此非常适合于要求低功耗、长时间运行和大量连接的物联网设备，如智能电表、智能停车位、智能农业设备等。NB-IoT 使用的是授权频谱，可采取带内、保护带或独立载波三种部署方式，与现有网络共存。由于其窄带特性，降低 NB-IoT 设备的复杂性，从而降低了设备成本。此外，NB-IoT 的信号覆盖范围非常广，可以覆盖到一些传统无线通信技术无法覆盖的区域，如地下室、地下管道等。在数据传输方面，虽然 NB-IoT 的传输速度相对较慢，但对于许多物联网设备来说，它们并不需要高速的数据传输，而是需要稳定、可靠、低功耗的连接。因此，NB-IoT 非常适合这些设备的需求。

总的来说，NB-IoT 无线通信技术是一种专门为物联网领域设计的无线通信技术。它在智慧城市、智慧农业、智能工业、智能环保等领域具有广泛的应用前景。如图 3-31、图 3-32 所示，M5311 是一款基于 MT2625 开发的高性能、低功耗 NB-IoT 无线通信模组，它满足中国移动蜂窝物联网通用模组技术规范。

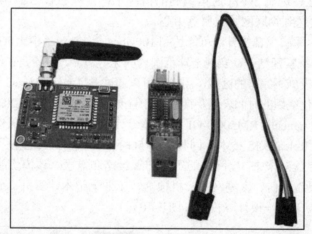

图 3-31　中移动 M5311NB-IOT 模块及 USB-TTL 杜邦线示意图

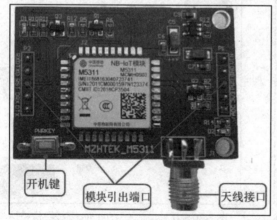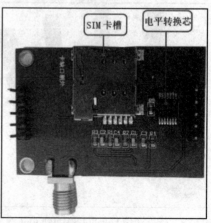

图 3-32　中移动 M5311NB-IOT 模正反面示意图

3.4　网关－数据中心 Wi-Fi 无线通信测试

3.4.1　ESP8266 Wi-Fi 模块 AT 指令介绍

指令（Attention，AT）用来指导 ESP8266 Wi-Fi 模块工作。目前的 AT 指令还应用在移动通信模块、蓝牙模块的通信配置中，目的是简化嵌入式设备联网的复杂度。

如图 3-33 所示，把 AT 模块端的解析处理程序称为 AT Server，而将控制 AT 模块的处理器端的解析处理程序称为 AT Client。由 AT Client 发起命令请求，AT Server 回应处理结果。另外，AT Server 通过非请求结果码（unsolicited result code，URC）主动给 AT Client 发送数据。ESP8266 Wi-Fi 模块是一个典型的 AT Server 模块。一般而言，它用串口调试助手发送 AT 指令，默认波特率为 115200，设置好之后才可以进行正常通信。

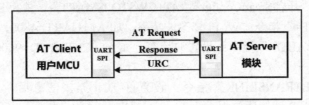

图 3-33　AT Client 与 AT Server 应用示意图

1. 基础 AT 指令

（1）"AT"指令：测试 AT 启动，返回 OK。

（2）"AT+RST"指令：重启模块，返回 OK。

（3）"AT+GMR"指令：查看版本信息，返回 OK，为 8 位版本号。

（4）"AT+CWMODE？"指令：查询 Wi-Fi 应用模式。

（5）"AT+CWMODE="指令：设置 Wi-Fi 应用模式，返回 OK；指令重启后生效，1 表示 Station 模式，2 表示 AP 模式，3 表示 AP+Station 兼容模式。

2. Wi-Fi Station 模式下的 AT 指令

（1）"AT+CWJAP？"指令：查询当前选择的 AP。

（2）"AT+CWLAP"指令：列出当前可用 AP，返回 ecn：0.OPEN，1.WEP，2.WPA_PSK，3.WPA2_PSK，4.WPA_WPA2_PSK；ssid：接入点名称；rssi：信号强度。

（3）"AT+CWJAP="SSID"，"Password""指令：加入 AP；ssid：接入点名称，pwd：密码最长 64 字节 ASCII；AT+CWJAP="LHMP"，"12345678"，此处一定注意使用英文双引号，如果使用不正确，将会出错。

（4）"AT+CIFSR"指令：获取本地 IP 地址，返回 IP addr：本机 Ip 地址（station），AP 模式无效。

（5）"AT+CIPSTA？"指令：返回的是路由器分配给 ESP8266 的局域网 IP 以及网关地址和子网掩码。

（6）"AT+CWQAP"指令：退出与 AP 的连接，返回"OK"。

3. Wi-Fi AP 模式下的 AT 指令

（1）"AT+CWSAP？"指令：设置 Wi-Fi 模式为 AP 模式，查询当前 AP 模式下的参数。

（2）"AT+CWSAP="指令：设置 AP 热点属性：AT+CWSAP="ssid"，"pwd"，"chl"，

"ecn"：设置 AP 参数，返回 OK/ERROR；ssid：接入点名称；pwd：密码最长 64 字节 ASCII；chl：通道号；ecn：0.OPEN，1.WEP，2.WPA_PSK，3.WPA2_PSK，4.WPA_WPA2_PSK。举例：AT+CWSAP="ESP8266-LIU-AP"，"12345678"，5，3；其含义为：热点名为 ESP8266-LIU-AP，密码为 12345678，使用通道 5，加密方式为 WPA2_PSK，这里的通道对应的就是不同的射频频率，如果同一空间内存在相同通道的 Wi-Fi 信号，将会产生干扰，影响上网质量，因此可以设置通道来避免这种干扰，常用的通道有 1、6、11，因为这三个通道互不产生干扰。

（3）"AT+CWLIF"指令：查看已接入设备的 IP。

（4）"AT+CWSTARTSMART"指令：Smartconfig 就是手机 App 端发送包含 Wi-Fi 用户名 Wi-Fi 密码的 UDP 广播包或者组播包，智能终端的 Wi-Fi 芯片可以接收到该 UDP 包，只要知道 UDP 的组织形式，就可以通过接收到的 UDP 包解密出 Wi-Fi 的 SSID（服务集标识）、密码；然后，智能硬件配置收到的 Wi-Fi 的 SSID、密码就可以用来连接指定的 Wi-Fi。"AT+CWSTARTSMART"，开启 SmartConfig；"AT+CWSTOPSMART"，停止 SmartConfig。

（5）"AT+UART="指令：Wi-Fi 修改波特率，如 AT+UART=4800，8，1，0，0。

（6）"AT+CIOBAUD="指令：设置波特率，如 AT+CIOBAUD=9600 可将波特率设置为 9600。

（7）"AT+SAVETRANSLINK"指令：设置好 TCP 连接信息后，通过"AT+SAVETRANSLINK"指令把 TCP 连接透传保存到 Flash，掉电不丢失。重新上电后模块会自动联网建立 TCP 连接后进入透传模式，实现真正意义上的透传。具体来说，当发送 AT+SAVETRANSLINK=1，"server_ip"，port，"TCP"这样的指令时（其中"server_ip"和 port 需要替换为实际的服务器 IP 地址与端口号）模块会保存这些设置，并在下次上电时自动尝试连接到指定的 TCP 服务器并进入透传模式。在透传模式下，模块会直接将接收到的数据发送给服务器，而不会对其进行任何处理或解析。示例：AT+SAVETRANSLINK=1，"192.168.43.140"，8088，"TCP"。

3.4.2　USB-TTL 串口测试 ESP8266 Wi-Fi 模块是否正常工作

如图 3-34、图 3-35 所示，本部分利用 ESP Prog USB-TTL 串口模块来调试 ESP-01S Wi-Fi 模块。ESP Prog USB-TTL 串口模块是一个用于串行通信的适配器，它允许用户通过 USB 接口与 ESP 系列芯片（如 ESP8266、ESP32 等）进行通信。这个模块通常包含一个 USB 接口、一个 TTL 电平转换器及一些引脚，用于连接目标设备。ESP Prog USB-TTL 上通常会引出一些引脚，如 VCC、GND、TX、RX、IO0、RESET（复位）等，这些引脚允许用户直接连接到 ESP 芯片上的相应引脚，以便进行各种操作。通过串口通信软件发送 AT 命令到 ESP 芯片，以查询状态、配置参数或执行其他操作，可以通过该模块实时查看 ESP 芯片的输出信息，以便调试和排查问题。

图 3-34　ESP-01S Wi-Fi 模块连接到
ESP Prog USB-TTL 串口模块

图 3-35　ESP Prog USB-TTL 串口模块反面

如图 3-36 所示，启动 SSCOM5 串口工具应用程序。进一步地，如图 3-37 所示，在启动 SSCOM5 串口工具应用程序时忽略杀毒软件提示，允许程序运行。

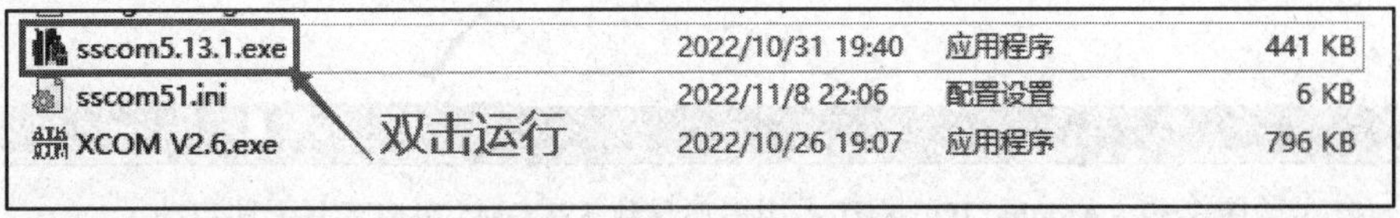

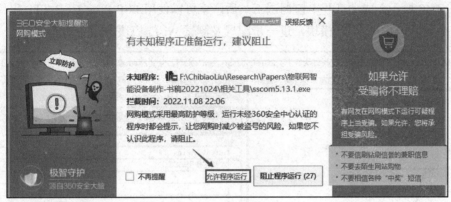

图 3-36 启动 SSCOM5 串口工具应用程序

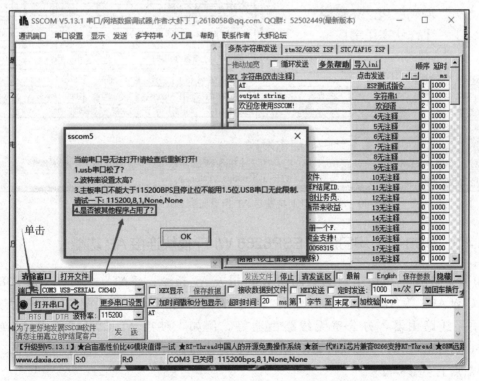

图 3-37 启动 SSCOM5 串口工具应用程序时忽略杀毒软件提示

如图 3-38 所示，如果出现 SSCOM5 串口工具无法打开串口的情况，说明该串口已经被其他程序占用，如 Arduino IDE 软件开发平台占用（图 3-39），此时，可以通过关闭相关程序来解决。

图 3-38 SSCOM5 串口工具无法启动错误及解决方案

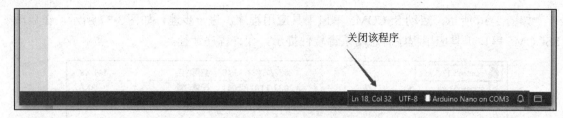

图 3-39　Arduino IDE 程序占用串口导致 SSCOM5 串口工具无法启动

如图 3-40 所示，成功打开串口调试工具后，就可以使用 ESP Prog USB-TTL 串口模块发送 AT 指令到 ESP-01S Wi-Fi 模块，进一步配置及测试 Wi-Fi 模块的相关功能。

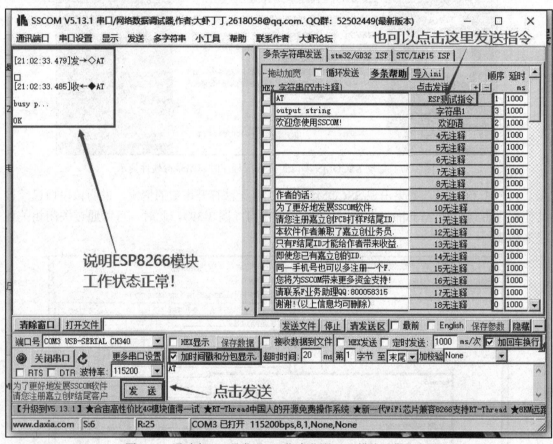

图 3-40　通过串口工具发送 AT 指令监测 ESP 模块工作状态

3.4.3　USB-TTL 串口测试 ESP8266 Wi-Fi 模块连接 AP 功能

如图 3-41 所示，用串口工具测试 ESP 相关 AT 指令："AT""AT+CWMODE？""AT+CWLAP"等 AT 指令。包括使用"AT+CWJAP="指令连接已经配置好的常用热点，如家用无线路由器、办公室无线路由器等。例如，使用 AT+CWJAP="LIU-HUAWEI-H10L5I", "SSID 密码"，可以将 ESP Wi-Fi 模块连接到 SSID 为"LIU-HUAWEI-H10L5I"无线 AP 热点上（图 3-42）。

图 3-41　用串口工具测试 ESP 相关 AT 指令

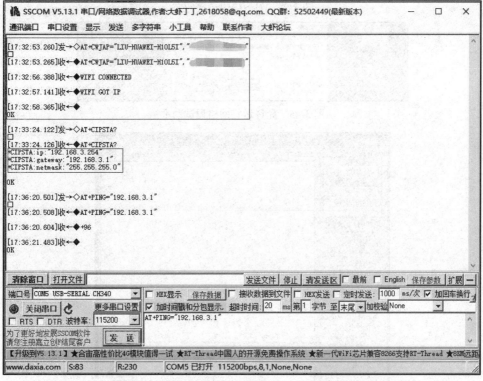

图 3-42　通过 AT 指令使得 ESP-01S 模块连接其他无线路由器（AP）

3.4.4 ESP8266 Wi-Fi 模块 TCP 通信 AT 指令测试

本部分测试 Wi-Fi 模块通过 AT 指令连接 TCP 服务器。一方面，Wi-Fi 模块可以向服务器发送数据；另一方面，Wi-Fi 模块也可以接收来自 TCP 服务器的数据。如图 3-43 所示，使得笔记本计算机及 USB-TTL-ESP 模块连接同一个 AP。进一步地，在笔记本计算机上启动网络调试助手（图 3-44），出现如图 3-45 所示的杀毒软件警告，此外允许运行网络调试助手（图 3-45）。最后，网络调试助手在计算机（IP：192.168.3.50）上成功运行 TCP Server，端口为"8080"，如图 3-46 所示。

图 3-43 笔记本计算机及 USB-TTL-ESP 模块连接同一个 AP

图 3-44 启动网络调试助手

图 3-45 允许运行网络调试助手

图 3-46 网络调试助手在计算机（IP：192.168.3.50）上运行 TCP Server

在测试 AT 指令时，有时会用到双引号。AT 指令中使用的双引号是英文的双引号（" "），而非中文的双引号（""）。进一步地，打开 SSCOM V5.13.1 串口调试助手，运行 AT 指令 "AT+CWJAP="LIU-TestAP"，"12345678""，使得 ESP-01s Wi-Fi 模块连接指定的热点 "LIU-TestAP"。此时，利用 "AT+CIPSTA？" 指令查询当前 ESP Wi-Fi 模块所获取的 IP 地址相关信息。比如，所获取的 ESP Wi-Fi 模块的 IP 地址为"192.168.3.157"。如图 3-47 所示，运行 "AT+CIPSTART="TCP"，"192.168.3.50"，8080" AT 指令，可以在 ESP Wi-Fi 模块与 TCP 服务器之间建立 TCP 连接。

AT+CIPSEND 是 ESP8266 Wi-Fi 模块中用于发送数据的 AT 指令之一。在使用 TCP 或 UDP 通信时，此指令告诉模块准备发送指定长度的数据。具体来说，当用户想通过 ESP8266 的 TCP 或 UDP 连接发送数据时，需要先发送 AT+CIPSEND 指令，并指定要发送数据的长度（以字节为单位）。然后，模块会进入数据接收模式，等待通过串口发送实际的数据。一旦接收到指定长度的数据或等待超时，模块就会将数据发送到网络上。

建立完 TCP 连接之后，可以通过执行 AT 指令 "AT+CIPSEND=X" 来设置每次发送 x 个字节的数据。例如，如果想发送字符串"Hello LiuA"，首先需要计算其长度（10 字节，不包括结束符），然后发送 "AT+CIPSEND=10" 指令。接着，在模块准备好接收数据后，发送实际的字符串"Hello LiuA"（图 3-48、图 3-49）。

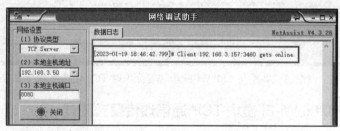

图 3-47　网络调试助手与 ESP Wi-Fi 模块建立 TCP 连接

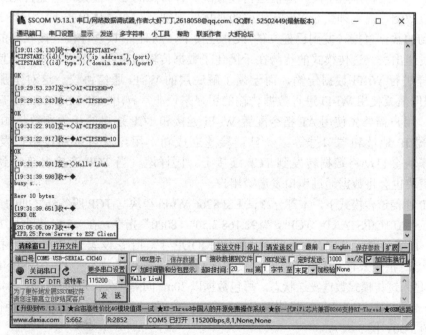

图 3-48　ESP Wi-Fi 模块借助 SSCOM 工具建立单路 TCP 连接并发送数据

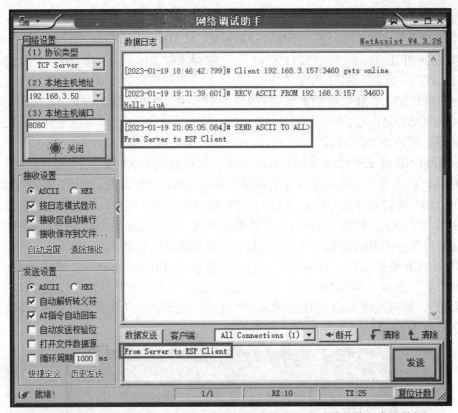

图 3-49　网络调试助手与 ESP Wi-Fi 模块建立单路 TCP 连接接收与发送数据

3.4.5　ESP8266 Wi-Fi 模块 TCP 通信透传模式测试

ESP8266 Wi-Fi 模块的 TCP 通信透传模式是一种特殊的工作模式，它允许用户通过串口发送和接收数据，而无须关心 Wi-Fi 协议的具体实现细节。在透传模式下，ESP8266 模块将串口接收到的数据直接转发到已建立的 TCP 连接上，同时将 TCP 连接上接收到的数据直接通过串口发送出去。透传模式的优势在于简化了数据传输的过程，使用户可以像使用普通串口通信一样进行 Wi-Fi 数据传输，而无须了解底层的 Wi-Fi 通信协议。这对于那些不熟悉 Wi-Fi 编程但需要使用 Wi-Fi 进行数据传输的用户来说非常有用。在 ESP8266 的 TCP 通信透传模式下，用户需要先使用 AT 指令配置 Wi-Fi 连接和 TCP 连接的相关参数，如 SSID、密码、服务器 IP 地址和端口号等。一旦连接建立成功，用户就可以通过串口发送数据，ESP8266 模块会自动将数据转发到 TCP 连接上。同样地，当 TCP 连接上接收到数据时，ESP8266 模块也会将数据通过串口发送给用户。

在 TCP 通信透传模式下，本部分测试 ESP8266 Wi-Fi 模块与 TCP 服务器之间的数据通信。首先，执行"AT+CIPSTART="TCP"，"192.168.3.50"，8080"指令，在 Wi-Fi 模块与 TCP 服务器之间建立 TCP 连接。然后，执行"AT+CIPMODE=1"指令设置透传模式；执行"AT+CIPMODE？"指令来查询透传模式是否设置成功。进一步地，执行"AT+CIPSEND"指令，Wi-Fi 模块进入透传模式数据发送状态，每包数据以 20ms 间隔区分，每包最大为 2048 字节。当输入单独一包"+++"，ESP Wi-Fi 模块返回指令模式。值得注意的是"+++"命令没有换行符，否则会失败（图 3-50、图 3-51）。

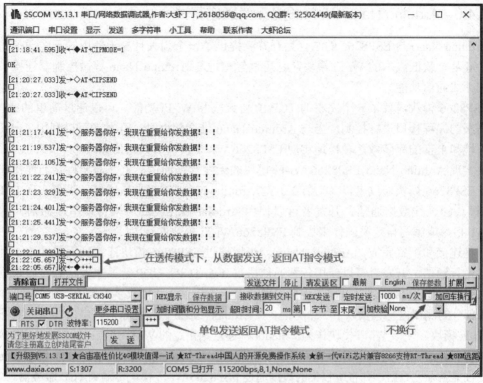

图 3-50　ESP Wi-Fi 模块通过透传模式发送数据

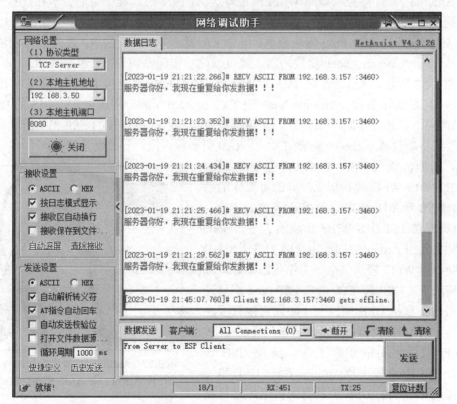

图 3-51　网络调试助手在 ESP Wi-Fi 模块透传模式下接收数据

3.4.6　Arduino Nano Wi-Fi 设备无线通信测试

Arduino Nano 与 ESP8266 的结合为开发者提供了一个强大且易于使用的无线通信平台。ESP8266 是一款低成本的 Wi-Fi 模块，它可以轻松地与 Arduino Nano 等微控制器连接，为项目添加无线通信功能。

ESP8266 模块内置了一个完整的 TCP/IP 协议栈和 Wi-Fi 功能，可以通过简单的 AT 指令或更高级的编程接口进行控制。当与 Arduino Nano 结合使用时，开发者可以利用 Arduino 的编程环境和丰富的库函数，轻松地实现 ESP8266 Wi-Fi 模块的数据传输。

要实现 Arduino Nano ESP8266 Wi-Fi 模块的无线数据通信，首先需要将它们连接起来。通常，ESP8266 模块通过串口（TX/RX）与 Arduino Nano 进行串口通信，进而实现 ESP8266 Wi-Fi 模块的无线数据通信。开发者可以使用 Arduino 的 Serial 库来管理串口通信，并通过发送 AT 指令或编写自定义固件来控制 ESP8266 Wi-Fi 模块的行为。

一旦连接和配置完成，Arduino Nano 就可以通过 ESP8266 模块连接到无线网络，并与其他设备进行通信。开发者可以使用各种通信协议（如 TCP、UDP 等）来发送和接收数据。例如，可以使用 TCP 协议建立可靠的连接，并通过该连接发送和接收字符串或二进制数据。

本部分的测试内容包括以下 3 个方面：①Arduino Nano 微控制器通过串口发送 AT 指令给 ESP Wi-Fi 模块，使该 Wi-Fi 模块作为"Station"连接到指定的 Wi-Fi 热点；②ESP Wi-Fi 模块与 TCP 服务器建立 TCP 连接，并设置为 TCP 透传模式；③Arduino Nano 与 DHT11 温湿度传感器连接，收集温湿度数据，并将所收集的数据通过 ESP8266 Wi-Fi 模块传输到 TCP 服务器。

当 Arduino Nano 微控制器向 Wi-Fi 模块发送 AT 指令时，程序可能会卡在连接 Wi-Fi 热点的代码处：Serial.print（"AT+CWJAP=\"LHMP\", \"12345678\"\r\n"）。注意：可以事先使用 USB 转 TTL 串口 ESP Prog 模块及 AT 指令来配置 ESP Wi-Fi 的 AP 连接，并能够连接服务器，然后运行 Arduino Nano 微控制器，就可以成功实现 Wi-Fi 数据通信。

如图 3-52 所示，Arduino 的 3V3、GND 及 D4 引脚分别连接 DHT11 温湿度传感器的 VCC、GND 及 DAT 引脚。Arduino Nano 的 TX1 及 RX0 引脚分别连接 ESP-01S 的 RX 及 TX 引脚（TX1-RX、RX0-TX）。请注意，当进行程序烧录时，所连接的 ESP-01S 模块一定不能通电，否则将导致 Arduino Nano 的 TX1 及 RX0 引脚被占用，导致烧录错误。

进一步地，使用 USB 转 TTL 串口 ESP Prog 模块为 ESP-01S Wi-Fi 模块提供较好的可工作的稳定电源。USB 转 TTL 串口 ESP Prog 模块的 3V3、GND 引脚连接 ESP-01S Wi-Fi 模块的 3V3、GND 模块。如果使用 Arduino Nano 本身的 3V3 及 GND 来给 ESP-01S Wi-Fi 模块供电，工作状态不好。比较好的情况下，USB 转 TTL 串口 ESP Prog 需要连接在一般的计算机 USB 接口上，如果它被直接连接到充电宝的 USB 接口，很多时候被供电的 ESP-01S Wi-Fi 模块也不能正常工作。应使 USB 转 TTL 串口 ESP Prog 模块及 Arduino Nano USB 串口线都连接到计算机的 USB 扩展器来供电，这样设备运行比较稳定。

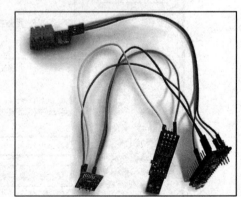

图 3-52　Arduino Nano 微控制器与 DHT11 传感器及 ESP Wi-Fi 模块连接结构

　　如图 3-53 所示，上半部分图为 Arduino Nano ESP Wi-Fi 数据通信部分源代码，编译成功并上传到 Arduino Nano 微控制器，并为各个模块供电；Arduino Nano 微控制器用于收集温湿度传感器数据，并将温湿度数据通过 TCP 透传模式，发送到 TCP 服务器（图 3-55 下半部分）。

图 3-53　Arduino Nano Wi-Fi 数据通信代码（上）与 TCP Server 接收温湿度数据（下）

3.4.7　STM32 Wi-Fi 设备无线通信测试

　　本次测试主要测试的功能包括：①STM32 收集 DHT11 温湿度传感器数据；②通过 ESP8266（ESP-01S）Wi-Fi 模块将温湿度数据发送到 TCP Server。实现本次测试功能的 2 个步骤分别如下。

1. STM32 Wi-Fi 无线通信测试硬件连接

　　如图 3-54 所示，笔记本计算机 Wi-Fi 模块与 ESP Wi-Fi 模块都连接个人热点组成局域网实现数据通信。进一步地，STM32 与 ESP Wi-Fi 模块及 DHT11 传感器模块杜邦线连接，并使用 USB-TTL 串口模块给 STM32 模块供电，使用 ESP Prog 模块给 Wi-Fi 模块供电（图 3-55）。当然，也可以使用 STM32 最小系统模块的 MicroUSB 接口来进行供电。要了解 STM32 Wi-Fi 设备无线通信测试（第一部分）详细步骤，请扫描观看视频。

　　STM32 模块通过 USB 转 TTL 串口模块供电；ESP-01S 通过使用 ESP Prog 模块供电。

如图 3-56 所示，ESP Prog 模块的 3V3 引脚连接 ESP-01S 的 3V3 引脚；ESP Prog 模块的 GND 引脚连接 ESP-01S 的 GND 引脚。在运行于 STM32 中的"usart.c"代码中，UART2_Init（u32 bound）函数设置 GPIO_Pin_2 代表 STM32 的 PA2 引脚，该引脚作为 USART2 的数据发送接口 TX；该引脚与 ESP-01S Wi-Fi 模块的数据接收引脚 RX 相连接。同样地，设置 GPIO_Pin_3 代表 STM32 的 PA3 引脚，该引脚作为 USART2 的数据接收接口 RX；该引脚与 ESP-01S Wi-Fi 模块的数据发送引脚 TX 相连。如图 3-57 所示，ESP-01S 的 TX 引脚连接 STM32 模块的 A3 引脚；ESP-01S 的 RX 引脚连接 STM32 模块的 A2 引脚。如图 3-58 所示，USB-TTL 串口模块的 3V3 引脚连接 STM32 的 3.3 引脚，GND 引脚连接 STM32 的 GND 引脚；USB-TTL 串口模块的 RXD 与 TXD 引脚分别连接 STM32 的 A9 与 A10 引脚。

图 3-54 笔记本计算机 Wi-Fi 模块与 ESP Wi-Fi 模块都连接个人热点组成局域网实现数据通信

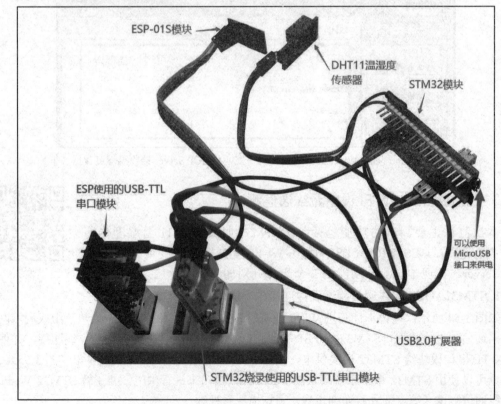

图 3-55 STM32 与 ESP Wi-Fi 模块及 DHT11 传感器模块杜邦线连接示意图

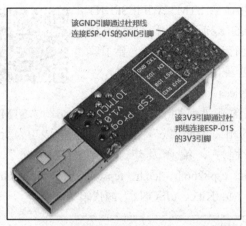

图 3-56　USB 转 TTL 串口 ESP Prog 模块给
ESP-01S 模块供电示意图

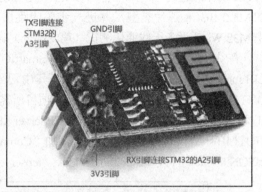

图 3-57　ESP-01S Wi-Fi 模块引脚连接示意图

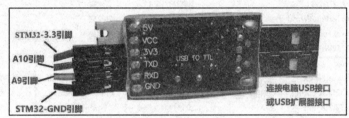

图 3-58　USB-TTL 串口模块与 STM32 连接示意图

如图 3-59 所示，STM32 模块通过其本身的 MicroUSB 接口获取电源；ESP-01S 模块通过 STM32 模块 B9 引脚旁边的 3.3 电源引脚供电；DHT11 温湿度传感器通过 B11 引脚旁边的 3.3 引脚供电。进一步地，ESP-01S 的 TX 引脚连接 STM32 模块的 A3 引脚，ESP-01S 的 RX 引脚连接 STM32 模块的 A2 引脚；DHT11 温湿度传感器的 DAT 数据引脚连接 STM32 的 A7 引脚。

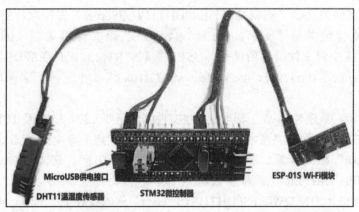

图 3-59　STM32 微控制器使用 MicroUSB 接口供电来测试温湿度数据采集及 Wi-Fi 传输

2. STM32 Wi-Fi 无线通信测试编程及烧录

在"D:\APPS\KeilV527\SmartIOTDevices\USER"创建 STM32WiFiESPDHT11TCPServer 文件夹。同时，向 STM32WiFiESPDHT11TCPServer 文件夹中拷贝 6 个 STM32 基础文件（图 3-60）。

打开 Keil v5 软件，建立新的 Keil v5 工程项目并命名 STM32WiFiESPDHT
11TCPServer 进行保存。进一步地，为新建立的 Keil v5 工程项目选择
STM32F103C8 芯片类型，并进一步关闭跳出的运行环境管理窗口。要了解
STM32 Wi-Fi 设备无线通信测试（第二部分）详细步骤，请扫描观看视频。

首先，对于"D:\APPS\KeilV527\SmartIOTDevices\"文件夹中的"IOT
LIB\inc"及"IOTLIB\src"文件夹，其中已经包含满足前期"STM32HelloWorld""STM32
DHT11""STM32TestRelay"Keil 工程项目所需要的相关".h"".c"文件。为了能够成功为新建
工程项目 STM32WiFiESPDHT11TCPServer 编写程序、编译及烧录，"IOTLIB\inc"及
"IOTLIB\src"文件夹中还需要分别添加"Common.h、esp8266.h、led.h、tcpserver.h、Mqtt Kit.h、
cJSON.h"头文件及"esp8266.c、led.c、tcpserver.c、MqttKit.c、cJSON.c"源代码文件。

新加卷 (D:) › APPS › KeilV527 › SmartIOTDevices › USER ›			
名称 ^	修改日期	类型	大小
📁 STM32DHT11	2023/3/11 11:42	文件夹	
📁 STM32HelloWorld	2023/3/5 21:34	文件夹	
📁 STM32TestRelay	2023/3/11 12:57	文件夹	
📁 STM32WiFiESPDHT11TCPServer	2023/3/12 7:14	文件夹	
📄 main.c	2023/3/4 20:34	C Source	1 KB
📄 Release_Notes	2011/4/6 18:15	360 se HTML Do...	30 KB
📄 stm32f10x_conf.h	2011/4/4 19:03	C/C++ Header	4 KB
📄 stm32f10x_it.c	2011/4/4 19:03	C Source	5 KB
📄 stm32f10x_it.h	2011/4/4 19:03	C/C++ Header	3 KB
📄 system_stm32f10x.c	2011/4/4 19:03	C Source	36 KB

将这6个文件拷贝到该新建文件夹。

图 3-60　在 USER 文件夹中新建 STM32WiFiESPDHT11TCPServer 文件夹

单击 Keil v5 开发工具界面的"红绿灰"品字形图标，为"STM32WiFiESPDHT11TCP
Server"工程项目新建 CMSIS、IOTLIB、STARTUP、USER 源文件组，并往每个源文件组添加
（关联）相关的源文件。比如，将"D:\APPS\KeilV527\SmartIOTDevices\ IOTLIB\src"文件夹中
的所有".c"源文件关联到"STM32WiFiESPDHT11TCPServer"工程项目的 IOTLIB 源文件
组，CMSIS 源文件组关联"core_cm3.c"，STARTUP 源文件组关联"startup_stm32f10x_
md.s"。与上述 3 个源文件组有所区别，USER 关联"STM32WiFi ESPDHT11TCPServer"
文件夹中的"main.c、stm32f10x_it.c system_stm32f10x.c"3 个文件，来保持特定项目的独
立性。

如图 3-61 所示，新建 Keil v5 工程项目的主文件编译需要 ESP、LED 及 TCPServer 相关头文
件。单击 Keil v5 编程界面的"魔术棒"图标进行"Target"相关库文件（MicroLIB）配置；然
后，进行"Output"相关配置。接着，单击"魔法棒"图标，进入 C/C++ 设置界面，将
"USE_STDPERIPH_DRIVER"作为参数输入 Define 一栏中。同时，将"..\..\CMSIS；..\..\
IOTLIB\inc；..\..\USER\STM32WiFiESPDHT11TCPServer"作为参数输入 Include Paths 一栏中。

根据实际测试环境修改 esp8266.c 中的相关 Wi-Fi 参数配置，如 ESP8266_WIFI_INFO 被
定义为""AT+CWJAP=\"LHMP\", \"12345678\"\r\n""，ESP8266_TCPServer_INFO 被定义为
""AT+CIPSTART=\"TCP\", \"192.168.3.50\", 8080\r\n""。

保存修改并进行编译，直至生成"STM32WiFiESPDHT11TCPServer.hex"可执行文件。当进行 STM32 程序烧录时，需要将 STM32 系统最小板的跳线设置为烧录状态。进一步地，利用 FlyMcu 烧录工具选择新生成的 HEX 文件进行 STM32 程序烧录，直至 FlyMcu 烧录成功。然后，在通电状态下，将 STM32 跳线设置为出厂默认状态（工作状态），否则成功烧录的程序断电后会丢失。接着，重新给 STM32 等模块断电及上电，网络调试助手 TCP 服务器端可以查看收到的来自 STM32-DHT11-WiFi 设备的数据（图 3-62）。

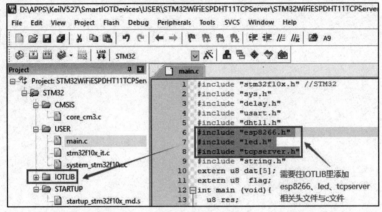

图 3-61　新建 Keil v5 工程项目的主文件编译需要 ESP、LED 及 TCPServer 相关头文件

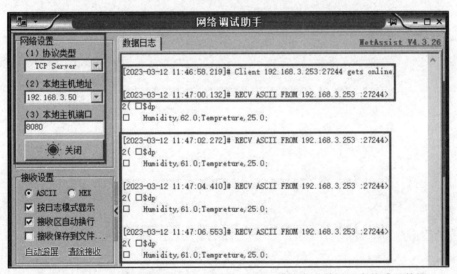

图 3-62　TCPServer 成功接收来自 STM32-Wi-Fi 模块发送的温湿度传感器数据

3.5　小结

　　本章主要介绍了物联网通信技术，包括网关-节点通信技术、UWB 技术、ZigBee 技术、蓝牙技术、LoRa 技术。网关-数据中心通信技术包括以太网通信技术、Wi-Fi 无线通信技术、移动通信技术、NB-IoT 技术。同时，还介绍了 Arduino 微控制器-蓝牙节点数据通信测试、网关-数据中心 Wi-Fi 通信测试。

思考题

1. 网关-节点通信技术主要有几种类型？
2. 简述网关-数据中心通信技术的主要类型。
3. 简述 STM32 Wi-Fi 设备通信测试中遇到的问题。

请扫描下列二维码获取第 3 章 "智能设备通信技术" 源代码与库文件相关资源。

第 2 篇　物联网智能设备制作

第 4 章

智能设备 PCB 电路板设计

❑ 了解主要的电子产品 PCB 开发软件。
❑ 掌握 Altium Designer 安装与使用的相关知识。
❑ 掌握嘉立创 EDA 标准版安装与使用的相关知识。
❑ 了解智能设备电子元器件焊接的相关知识。

4.1　PCB 电路板设计软件简介

通常，物联网智能网关及节点的制作涉及很多电子元器件，它们要通过电路正确地连接成一个可以运行的智能设备。电子元器件的连接一般是通过 PCB 电路板来实现的。如图 4-1 所示，PCB 电路板上包含电子元器件被安装的位置、尺寸及固定插孔，也包括将不同电子元器件连接在一起的铺铜电路。将各种电子元器件焊接到 PCB 电路板上，就可以制作物联网智能网关或者智能节点。

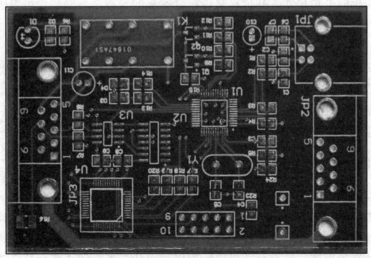

图 4-1　PCB 电路板示意图

常见的电子产品 PCB 电路板开发软件包括 Altium Designer、嘉立创 EDA。硬件电路设计师在设计电路时，需要使用 PCB 电路板开发软件，遵循一定的步骤，严格按照步骤进行工作，才能设计出理想的 PCB 电路。对一般的 PCB 电路设计而言，其过程主要分为以下 7 步。

1. 前期准备

前期准备包括准备元件库和原理图。元件库可以从各种论坛和网站下载。原理图是 PCB 设计的基础，必须首先确定整个电路的功能及电气连接图。

2. PCB 结构设计

根据已经确定的电路板尺寸和各项机械定位，在 PCB 设计环境下绘制 PCB 板面，并按定位要求放置所需的接插件、按键/开关、螺丝孔、装配孔等。同时，应充分考虑和确定布线区域和非布线区域（如螺丝孔周围多大范围属于非布线区域）。

3. PCB 布局

布局的目的是在保证电路性能的前提下，尽可能使电路板的设计简洁、美观。布局时需要按电气性能合理分区，一般分为数字电路区、模拟电路区和功率驱动区。同时，应尽量将完成同一功能的电路靠近放置，并调整各元器件以保证连线较为简洁。同时，调整各功能块间的相对位置使功能块间的连线较为便捷。

4. 布线

布线是 PCB 设计中最重要的步骤之一，它影响着电路板的性能和可靠性。布线时需要注意走线的线宽、过孔大小和走线的角度（尽量不要出现直角和锐角）。同时，应遵循"先难后易"的原则，即先布关键线路，再布一般线路。

5. 布线优化和丝印

布线完成后，需要对布线进行优化，以提高电路板的性能和可靠性。优化包括调整走线宽度、添加泪滴等。丝印是将元件标识、参数等信息印在电路板上的过程，方便后续的组装和维修。

6. 网络设计规则检查（design rule check，DRC）及结构检查

网络和 DRC 检查是检查电路板的电气连接是否正确、是否符合设计规则的过程。结构检查是检查电路板的外形尺寸、孔位等是否符合要求的过程。这些检查可以确保电路板的正确性和可靠性。

7. 制板

完成以上所有步骤后，就可以进行电路板的制作了。制作过程中需要注意选择合适的板材、工艺和参数等，以保证电路板的质量和性能。

上述步骤完成后，PCB 电路设计的主要流程就结束了。请注意，不同项目和不同设计师的具体步骤可能会有所不同，但总体流程大致相似。

4.1.1　Altium Designer 电路板设计软件

Altium Designer，简称 AD，是原 Protel 软件开发商 Altium 公司推出的一体化的电子产品开发系统，主要运行在 Windows 操作系统。这套软件通过把原理图设计、电路仿真、PCB 绘制编辑、拓扑逻辑自动布线、信号完整性分析和设计输出等技术的完美融合，为设计者提供了全新的设计解决方案，使设计者可以轻松进行设计，熟练使用这一软件使电路设计的质量和效率大大提高。此外，Altium Designer 除了全面继承了包括 Protel 99SE，Protel DXP 在内的先前一系列版本的功能和优点外，还增加了许多改进和很多高端功能。例如，拓宽了板级设计的传统界面，全面集成了现场可编程门阵列（field-programmable gate array，FPGA）设计功能和片上可编程系统（system on a programmable chip，SOPC）设计实现功能，从而允许工程设计人员将系统设计中的 FPGA 与 PCB 设计及嵌入式设计集成在一起。

4.1.2　嘉立创 EDA 电路板设计软件

嘉立创 EDA 是一款高效且易用的国产 PCB 设计软件。这款软件基于云平台，打破传统的离线设计概念，提供了实时团队协作、在线共享、生态链整合等一系列功能。嘉立创 EDA 拥有企业版、专业版及标准版等不同版本，以满足用户在不同场景下的需求。嘉立创 EDA 可以基于个人计算机（Personal Computer，PC）客户端进行 PCB 电路板设计，也可以使用浏览器来进行 PCB 电路板设计。

嘉立创 EDA 软件支持 Windows、Mac、Linux 等多设备跨平台使用，设计进度自动同步。它还兼容常用 PCB 设计软件的文件格式，支持文件导入导出，如 Altium Designer、Eagle、Kicad 等，这使得用户在使用嘉立创 EDA 时能够轻松迁移和共享设计数据。

除此之外，嘉立创 EDA 还提供了一键生成 Gerber 文件、物料清单（bill of materials，BOM）文件、坐标文件等功能，方便用户进行生产制造。软件的专业版更是加强了各种约束，提供了规则管理等高级功能。

嘉立创 EDA 隶属于深圳市嘉立创科技发展有限公司，由嘉立创 EDA 团队独立开发，拥有独立自主知识产权。该软件自 2009 年始创以来，已经为数百万工程师和数千万个设计提供了强劲的动力。

4.2　Altium Designer 软件安装与应用

在进行物联网设备制作时，首先需要进行 PCB 板的绘制，本章采用 Altium Designer 20 来绘制智能设备电路图及生成 PCB 电路板。本章节主要是关于 Altium Designer 软件的安装与使用。要了解 Altium Designer 软件安装与应用的详细步骤，请扫描观看视频。

4.2.1　Altium Designer 软件的安装

将下载好的 AltiumDesigner_20.2.6.244.7z 解压到 AltiumDesigner_20.2.6.244 文件夹。首先，将 Altium Designer v20.2.6.244 x64.iso 镜像文件解压到当前文件夹。如图 4-2 所示，双击运行 AltiumDesigner20Setup 文件启动安装过程。在安装界面，弹出"用户账户控制"窗口，单击"是"按钮继续进行安装；在下一个出现的安装向导对话框，单击 Next 按钮继续。

在后续安装界面，选择中文语言安装，并选择接受协议内容，单击 Next 按钮继续安装软件。在安装功能选择对话框界面，选择需要安装的组件功能，这里选择 PCB Design、Platform Extensions、Importers\Exporters、Touch Sensor Support 4 个选项，单击 Next 按钮继续安装软件。进一步地，在选择安装路径对话框，选择安装路径和共享文件路径，可根据自己的需求更改路径，单击 Next 按钮继续安装软件。在随后的客户体验改善计划界面，确认不参与用户体验项目，单击 Next 按钮进入 Ready To Install 安装界面。随后，继续单击 Next 按钮开始进行软件安装。最后，在软件安装完成界面，选择不立即运行"Altium Designer"，单击 Finish 按钮完成软件安装。

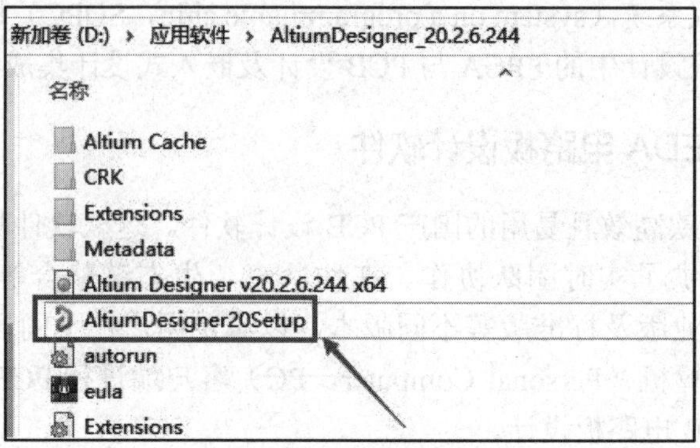

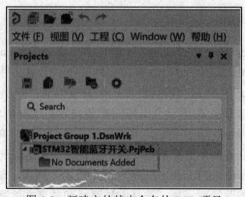

图 4-2　双击安装文件

在安装文件所在的 AltiumDesigner_20.2.6.244 的子文件夹中，找到"shfolder.dll"文件，复制"shfolder.dll"。同时，打开 Altium Designer 的安装目录，将"shfolder.dll"文件粘贴到"C:\ProgramFiles\Altium\AD20"本地磁盘安装目录下。同时，在 Altium Designer 安装文件夹"Program Files\Altium\AD20"中找到 X2.EXE 文件，双击"X2.EXE"文件运行 Altium Designer20 软件，在 Windows 防火墙管理界面，单击"允许访问"按钮。

进一步地，在 Altium Designer 工作界面，单击右上角头像图标，并继续单击 Licenses 链接。在 License 管理界面，选择"License Management..."，并单击"Add standalone license file"，在 Licenses 文件选择界面，选择 Altium Designer 镜像文件夹中的 CRK 文件夹中 Licenses 文件夹中的任意一个文件，然后打开，完成 Licenses 的配置。接着，在随后的界面，选中使用本地化资源，并单击"确定"按钮。关闭 AD 软件，重新打开后即可使用。

4.2.2　Altium Designer 新建工程项目

在 AD 工作界面，单击"文件"→"新的"→"项目"。在新建项目界面，为工程类型选择 PCB 即可；对于 Project Name，可命名为 STM32 智能蓝牙开关。输入工程名称，选择工程路径，然后单击 Create 按钮即可创建如图 4-3 所示的 PCB 项目。

图 4-3　新建立的特定命名的 PCB 项目

4.2.3　PCB 项目环境搭建

如图 4-4 所示，右击已建立的"STM32 智能蓝牙开关"工程，添加新的原理图文件到该工程。接着，右击重新命名电子原理图，将电子原理图命名为"STM32 智能蓝牙开关"。如果保存文件时，出现错误警告，则单击 OK 按钮跳过。进一步地，保存新建项目及电子原理图文件。

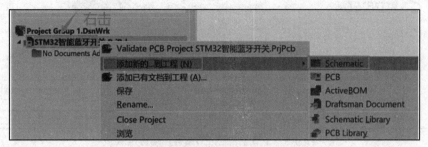

图 4-4　添加新的电子原理图到 AD 工程文件

　　右击已建立的"STM32 智能蓝牙开关"工程，添加新的 PCB 文件到该工程。接着，右击重命名 PCB 文件，将 PCB 文件命名为 STM32 智能蓝牙开关。如果保存重命名的 PCB 文件时，遇到错误警告，则单击 OK 按钮跳过。最后，保存添加 PCB 文件之后的 AD 项目。

4.2.4　导入电子元器件库

　　一般而言，"PCB 原理图库中，元器件引脚的标识"与"PCB 库中，元器件对应封装的引脚标识"，两者要保持一致。若两者不一致，将导致原理图中的连线不能对应到相应封装上，最终 PCB 板子上将没有这条连线。图 4-5 为已有的 ST 相关电路原理图库；然后，遵循一定的步骤，可将相应的原理库加入 Altium Designer 软件开发环境。

名称	修改日期	类型	大小
› Paper › 物联网智能设备制作-书稿 › 物联网智能设备制作配套软件资源 › 第04章 › ST Microelectronics			
ST Microcontroller 8-Bit	2023/6/28 20:05	Altium Compiled Library	7,273 KB
ST Microcontroller 16-Bit	2023/6/28 20:05	Altium Compiled Library	777 KB
ST Microcontroller 32-Bit ARM	2023/6/28 20:05	Altium Compiled Library	59 KB
ST Microcontroller 32-Bit STM32	2023/6/28 20:05	Altium Compiled Library	32 KB
ST Microcontroller 32-Bit STR9	2023/6/28 20:05	Altium Compiled Library	28 KB
ST Microcontroller 32-Bit	2023/6/28 20:05	Altium Compiled Library	1,583 KB
ST Microprocessor 16-Bit	2023/6/28 20:05	Altium Compiled Library	742 KB
ST Microprocessor 32-Bit	2023/6/28 20:05	Altium Compiled Library	1,588 KB
ST Monitor Amplifier	2023/6/28 20:05	Altium Compiled Library	54 KB
ST Operational Amplifier	2023/6/28 20:05	Altium Compiled Library	286 KB
ST Peripheral Disk Read Processor	2023/6/28 20:05	Altium Compiled Library	170 KB

图 4-5　已有的 ST 相关电路原理图库

　　在原理图工作界面单击"放置器件"图标，单击"File-based Libraries Preference"，接着单击"安装"按钮选择新的需要安装的原理图库，并选择安装 ST Microprocessor 多个相关的库。安装完毕后，查看新安装的 STM 相关库文件。

4.3　嘉立创 EDA 标准版安装与使用

　　首先打开嘉立创 EDA 官网 https://pro.lceda.cn/，单击"下载客户端"按钮下载嘉立创 EDA 计算机客户端软件。进一步地，选择下载嘉立创 EDA 客户端标准版

（图 4-6），将其存储到指定的文件夹并安装。

图 4-6　下载嘉立创 EDA 客户端标准版

在安装过程中，如果出现用户账户控制界面，允许运行已经下载的嘉立创 EDA 标准版软件。然后，将嘉立创 EDA 标准版安装到特定的文件夹。

同时，密切关注嘉立创 EDA 客户端准版安装过程状态。在软件安装过程中，如果弹出 Windows 防火墙安全相关窗口，允许嘉立创 EDA 标准版访问网络。在运行模式设置窗口，设置嘉立创 EDA 运行模式为"工程离线模式"。进一步地，在数据保存目录窗口，设置嘉立创 EDA 标准版数据保存文件夹。随后，完成软件安装，进入启动软件运行状态，此时，忽略跳出的相关信息窗口，即可出现嘉立创 EDA 标准版运行界面。

4.4　嘉立创 EDA 导出 Altium Designer 原理图及封装库

嘉立创 EDA 标准版软件提供了丰富的官方及用户电子元器件电路图库及封装库，而很多时候，Altium Designer 缺乏特定电子元器件的电子原理图及 PCB 封装图。因而，利用嘉立创 EDA 标准版生成可以导入 Altium Designer 软件的电子原理图及 PCB 封装库，为智能设备制作提供支持。本章以 STM32F103C8T6 最小系统模块为例，说明如何利用嘉立创 EDA 标准版生成可以导入 Altium Designer 软件的电子原理图及 PCB 封装库。

要了解嘉立创 EDA 导出 Altium Designer 原理图及封装库的详细步骤，请扫描观看视频。

4.4.1　使用嘉立创元件库导出 AD 原理图及 PCB 封装库

嘉立创 EDA 元件库是一个集合了各种电子元件模型的数据库，它是嘉立创 EDA 软件的重要组成部分。这个元件库为设计者提供了丰富的元件模型，使得他们在设计电路时能够方便地选择和放置所需的元件。嘉立创 EDA 标准版新建原理图，如图 4-7 所示；进一步地，生成未命名的原理图。

嘉立创 EDA 元件库中的元件模型通常由元件边框、管脚（包括管脚符号和管脚名称）、元件名称及说明等组成。设计者可以通过放置这些元件符号来建立电气连接关系，从而完成电路的设计。元件库的设计是电子设计中的初始步骤，它涉及使用元件库编辑器来创建电子元件模型，包括画线、放置管脚、放置矩形等编辑操作。

嘉立创 EDA 元件库是一个功能强大的电子元件数据库，它为设计者提供了便捷、高效的元件选择和放置功能，是电子设计中不可或缺的一部分。通过合理使用嘉立创 EDA 元件库，设计者可以更加快速、准确地完成电路的设计工作。在嘉立创 EDA 原理图设计工作界面，单击"元件库"搜索界面搜寻 STM32F103C8T6 最小核心板原理图及封装图；进一步地，将 STM32F103C8T6 最小核心板原理图导出为 AD 格式。接着，在导出 AD 文件时弹出的界面中下载；然后，保存导出的 AD 文件。

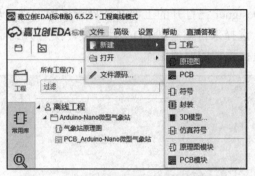

图 4-7　嘉立创 EDA 标准版新建原理图

嘉立创 EDA 新建 PCB 文件，并配置 PCB 板尺寸等参数。进一步地，单击"元件库"搜索界面获取 STM32F103C8T6 最小核心板 PCB 封装图。在 PCB 工作界面，执行"文件"→"导出"→"Altium Designer"，嘉立创 EDA 导出 AD 电子元器件封装文件。进一步地，在弹出的窗口确认导出 Altium。接着，在导出 AD 封装文件弹出的窗口单击"下载"按钮。然后，将导出的 AD 封装文件保存到特定文件夹。最后，查看嘉立创 EDA 成功导出的 AD 电路图文件及 PCB 封装文件。

4.4.2　将嘉立创导出的文件转换成 AD 可使用的库文件

启动 Altium Designer 软件，单击"文件"→"打开"（图 4-8），并打开从嘉立创导出的 AD 原理图文件，单击"设计"按钮，转换成原理图库。

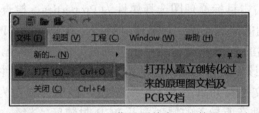

图 4-8　Altium Designer 工作界面单击"文件"→"打开"

在新生成的原理图库文件界面，单击"文件"→"另存为"，将新生成的原理图库文件保存于特定的文件夹，并查看保存在特定文件夹下的原理图库文件。在 Altium Designer 主界面，单击"文件"→"打开"按钮，选择来自嘉立创的 STM32F103C8T6 PCB 封装图文件。进一步地，查看已打开的封装图文件所在的工作界面。在新打开的 PCB 文档界面下，单击"设计"按钮，再单击"生成 PCB 库"按钮。然后，查看新打开的未保存的新生成的 PCB 库文件工作界面。

在新生成的"PcbLib"文件界面，单击"文件"另存为命令，将未保存的 PCB 库文件保存到特定文件夹。最后，查看新生成的原理图库及新生成的 PCB 封装库，这 2 个文件可以被 AD 用来进行 PCB 电路设计。

4.5　Altium Designer 测试导出的原理图及封装库

启动 Altium Designer，选择 Altium Designer 要打开的工程文件。如图
4-9 所示，查看 Altium Designer 已打开的工程文件显示界面。进一步地，添加已有原理图库
到已打开的工程文件中；选择来自嘉立创 EDA 且已被转换为 AD 可以调用的 STM32 原理图
文件；在工作界面，查看已添加的原理图库。

图 4-9　Altium Designer 已打开的工程文件显示界面

在 AD 工作界面，添加新的 PCB 封装库到已打开的工程文件。选择来自嘉立创 EDA 且已
被转换为 AD 可以调用的 STM32 最小核心板相关 PCB 库文件。接着，在 AD 工作界面查看已
添加的 PCB 封装库。然后，在 AD 空白的原理图工作界面工具栏单击电子元器件图标。在
PCB 工作界面的 Components 窗口单击三条线符号选择 "File-based Libraries Preferences"。然
后，检查已导入的工程原理图库及 PCB 封装库并将原理图库文件上移至第一个。接着，回到
Components 主界面单击选择原理图库，双击所选取的原理图标识则将原理图添加到 AD 原理
图编辑界面。

在 AD 工作界面，右击目标原理图选择属性为 Properties。检查原理图的 "General-Pins-
Footprint" 并在无封装图的情况下添加封装库。接着，在原理图 "Properties" 界面选择添加
Footprint。随后，在跳出的 PCB 模型窗口单击 "浏览"；进一步地，在浏览库界面选择所需
要的 PCB 封装库文件，该库文件为已添加的由嘉立创导出的库文件。接着，查看 PCB 封装
库文件 2D 图及所存放文件夹并单击 "确定" 按钮。最后，成功为原理图添加相应的封装
库。然后，保存工程文件及所导入的原理图及 PCB 封装库。接着，在原理图编辑状态下单
击 "设计" 启动 "Update PCB Document"。接着，在跳出的 "工程变更指令界面" 单击 "验
证变更"。进一步地，验证变更运行结果合格并单击 "执行变更"。接着，执行变更结果合
格生成 PCB 电路板；然后，保存所生成的 PCB 电路板。

4.6　智能设备电子元器件焊接

任何电子产品，从几个零件构成的整流器到成千上万个零部件组成的计算机系统，都由
基本的电子元器件和功能构成，按电路工作原理，用一定的工艺方法连接而成。虽然连接方
法有多种（如绕接、压接、粘接等），但使用最广泛的方法是锡焊。

智能设备电子元器件焊接是将电子元器件与电路板进行可靠连接的关键技术，它在智能设备的制造过程中占据重要地位。焊接质量直接影响智能设备的性能和可靠性。在焊接过程中，焊接方法、焊接材料、焊接设备及焊接质量控制都是至关重要的环节。常见的焊接方法包括手工焊接、波峰焊接、回流焊接、激光焊接等。手工焊接是最基础的焊接方法，需要操作人员手持焊接工具进行焊接。波峰焊接和回流焊接则通过专用设备来实现焊接，具有高效、自动化的特点。激光焊接以其高品质的焊接效果，满足了小型电子产品严苛的焊接要求。

电子元器件手工焊接是电子产品装配中的一项基本操作技能，主要适用于产品试制、电子产品的小批量生产、电子产品的调试与维修，以及某些不适合自动焊接的场合。它是利用烙铁加热被焊金属件和焊料（如锡铅合金），熔融的焊料润湿已加热的金属表面，使其形成合金。待焊料凝固后，将被焊金属件连接起来，因此又称为锡焊。

手工焊接的主要工具是电烙铁，用于加热焊接部位和熔化焊料。电烙铁的种类繁多，包括内热式、外热式和调温式等，电功率也有多种规格，主要根据焊件大小来选择。在进行手工焊接时，操作人员需要注意保持适当的距离，并在通风的环境下操作，以确保安全。

焊接前，操作人员通常需要对电烙铁进行上锡处理，即在烙铁头上涂上一层焊锡，以防止其氧化，并确保良好的热传导。同时，被焊接的元器件引脚和焊盘也需要进行清洁与处理，以去除氧化物和污垢，保证焊接质量。

在焊接过程中，操作人员需要掌握适当的焊接时间和温度，以及正确的焊接姿势和操作方法。焊接时间不宜过长，以免烫坏元器件。焊接完成后，操作人员还需要对焊接点进行检查，确保其质量符合要求。

总的来说，电子元器件手工焊接是一项需要专业技能和经验的技术，对于保证电子产品的质量和可靠性具有重要意义。

一般而言，在焊接开始之前，要插上电源线预热电烙铁。预热完成后烙铁头在松香上粘一下，接着给电烙铁头上锡。如果烙铁头上有杂质，应在浸湿的海绵上清理一下。最后，电烙铁不用时，应冷却收起。

4.6.1　手工焊接工具及焊接材料

手工焊接工具主要包括电烙铁、烙铁架和焊锡丝等。其中，电烙铁是核心工具，用于加热焊料和被焊金属，根据结构可分为内热式、外热式和恒温式等。烙铁架则用于放置烙铁，其底下的海绵可用于清洗烙铁头。焊锡丝是连接焊盘及元器件引脚的焊接材料，通常由焊料和助焊剂组成。

焊接材料方面，焊料通常为锡铅合金，是易熔金属，用于在焊接过程中熔化并连接被焊金属。助焊剂的基本成分是松香，其作用是去除被焊金属表面的氧化物，增强焊料的润湿性和流动性，从而提高焊接质量。在实际应用中，焊料与助焊剂通常结合在一起使用，形成焊锡丝或焊锡膏等形态，便于手工焊接操作。

此外，在进行手工焊接时，还需要注意选择合适的焊接温度和焊接时间，以及保持焊接环境的清洁和通风。操作人员需要掌握正确的焊接姿势和操作方法，以确保焊接质量和安全。

4.6.2　手工焊接基本操作方法

1. 电烙铁的三种拿法

如图 4-10 所示，电烙铁的三种拿法分别是正握法、反握法和握笔法。

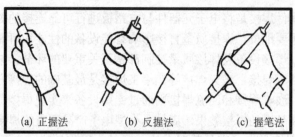

| (a) 正握法 | (b) 反握法 | (c) 握笔法 |

图 4-10　电烙铁的正确握法

　　正握法是最常见的握法，即将电烙铁握在手中，手指紧握烙铁柄。这种握法简单直接，适用于一些简单的焊接工作。它的优点是握持稳定，操作灵活，适用于需要较高精度的工作。但它也有一些缺点，如长时间使用可能会导致手部疲劳，且对于一些需要较大力度的工作，正握法可能不够稳定。反握法是指将电烙铁握在手中，手指朝向自己。这种握法主要用于一些需要较大力度和稳定性的工作。其优点是握持稳定，可以更好地控制电烙铁的力度和角度，适用于一些需要较大力度的焊接工作。但反握法也有一些缺点，如操作相对不够灵活，不适用于一些需要较高精度的工作。握笔法多用于小功率电烙铁在操作台上焊接印制电路板等焊件。这种握法类似于握笔的方式，可以更加精细地控制电烙铁。在实际使用中，操作人员可以根据具体的焊接工作选择合适的握法，以提高焊接的质量和效率。同时，无论采用哪种握法，都需要注意保持正确的姿势和力度，避免长时间使用导致手部疲劳或受伤。

2. 五步训练法

　　如图 4-11 所示，焊接五步训练法是一种常用的手工焊接方法，旨在帮助初学者逐步掌握焊接技巧。以下是该方法的简要介绍。

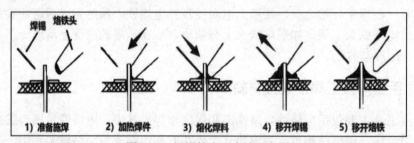

图 4-11　焊锡技术五步法示意图

　　（1）准备施焊。在进行焊接之前，需要做好充分的准备工作。包括准备好被焊工件、电烙铁、焊锡丝等工具和材料，并确保烙铁头干净并"吃"好锡，工件表面也要保持干净。同时，操作人员需要穿戴好防护设备，如手套、护目镜等。

　　（2）加热焊件。将烙铁接触焊接点，加热焊件各部分，如印制板上引线和焊盘，使之均匀受热。注意烙铁头的扁平部分（较大部分）应接触热容量较大的焊件，烙铁头的侧面或边缘部分接触热容量较小的焊件，以保持焊件均匀受热。

　　（3）熔化焊料。当焊件加热到能熔化焊料的温度后，将焊丝置于焊点，焊料开始熔化并润湿焊点。送锡量要适量，一般以有均匀、薄薄的一层焊锡，能全面润湿整个焊点为佳。合格的焊点外形应呈圆锥状，没有拖尾，表面微凹，且有金属光泽，从焊点上面能隐隐约约分辨出引线轮廓。

　　（4）移开焊锡。当熔化一定量的焊锡后，迅速移开焊锡丝，以避免焊点过大或形成不良焊点。

（5）移开烙铁。在助焊剂（锡丝内含有）还未挥发完之前，迅速移开电烙铁，否则将留下不良焊点。移开烙铁的方向应该是大致 45°的方向，这样可以避免烙铁头与焊点之间产生过大的拉力，影响焊点的质量。

在进行焊接五步训练法时，需要注意以下几点：焊件表面必须保持干净；烙铁头要保持清洁；要采用正确的加热方法和撤离烙铁方式；焊接时间要适当；操作人员需要保持正确的姿势和操作方法，以确保安全和焊接质量。

3. 手工焊接需要注意的相关事项

（1）保持烙铁头的清洁。焊接时，烙铁头长期处于高温状态，又接触助焊剂等弱酸性物质，其表面很容易氧化腐蚀并沾上一层黑色杂质。这些杂质形成隔热层，妨碍了烙铁头与焊件之间的热传导。因此，操作人员要注意用一块湿布或湿的木质纤维海绵随时擦试烙铁头。对于普通烙铁头，在腐蚀污染严重时可以使用锉刀修去表面氧化层。

（2）靠增加接触面积来加快传热。加热时，应该让焊件上需要焊锡浸润的各部分均匀受热，而不是仅仅加热焊件的一部分，更不要采用烙铁对焊件增加压力的方法，以免造成损坏或不易觉察的隐患。有些初学者会用烙铁头对焊接面施加压力，企图加快焊接，这是不对的。正确的方法是，根据焊件的形状选用不同的烙铁头，或者自己修整烙铁头，让烙铁头与焊件形成面的接触而不是点或线的接触。这样能够大大提高传热效率。

（3）加热要靠焊锡桥。在非流水线作业中，焊接的焊点形状是多种多样的，不太可能不断更换烙铁头。要提高加热的效率，需要有进行热量传递的焊锡桥。所谓"焊锡桥"，就是靠烙铁头上保留少量焊锡，作为加热时烙铁头与焊件之间传热的桥梁。由于金属熔液的导热效率远远高于空气，焊件很快就会被加热到焊接温度。应该注意，作为焊锡桥的锡量不可保留过多，因为长时间存留在烙铁头上的焊料处于过热状态，质量已经降低了，可能造成焊点之间误连短路。

（4）在焊锡凝固之前不能动。切勿使焊件移动或受到振动，特别是用镊子夹住焊件时，一定要等焊锡凝固后再移走镊子，否则极易造成焊点结构疏松或虚焊。

（5）焊锡用量要适中。手工焊接常使用的管状焊锡丝，内部已经装有由松香和活化剂制成的助焊剂。焊锡丝的直径有 0.5、0.8、1.0、…、5.0mm 等多种规格，要根据焊点的大小选用。一般应使焊锡丝的直径略小于焊盘的直径。如图 4-12 所示，焊锡用量要合适。过量的焊锡不但无必要地消耗了焊锡，而且增加了焊接时间，降低了工作速度。更为严重的是，过量的焊锡很容易造成不易觉察的短路故障。焊锡过少会使焊接不牢固，同样是不利的。特别是焊接印制板引出导线时，焊锡用量不足，极易造成导线脱落。

(a)焊锡过多　　　(b)焊锡过少　　　(c)合适的锡量

图 4-12　焊锡使用量多少示意图

（6）焊剂用量要适中。适量的助焊剂对焊接非常有利。过量使用松香焊剂，焊接以后要擦除多余的焊剂，并且延长了加热时间，降低了工作效率。当加热时间不足时，又容易形成"夹渣"的缺陷。焊接开关、接插件的时候，过量的焊剂容易流到触点上，造成接触不良。

合适的焊剂量，应该是松香水仅能浸湿将要形成焊点的部位，不会透过印制板上的孔流走。对使用松香芯焊丝的焊接来说，基本上不需要再涂助焊剂。目前，印制板生产厂在电路板出厂前大多进行过松香水喷涂处理，无须再加助焊剂。

（7）不要使用烙铁头作为运送焊锡的工具。有人习惯到焊接面上进行焊接，结果造成焊料的氧化。因为烙铁尖的温度一般在 300℃以上，焊锡丝中的助焊剂在高温时容易分解失效，焊锡也会因为过热而降低质量。

4.6.3　焊点质量及检查

对焊点的质量要求，应该包括电气接触良好、机械结合牢固和美观三个方面。保证焊点质量最重要的是必须避免虚焊。

1. 虚焊产生的原因及其危害

虚焊主要是由待焊金属表面的氧化物和污垢造成的，它使焊点成为有接触电阻的连接状态，导致电路工作不正常，出现连接时好时坏的不稳定现象，噪声增加而没有规律性，给电路的调试、使用和维护带来重大隐患。

虚焊产生的原因主要有以下几点。①焊锡质量差，导致焊接过程中无法形成良好的连接；②助焊剂的还原性不良或用量不够，这会影响焊锡的流动性和润湿性，从而导致虚焊；③被焊接处表面未预先清洁好，如存在氧化物和污垢，会影响焊锡与焊接表面的接触，进而产生虚焊；④烙铁头的温度过高或过低，表面有氧化层，这会影响焊锡的熔化和润湿，增加虚焊的风险；⑤焊接时间掌握不好，时间过长或过短都可能导致虚焊；⑥元器件引脚氧化，会导致焊接时焊锡无法与引脚形成良好的连接，从而产生虚焊。

虚焊的危害主要表现在以下几个方面。①电路工作不正常：虚焊会导致电路连接处与焊盘之间的接触电阻增大，从而影响电路的正常工作；②时好时坏的不稳定现象：虚焊的连接处存在接触电阻，会导致电路工作不稳定，出现时好时坏的现象；③噪声增加：虚焊会增加电路的噪声，影响电路的性能和稳定性；④给电路的调试、使用和维护带来重大隐患：虚焊的存在使得电路的调试和维护变得更加困难，因为虚焊点可能难以被发现，而且即使发现也难以修复。

2. 对焊点的要求

①可靠的电气连接、足够的机械强度、光洁整齐的外观；②形状为近似圆锥而表面稍微凹陷，呈慢坡状，以焊接导线为中心，对称呈裙形展开。虚焊点的表面往往向外凸出，可以鉴别出来。③焊点上，焊料的连接面呈凹形自然过渡，焊锡和焊件的交接处平滑，接触角尽可能小。④表面平滑，有金属光泽；无裂纹、针孔、夹渣。

4.7　小结

本章先介绍了电子产品开发常用软件 Altium Designer 软件与嘉立创 EDA 软件的安装及使用。介绍了如何使用嘉立创元件库导出 AD 原理图及 PCB 封装库，并将嘉立创导出的文件转换成 AD 可使用的库文件。接着，本章也利用 Altium Designer，测试了导出的原理图及封装库。最后，还介绍了智能设备电子元器件焊接、手工焊接工具及焊接材料、手工焊接基本操作方法、焊点质量及检查。

思考题

1. 简要介绍主要的电子产品开发软件。
2. 简述 Altium Designer 软件的优点。
3. 简述智能设备电子元器件焊接时应注意的问题。

请扫描下列二维码获取第 4 章-智能设备 PCB 电路板设计-源代码与库文件相关资源。

第 5 章

物联网节点–智能光敏继电器制作

学习要点

☐ 了解光敏继电器的相关知识。

☐ 掌握智能光敏继电器 PCB 电路的设计流程。

☐ 掌握智能节点串口通信知识。

☐ 掌握光敏传感器电路连接知识。

5.1 智能光敏继电器简介

本章通过光敏电阻检测环境亮度，当亮度小于设定值时打开继电器，超过设定时关闭继电器。光敏继电器可用于控制直流电和交流电的开启与关闭，因此常用于自动化控制设备。在光敏继电器方案中，采用光敏电阻作为感光元件，通过光线变化控制继电器。可用于路灯等设备的自动化控制，如白天自动熄灭，晚上自动开启。

智能光敏继电器的组成

如图 5-1 所示，所制作的智能光敏继电器主要由 Arduino Nano 微型处理器、光敏电阻、3000 欧电阻、继电器模块等组成。

图 5-1 智能光敏继电器实验测试连接

继电器是一种电控制器件，是当输入量的变化达到规定要求时，在电气输出电压中使用被控量发生预定的阶跃变化的一种电器。单片机是一个弱电器件，一般工作于 5V 甚至更低的电压下。驱动电流在 mA 级以下，而在一些大功率场合下，如控制电动机，显然是不行的。因此，需要一个环节进行连接，这个环节称为"功率驱动"，而继电器驱动是一个典型的、简单的功率驱动环节。继电器本身对于单片机来说是一个功率器件，继电器就是单片机实现控制大功率负载的接口。光敏电阻是用硫化镉等半导体材料的特殊电阻器件，其工作原理是基于光电效应。光照越强，阻值就越低。

5.2　智能光敏继电器的电路图设计

本节主要包括光敏电阻检测电路、智能光敏继电器原理图设计、智能光敏继电器 PCB 设计、Gerber PCB 制板文件生成等内容。智能设备电路图的设计使用了嘉立创 EDA（标准版）。

5.2.1　光敏电阻检测电路

如图 5-2 所示，将一个阻值为 3000 欧的固定电阻 R1 与光敏电阻 LDR1 串联，跨接在 VCC 与 GND 之间；光敏电阻 LDR1 与固定电阻 R1 连接处接 Arduino 的 D10 管脚。通过万用表对光敏电阻的工作阻值进行测量，测量结果如下：无光照时，光敏电阻阻值约为 1.0 兆欧；有光照时，光敏电阻阻值约为 500 欧。当光敏电阻无光照时，LDR1 的阻值较大，D10 处电压小于 1.2V，Arduino D10 管脚检测为输入低电平。当光敏电阻接收到光照时，LDR1 的阻值降低，此时根据欧姆定律可计算出 D10 处的电平约为 2.4V，Arduino D10 管脚检测到输入为高电平。

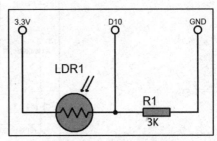

图 5-2　智能光敏继电器模型

继电器控制原理。Arduino D2 引脚连接继电器的信号引脚。通过 Arduino D10 管脚的高、低电平输入情况，通过逻辑判断，由 D2 管脚输出高、低电平输出，从而实现继电器的通、断控制。

5.2.2　智能光敏继电器原理图设计

使用嘉立创 EDA 标准版的 PCB 工具进行 PCB 线路图设计。嘉立创 EDA 标准版会根据原理图判断 PCB 布线的正确性。由于 PCB 设计最终将直接影响到电子设备成品的外观及电子产品的稳定性，因而需要在设计时特别注意各个组件的外观尺寸和其特有的电气特性的匹配。智能设备电路板制作流程主要包括运行编辑器、创建工程、原理图设计、PCB 设计、DRC 检查、下单工厂打板等 6 个步骤。

单击已安装的嘉立创 EDA（标准版）软件图标，启动电子原理图设计软件。在嘉立创 EDA（标准版）编辑界面，单击"文件"→"新建"→"工程"，新建嘉立创 EDA 工程文件。接着，在弹出的新建工程命名界面，命名新建工程并保存。

然后在嘉立创 EDA 编辑界面单击"元件库"图标并搜索"nano"（图 5-3），在搜索结果界面选择合适的零件原理图，并将原理图放置到编辑界面。接着，查询并将 Header3 原理图放置编辑界面。类似地，添加光敏电阻元器件、添加直插电阻到电子原理图编辑界面。

在原理图编辑界面，选定电子元器件可以进行不同角度旋转；进一步地，单击图标旋转电子元器件原理图。同时，利用电子元器件原理图进行导线连接及电源引脚标记、对电子元器件原理图进行文字标记及修改。最后，可获得连接完成的智能光敏继电器原理图（图5-4）。

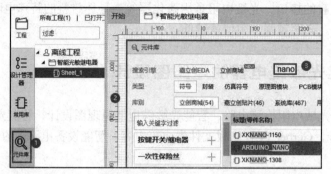

图5-3　在嘉立创EDA编辑界面单击"元件库"图标并搜索"nano"

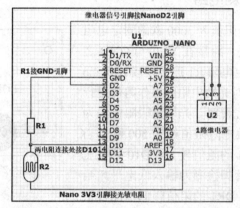

图5-4　连接完成的智能光敏继电器原理

5.3　智能光敏继电器的 PCB 设计

5.3.1　智能光敏继电器 PCB 设计

保存电路图修改，然后将原理图转化为 PCB。如图 5-5 所示，在原理图编辑状态下执行"设计"→"原理图转 PCB"操作。进一步地，在原理图转 PCB 跳出窗口执行"是，检查网络"命令，确保无错误；如果存在警告，则忽略这些警告；如果存在错误，要整改原理图，直到无错误为止。

当网络检测结果无错误存在时，再次执行"设计"→"原理图转 PCB"操作。进一步地，在原理图转 PCB 跳出窗口执行"否，继续进行"命令。接着，在弹出的"新建 PCB"窗口，配置 PCB 板形状参数，并查看生成的 PCB 电路板；进一步地，利用旋转按钮编辑PCB 电路板相关电子元器件。PCB 布局时，选中相关电子元器件，可以进行逆时针或者顺时针旋转，以调整元器件位置及布线格式。通过执行"格式"→"逆时针旋转 90 度"等来调整 PCB 电路板电子元器件位置与方向。例如，可通过执行"格式"→"逆时针旋转 90度"等来编辑 PCB 电路板。

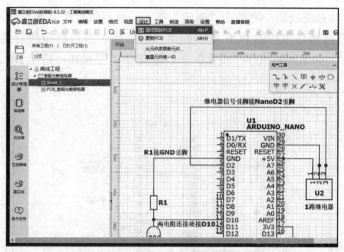

图 5-5　在原理图编辑状态下执行"设计"→"原理图转 PCB"操作

对于嘉立创 EDA PCB 电路板层状结构，可以利用鼠标选择电子元器件并旋转按钮移动电子元器件位置及改变器件方向，也可以利用其他 PCB 工具进行文本标记。进一步地，鼠标右击黑色背景，并单击"画布属性"，可以修改 PCB 板背景颜色。最后，查看背景变为白色的 PCB 电路板（图 5-6）。保存 PCB 电路板设计配置，然后进行后续操作。

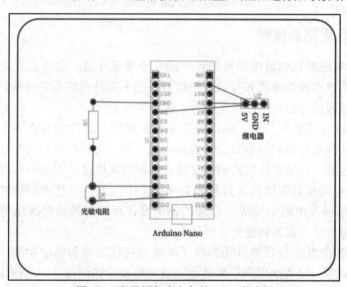

图 5-6　背景颜色为白色的 PCB 电路板

5.3.2　PCB 电路板自动布线

自动布线功能旨在帮助用户快速完成 PCB 电路板上的线路布置，节省手动布线的时间和精力，并提高布线的准确性和效率。用户可以通过设定布线规则、优化参数等方式，让软件自动计算并布置出符合设计要求的线路。在嘉立创 EDA PCB 电路板工作界面，执行"布线"→"自动布线"操作，并进入 PCB 电路板自动布线设置界面。

在自动布线执行过程中，如果弹出错误窗口"正在检测本地布线服务"，直接单击"确定"按钮跳过。然后，单击自动布线设置界面中的"运行"按钮；如果弹出的信息窗口中所描述的失败为 0, 自动布线成功, 则单击"确定"按钮, 然后执行"文件"→"保存"操作。此时, 可进一步查看自动布线后的 PCB 电路板"顶层"展示及自动布线后的 PCB 电路板"多层"展示（图 5-7）。如果此时执行"设计"→"检查 DRC"操作, 将无 DRC 错误存在。

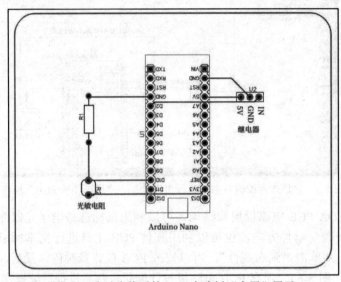

图 5-7　自动布线后的 PCB 电路板"多层"展示

5.3.3　PCB 电路板铺铜

嘉立创 PCB 电路板铺铜是电路板设计中的一个重要环节, 它涉及在电路板表面覆盖一层导电铜层, 以实现电路的连接和导通。铺铜的目的不仅是提供电气连接, 还包括提高电路板的散热性能、增强信号的稳定性以及提升电磁兼容性等。

在嘉立创的 PCB 设计软件中, 铺铜功能通常被集成在软件的操作界面中, 用户可以通过简单的操作来实现电路板的铺铜设计。具体来说, 用户可以根据设计需求, 在指定的电路板区域绘制铺铜区域, 并设置相应的铺铜参数, 如铜层的厚度、铺铜的形状和连接方式等。

嘉立创 PCB 电路板铺铜的设计过程需要考虑多个因素, 包括电路板的层数、信号的传输需求、散热要求以及电磁干扰等。合理的铺铜设计可以有效地提高电路板的性能和可靠性, 同时有助于减少生产成本和提升生产效率。

此外, 嘉立创的 PCB 设计软件还提供了丰富的铺铜工具和辅助功能, 如自动铺铜、铺铜优化、铺铜检查等, 以帮助用户更高效地完成电路板的铺铜设计。这些工具和功能的使用可以大大简化设计过程, 提高设计效率, 同时为用户提供更多的设计灵活性和选择空间。

总的来说, 嘉立创 PCB 电路板铺铜是电路板设计中不可或缺的一环, 它对于提升电路板的性能和可靠性具有重要意义。通过合理的铺铜设计和嘉立创提供的强大工具支持, 用户可以轻松地完成高质量的电路板设计。

在 PCB 电路板编辑界面的"层与元素"窗口, 选择顶层进行铺铜。如图 5-8 所示, 对 PCB 执行"放置"→"铺铜"操作。进一步地, 在跳出的属性窗口选择"网络"→"GND"并单击"确定"按钮。然后, 利用鼠标画出铺铜的区域, 并查看 PCB 电路板选定的铺铜区域。接着, 选定铺铜围线鼠标右击调出"铺铜属性"配置界面并在"保留孤岛"部分选择"是"。

如图 5-9 所示, 查看 PCB 电路板顶层的铺铜效果。进一步地, 与顶层铺铜操作步骤类似，为 PCB 电路板底层执行"铺铜"操作。接着，利用鼠标划线，把要进行铺铜的区域围起来，基于 PCB 电路板底层，选择铺铜区域，并在选择铺铜区域鼠标右击对铺铜属性进行设置，获得底层铺铜后的 PCB 电路板。

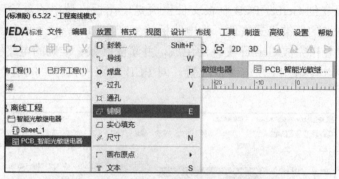

图 5-8　对 PCB 执行"放置"→"铺铜"操作

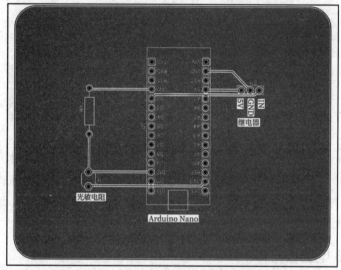

图 5-9　PCB 电路板顶层铺铜效果

5.4　智能光敏继电器的打板与焊接

5.4.1　Gerber PCB 制板文件生成

嘉立创 Gerber PCB 制板文件生成是指在电路板设计完成后，通过嘉立创的设计软件将设计数据转换为 Gerber 格式文件的过程。Gerber 文件是 PCB 行业图像转换的标准格式，它可以被光绘机或 CAM 系统读取，用于制造电路板。

在嘉立创的设计软件中，用户可以通过简单的操作将设计好的电路板转换为 Gerber 文件。通常，这个过程包括选择生成 Gerber 文件的选项、设置相关参数及指定输出文件的路径和名称等。软件会根据用户的设置，将电路板上的图形、线路、钻孔等信息转换为 Gerber 格式，并生成相应的文件。

生成的 Gerber 文件包含了电路板制造所需的所有信息，如线路层、阻焊层、字符层等。这些文件可以被送到电路板生产厂家，用于制作电路板。由于 Gerber 格式是行业标准格式，因此嘉立创生成的 Gerber 文件可以与其他厂家的设备进行兼容，方便用户进行生产和加工。

总的来说，嘉立创 Gerber PCB 制板文件生成是电路板设计中的重要环节，它将设计数据转换为可用于制造的标准格式文件，为电路板的生产和加工提供了便利。通过嘉立创的设计软件，用户可以轻松完成 Gerber 文件的生成，并享受高效、准确的电路板制造服务。

如图 5-10 所示，保存 PCB 电路板配置。对 PCB 电路板执行"制造"→"PCB 制版文件"操作。

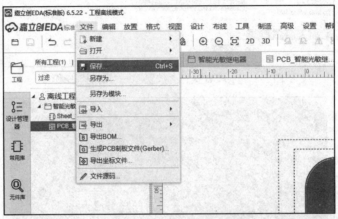

图 5-10　保存 PCB 电路板配置

一般而言，执行"生成 PCB 制版文件"操作之前需要检查 DRC。若无 DRC 错误，则可以生成 PCB 制版文件并单击相应按钮下载 Gerber 文件，保存生成的 Gerber 文件。文件被保存为一个 zip 压缩文件：Gerber_PCB_智能光敏继电器-V2_2023-02-04.zip，该文件可以提供给嘉立创进行生产 PCB 电路板。

5.4.2　PCB 电路板打样

嘉立创 PCB 电路板打样是指在电路板设计完成后，通过嘉立创这样的专业服务商进行少量样板制作的过程。打样是电子产品研发中非常重要的环节，它允许设计者在实际生产前检查电路板的可行性、测试电路的功能，并验证设计的正确性。

嘉立创作为一家专业的 PCB 制造商，提供了高效、准确的电路板打样服务。用户可以通过嘉立创的在线平台提交电路板设计文件，并选择打样的相关参数和要求。嘉立创会根据用户提交的设计数据进行制作，并在较短时间内提供样板。

嘉立创 PCB 电路板打样的过程包括接收设计数据、审核设计规则、进行 CAM（计算机辅助制造）处理、生成制造文件、准备材料和设备等步骤。嘉立创拥有先进的生产设备和专业的技术团队，可以确保打样过程中的质量和精度。

通过嘉立创的 PCB 电路板打样服务，用户可以及时获取电路板实物，从而进行后续的测试、调试和验证工作。打样还可以帮助用户发现设计中存在的问题并及时修改，避免在大规模生产中出现重大错误。

总的来说，嘉立创 PCB 电路板打样为电子产品的研发提供了可靠的支持和保障，使用户可以更加放心地进行电路设计和生产。

首先，启动嘉立创下单助手。在嘉立创下单助手界面单击"免费券领取"；领取嘉立创 PCB 制作免费券，显示嘉立创免费券已被领取。接着，嘉立创下单助手界面单击"我的优惠券"，可查看已领取的免费券。在嘉立创下单助手界面执行"PCB 订单"→"计价/下单"→"上传 PCB 下单"；进一步地，嘉立创下单助手选择需要上传的 PCB-Gerber 文件；密切关注 PCB-Gerber 文件被上传及解析的状态。接着，在嘉立创下单助手，可查看成功上传的 PCB 电路板 2D/3D 仿真图（图 5-11），并单击"下一步"按钮；在"订单提交成功界面"，单击"线下转账"完成免费券的使用。

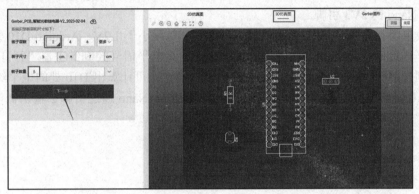

图 5-11　嘉立创下单助手查看成功上传的 PCB 电路板 2D/3D 仿真图

5.4.3　PCB 电路板焊接

智能光敏继电器 PCB 电路板焊接是将电子元器件通过焊接技术固定在印刷电路板（PCB）上的过程，以构建智能光敏继电器的完整电路。以下是关于该过程的一些基本信息：

首先，查看所获取 PCB 板的正面与反面。接着，在 PCB 电路板上面焊接合适的排针插座，并密切查看正面质量与反面质量（图 5-12）。

PCB 电路板焊接排针插座的优点主要包括 3 点。①便于操作和使用：排针插座的操作十分便利，不需要复杂的步骤或工具即可完成焊接。这为生产和使用带来了极大的便利。②高承受能力：排针插座作为连接器，具有强大的承受能力。即使遇到较大的外力，也能保持完好无损，不会出现损坏或变形等情况。这保证了电路板在复杂环境下的稳定性和可靠性。③易于维修和更换：当电路板上的某个元件出现故障时，可以通过更换相应的排针插座来快速修复。这降低了维修成本和时间，提高了设备的整体可用性。

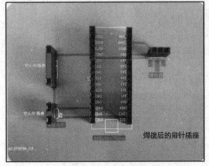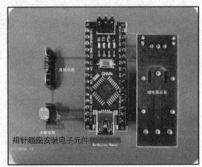

图 5-12　焊接完成的智能光敏继电器 PCB 电路板（正面与反面）

5.5　智能光敏继电器程序设计

　　本章前面部分介绍了智能光敏继电器的硬件 PCB 电路设计，要让继电器变得智能，就必须为它写入程序。本部分首先描述了 Arduino Nano 微控制器的一些准备工作；然后，讨论了如何利用 Arduino 开源软硬件平台进行程序设计。代码编写主要涉及工具类和工具函数的编写，完整的源代码保存为"ArduinoNanoLightRelayTest.ino"。Arduino Nano 的引脚 2 连接继电器的信号引脚。Arduino Nano 的引脚 10 连接电阻 R1 的一端引脚及光敏电阻 R2 的一端引脚。电阻 R1 的另一端引脚连接 Arduino Nano 的 GND 引脚；光敏电阻 R2 的另一端引脚连接 Arduino Nano 的 3V3 引脚。

　　当光敏电阻无光照时，R2 的阻值较大，D10 处电压小于 1.2V，Arduino D10 管脚检测为输入低电平；此时，Arduino Nano 通过引脚 2 输出高电平信号控制继电器"开灯"。当光敏电阻接收到光照时，R2 的阻值降低，此时根据欧姆定律可计算出 D10 处的电平约为 2.4V，Arduino D10 管脚检测到输入为高电平；此时，Arduino Nano 通过引脚 2 输出低电平信号控制继电器"关灯"。

5.6　小结

　　智能光敏继电器是一个简单的物联网节点，其可以借助光照强度的差异来控制继电器的"开"和"关"，可应用于智能光敏开关等领域。

思考题

1. 智能光敏继电器由几个部分组成？
2. 简述光敏传感器的作用。
3. 简述智能光敏继电器的工作原理。

　　请扫描下列二维码获取第 5 章-物联网节点-智能光敏继电器制作-源代码与库文件相关资源。

第 6 章

物联网节点–智能 LoRa 测距设备制作

学习要点

☐ 了解超声波传感器的相关知识。
☐ 掌握设计 LoRa 超声波测距设备的结构组成图。
☐ 掌握 LoRa 通信模块配置的相关知识。
☐ 掌握超声波传感器电路连接的相关知识。

6.1 超声波测距设备简介

超声波测距设备是一种利用超声波技术进行距离测量的设备。它主要由一个超声波发射器和一个接收器组成。

超声波测距设备的工作原理是利用超声波在空气中的传播速度较为稳定的特性，以及超声波在遇到障碍物时会发生反射的现象，通过测量超声波从发射到接收的时间差，从而计算出目标物体与设备之间的距离。如图 6-1 所示，当超声波发射器向障碍物发射超声波时开始计时，超声波在空气中传播，途中碰到障碍物就立即返回，超声波接收器收到反射波后立即停止计时。由于超声波在空气中的传播速度为已知（约为 340m/s），因此可以根据计时器记录的时间 t，计算出发射点距障碍物的距离 s，即 $s=340t/2$。这就是时间差测距法。

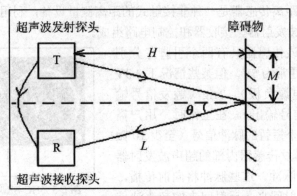

图 6-1 测物体与超声波传感器之间的直线距离示意图

图 6-1 中，**H** 表示发射探头（Transfer：缩写为 **T**）与障碍物之间的距离。**M** 表示发射探头（Transfer：缩写为 **T**）与接收探头（Receiver：缩写为 **R**）中心距离的一半。

超声波测距设备具有许多优点，如定向性好、能量集中、传输过程中衰减较小、反射能力较强等。它能够实现无接触测量物体距离，并且不受光线、颜色等因素的影响。因此，超声波测距设备被广泛应用于倒车提醒、建筑工地、工业现场等场景的距离测量。

此外，超声波测距设备还可以与其他技术相结合，如与红外线、激光等技术进行组合，实现更加精确和全面的测量。同时，随着科技的不断进步和发展，超声波测距设备也在不断更新换代，性能和精度不断提高，应用领域不断扩大；广泛应用于工业生产线、农业农机位置测量、矿井深度的测量、飞机高度的检测、野外环境的探查、智能家居监测等方面。

本项目将采用超声波距离传感器及无线传输模块 LoRa 完成智能 LoRa 测距设备的设计与制作。本章旨在设计一个能够远程监测水井水位的物联网智能设备。如图 6-2 所示，该设备使用距离传感器实时监测水井的水位高度，并通过 433MHz 的无线 LoRa 模块实现数据的远程传输，由远端计算机上位机的 LoRa 模块接收并解析数据，MCU 测距模组与计算机上位机之间的距离可达到 1000m。

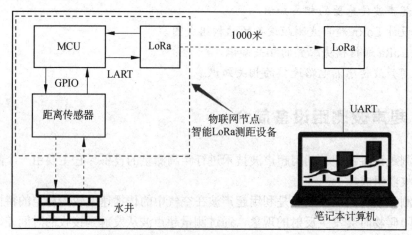

图 6-2　智能 LoRa 测距设备数据传输示意图

6.2　超声波距离传感器工作原理

HC-SR04 超声波距离传感器是一种非接触式的距离测量设备，利用超声波的反射原理来工作。其主要由超声波发射器、接收器和控制电路组成。

如图 6-3 所示，该传感器具有四个引脚，分别是 Vcc（电源正极，通常为 5V，但某些情况下 3.3V 也可使用）、Gnd（电源负极）、Trig（触发信号输入）和 Echo（回响信号输出）。在工作时，用户需要向 Trig 引脚提供一个短暂的脉冲信号（至少 10 微秒的高电平），这将触发传感器内部的超声波发射器发出 40kHz 的超声波脉冲。这些脉冲将向前传播，并在遇到障碍物时反射回来。反射回来的超声波信

图 6-3　HC-SR04 超声波距离传感器

号将被传感器的接收器捕获，并通过 Echo 引脚输出一个脉冲信号，其脉冲宽度与所测距离成正比。

测量 Echo 引脚的脉冲宽度（超声波从发射到反射回来的时间），并乘以超声波在空气中的传播速度（约 340m/s），可以计算出传感器与障碍物之间的距离。这种测距方法具有精度高、稳定性好、响应速度快等优点。由于超声波的速度会受周围环境以及物体材质的影响，所以应将距离传感器用在允许误差为几厘米的电子电路中。HC-SR04 距离传感器的可测量范围为 2～400cm，超出该范围距离传感器将返回无效数据。

HC-SR04 超声波距离传感器广泛应用于各种需要距离测量的场合，如机器人避障、智能小车测距、液位检测等。小巧的体积、简单的接口和易于使用的特性使它成为许多电子爱好者与开发者的首选测距工具。

6.3 LoRa 无线通信模组 SX1278 工作原理

LoRa 是 Semtech 公司开发的一种低功耗局域网无线标准。LoRa 可实现 LoRa 无线节点与 LoRa 无线网关之间的数据通信。

LoRa 通信模组核心采用 SEMTECH 公司的 LoRa 射频芯片 SX1278，提供了 UART 通信接口，可以方便通过串口对模组进行配置，同时可以通过 UART 串口与 MCU 进行数据通信。进一步，实现 Arduino 数据通过 LoRa 无线串口模组收发。

LoRa 通信模组可以实现透明广播、定点传输、定点传输广播、定点传输监听等多种通信模式，本章所制作的智能测距设备进行数据传输用到 2 个 LoRa 模组之间"点对点透明传输"方式。其基本要求为：①智能 LoRa 测距设备相当于一个物联网节点，它通过本身的 LoRa 无线通信模块，将数据发送到物联网网关的 LoRa 无线通信模块；发送方与接收方工作于相同工作模式；②透明传输发送方（节点 LoRa 模块）与接收方（网关 LoRa 模块）工作于相同信道；③发送方与接收方工作于相同地址；④发送方与接收方工作于相同空速。

如图 6-4 所示，ATK-LoRa 通信模组共有 MD0、AUX、RX、TX、VCC、GND 6 个引脚，功能描述如下。①MD0：与 AUX 引脚共同完成 LoRa 工作模式的配置；②AUX：与 MD0 引脚共同完成 LoRa 工作模式的配置；③RX：串口通信的数据接收引脚；④TX：串口通信的数据发送引脚；⑤VCC：+5V 电源供电引脚；⑥GND：设备接地引脚。

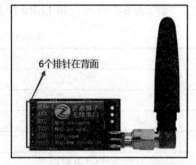

图 6-4　ATK-LORA-01 无线通信模块

LoRa 通信模块应用电路设计，首先完成 LoRa 模组的参数配置。为保证 MCU 发送数据的完整发送与接收，需要在 LoRa 模组中配置对应空速与波特率组合，使模组支持无限长数据包。本章已经通过上位机将两个 LoRa 模组配置如表 6-1 所示的参数。

表 6-1　LoRa 模组配置参数

配置项	参数值
波特率	4800
空中速度	9.6k
模块地址	0002
通信信道	13

续表

配置项	参数值
发射功率	20dBm
休眠时间	250ms
传输设置	透明传输
IO 驱动方式	TX、AUX 推挽，RX 上拉

6.4 LoRa 超声波测距设备电路设计

6.4.1 电子线路原理图设计

以 Arduino Nano 作为 MCU 驱动 HC-SR04 传感器，并对传感器数据进行分析计算，得到所需探测的距离数据。第一步，将 Arduino Nano 与 HC-SR04 进行连线，引脚接线如表6-2 所示。

表 6-2　Arduino Nano 与 HC-SR04 引脚连线

Arduino Nano	HC-SR04
+5V	+5V
D2	Trigger
D4	Echo
GND	GND

按表 6-2 完成跳线连接，并用万用表对相关引脚进行测试，确保电气连接的正确。然后，按照表 6-3 所示，将 LoRa 模组与 Arduino Nano 连接，注意 TXD 与 RXD 不能接反。

表 6-3　Arduino Nano 与 LoRa 模组引脚连线

Arduino Nano	ATK-LORA-01
+5V	VCC
D9	MD0
无对应引脚	AUX
TXD	RX
RXD	TX
GND	GND

最终的接线如图 6-5 所示。Arduino Nano 将所获取的超声波距离数据，通过 TX 串口发送给 LoRa 无线模块，该模块从 RXD 串口获取数据后，通过电磁波将数据发送出去。另外一个 LoRa 模块获取该电磁波后，将其解析为距离数据。

首先，启动嘉立创 EDA 软件；然后，新建嘉立创 EDA 工程，并将嘉立创 EDA 工程文件命名为智能 LoRa 测距设备。同时，将原理图名称修改为"测距设备原理图"；进一步地，单击元件库查询 Arduino Nano 原理图及 PCB 封装，并选择使用 Arduino Nano 原理图。接着，查询超声波原理图及封装；进一步地，添加超声波原理图。首先，查询 ATK-LORA-

01 原理图及封装，并添加 ATK-LORA-01 原理图。接着，利用"格式"旋转按钮调整电子元器件位置与方向，并利用导线将 Arduino Nano 模块与电子元器件进行连接如图 6-6 所示。

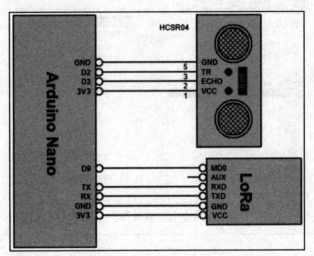

图 6-5　智能 LoRa 测距设备模块连接示意图

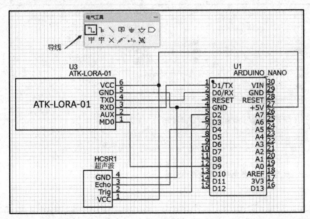

图 6-6　利用导线将 Arduino Nano 模块与电子元器件进行连接

6.4.2　PCB 电路板设计

智能 LoRa 超声波测距设备 PCB 电路板作为设备的核心部件，承载着所有电子元件的连接与信号传输。在设计过程中，需要充分考虑电路板的布局、布线、散热、抗干扰等因素，以确保设备的性能和稳定性。

首先，执行"文件"→"保存"操作，保存电子原理图。如图 6-7 所示，在原理图编辑界面执行"设计"→"原理图转 PCB"操作，并在弹出的警告窗口单击"是，检查网络"；进一步地，如果有错误，则解决错误并忽略网络连接警告。进一步地，继续执行"设计"→"原理图转 PCB"操作，在弹出的窗口单击"否，继续进行"，并在弹出的"新建 PCB"窗口中配置 PCB 板形状及尺寸。

在新生成的 PCB 电路板编辑界面将电子元器件拖入 PCB 编辑区域。可查看电子元器件拖入指定区域后的 PCB 电路板布局。进一步地，根据用户编辑习惯，设置 PCB 电路板画布属性。在"属性"参数配置窗口，将 PCB 电路板背景颜色改为浅色或者无色。进一步地，将背景设置为浅色的 PCB 电路板（图 6-8）。

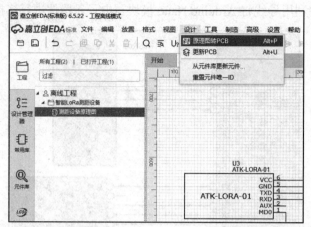

图 6-7　在原理图编辑界面执行"设计"→"原理图转 PCB"操作

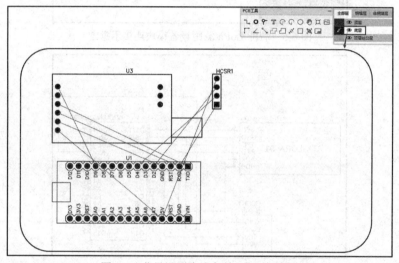

图 6-8　背景设置为浅色的 PCB 电路板

如果中间原理图有修改，可以在 PCB 电路板界面下，通过设计功能栏的"导入变更"来实现 PCB 电路板设计的更新。根据实物焊接的方向和位置，调节 PCB 电路板电子元器件封装的相关方向与位置，并对引脚进行相关文字标记。接着，确保调整好 PCB 电路板电子元器件方向及位置，并执行"布线"→"自动布线"操作。随后，在弹出的"自动布线配置窗口"，检查自动布线配置并单击"运行"按钮。如果自动布线无失败信息，可获取成功完成自动布线后的 PCB 电路板，并单击"多层"显示，查看 PCB 电路板布局及连线（图 6-9）。

然后，在 PCB 编辑界面，选定顶层执行"放置"→"铺铜"操作。进一步地，在弹出的"属性"窗口选择"网络-GND"。接着，利用鼠标选择"顶层"铺铜区域；进一步地，在铺铜属性界面将"保留孤岛"设置为"是"，并查看顶层铺铜后的 PCB 电路板（图 6-10）。

与顶层铺铜类似，执行 PCB 电路板"底层"铺铜；进一步地，在跳出的"属性"窗口，执行底层铺铜配置"网络-GND"。然后，利用鼠标选择底层铺铜区域，并进一步将底层铺铜属性设置"保留孤岛"值为"是"，完成底层铺铜操作（图 6-11）。

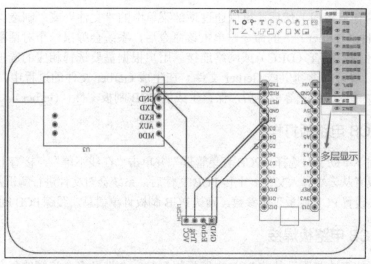

图 6-9　成功完成"自动布线"后的 PCB 电路板单击"多层"显示

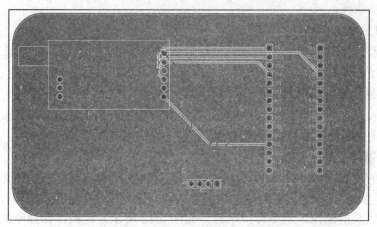

图 6-10　顶层铺铜后的 PCB 电路板

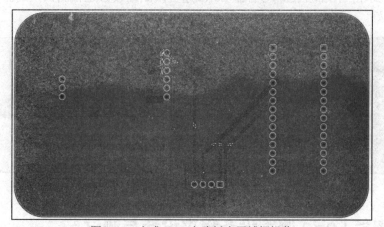

图 6-11　完成 PCB 电路板底层铺铜操作

6.4.3　Gerber PCB 制板文件生成

在嘉立创 EDA 中生成 Gerber 文件的步骤相对简单。首先，用户需要完成并保存 PCB 设计，并确保没有任何错误。然后，可以通过顶部菜单中的"文件"或"制造"选项找到"生成 PCB 制板文件（Gerber）"的命令，单击该命令后，系统会弹出一个对话框，询问用户是否需要检查设计规则检查（DRC）或网络连接。用户根据需要选择相应的选项后，如果没有发现任何错误，就可以继续生成 Gerber 文件。在生成 Gerber 文件的过程中，用户还可以设置一些参数，如单位、格式等。最后，保存生成的 PCB 制板文件（Gerber）。

6.4.4　PCB 电路板打样

打开嘉立创下单助手，选择"PCB 订单管理"并单击"在线下单"，接着上传 PCB 文件，可以选择本地或者从云端导入文件。上传 PCB 文件后，系统会对文件进行解析及进一步设置打样参数。接着，设置 PCB 制板工艺参数，确认 PCB 制板订单信息，跟踪 PCB 制板订单进度。

6.4.5　PCB 电路板焊接

智能 LoRa 超声波测距设备的 PCB 电路板焊接是一个涉及多个步骤的复杂过程。以下是一个基本的焊接流程。

1. 检查 PCB 板和元器件

在焊接之前，要对 PCB 板和元器件进行检查，确保它们没有损坏或缺陷。检查 PCB 板的焊盘是否干净、无氧化，元器件的引脚是否整齐、无弯曲。

2. 预热烙铁及涂抹助焊剂

将烙铁插入焊台并预热至适当的温度。在需要焊接的焊盘上涂抹适量的助焊剂去除焊盘和元器件引脚上的氧化物，提高焊接质量。

3. 焊接元器件及测试设备

将元器件的引脚插入 PCB 板的对应焊盘，用烙铁加热焊盘和引脚，使焊锡熔化并润湿焊盘和引脚。然后将焊锡丝接触到烙铁和引脚之间，使焊锡均匀地覆盖在焊盘和引脚上。焊接时要保持烙铁头的清洁，避免焊接不良。如图 6-12 所示，完成排针插座的焊接，并将所有元器件安装到相应的插座上，对智能 LoRa 超声波测距设备进行测试，确保设备正常工作且焊接质量良好。

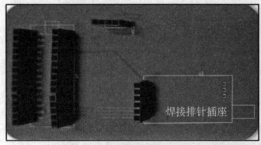

图 6-12　保存生成的 PCB 制板文件（Gerber）

6.5　智能 LoRa 测距设备程序设计与测试

6.5.1　超声波测距程序编写及测试

在已焊接好的测距设备中，确保：①HC-SR04 超声波传感器的 VCC 引脚连接到 Arduino 板的 5V 引脚；②HC-SR04 的 GND 引脚连接到 Arduino 板的 GND 引脚；③HC-SR04 的 Trig（触发）引脚连接到 Arduino 的一个数字输出引脚（如 D2）；④HC-SR04 的 Echo（回声）引脚连接到 Arduino 的一个数字输入引脚，该引脚需要支持中断或具有输入捕获功能（如 D4）。然后，通过 USB Mini 线将 Arduino Nano 连接到计算机。在计算机上打开 Arduino IDE 2.0.1，新建项目"超声波测距 SR04 示例"，并开始编写程序 ArduinoHCSR04Test.ino（图 6-13）。

　　如图 6-14 所示，通过在 HC-SR04 模块前方用障碍物（如手、书本）等进行遮挡，可

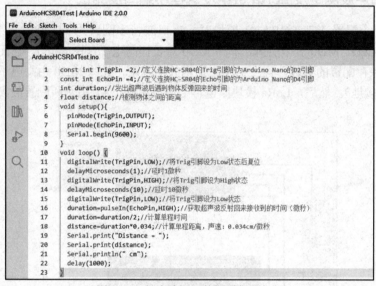

图 6-13　超声波测距数据采集源代码

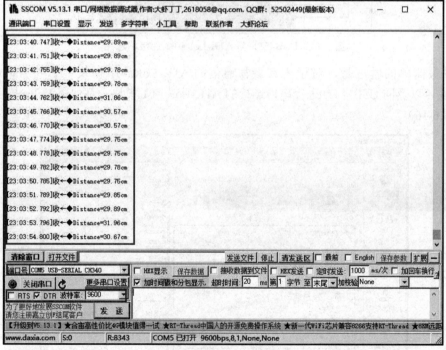

图 6-14　超声波测距测试结果

以直观地看到 HC-SR04 传感器与所测物体之间的距离变化。如果读数不准确或没有输出，应检查硬件连接和程序中的引脚定义是否正确。确保传感器的 VCC 和 GND 引脚正确连接，并且 Trig 和 Echo 引脚连接到了 Arduino 上正确的引脚。此外，还要检查是否有其他设备或电路干扰了传感器的信号。经过校对测量，可发现该超声波传感器的测量精度能达到 1cm 以下。

6.5.2 超声波测距及 LoRa 数据发送程序编写及测试

通过 AT 指令配置 ATK-LORA-01 模块时，串口波特率配置为 115200，需要连接 VCC、GND、TXD、RXD、MD0 五个引脚，其中 MD0 需要接高电平（图 6-15）。当配置完成之后，如果希望能够保存配置的参数，需要在正常通电的情况下，先将 MD0 由高电平（3.3V）变为低电平（GND 接地）。然后，LoRa 模块断电再上电，这样，AT 指令所配置的参数就被模块保存下来了。

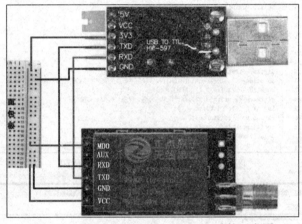

图 6-15　USB-TTL 与 ATK-LoRa-01 连接示意图

一种最简单的做法是，对于所有参与通信的 ATK-LoRa-01 模块，如和 Nano 连接的 LoRa 模块，以及同 USB-TTL 进行串口连接的 ATK-LoRa-01 模块，都保留 LoRa 模块的出厂配置（图 6-16）。

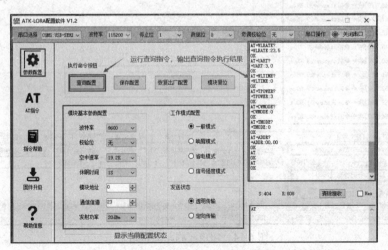

图 6-16　使用 ATK-LORA-01 配置软件配置 LORA 模块通信参数

Arduino Nano 将所获取的超声波距离数据，通过 TX［Serial.write（lora_json）］串口发送给 LoRa 无线模块，该模块从 RXD 串口获取数据后，通过电磁波将数据发送出去。另外一个 LoRa 模块获取该电磁波后，将其解析为距离数据。为 Arduino Nano 编程。在原有代码基础上进行修改，增加 D9 的输出控制，使得 D9 输出低电平；增加对 Float 类型的距离值进行字符数组转化及 JSON 格式拼接的处理；通过串口输出封装好的 JSON 数组，并将其通过 UART 发送给 LoRa 模组。如图 6-17 所示，编写源代码（ArduinoLoRaHCSR04Test.ino），将该代码编译并上传至 Arduino Nano。上传时需注意，应先将 Arduino Nano 开发板 RX 相连的线拔下来，在烧录完成后，再插回。RX 有接线会导致上传失败。

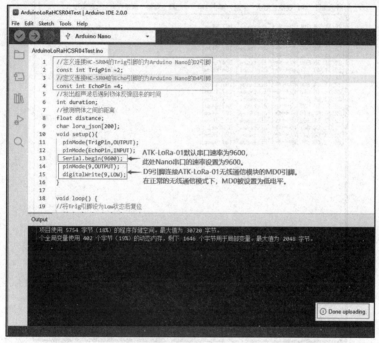

图 6-17　编译及烧录超声波测距及 LoRa 数据发送程序

如表 6-4 所示，将第二块 LoRa 模组通过串口调试模块（USB-TTL）连接到计算机，连接时注意将 MD0 接低电平；串口调试模块的 TXD 接 LoRa 模组的 RXD；串口调试模块的 RXD 接 LoRa 模组的 TXD；GND 与 3V3 分别连接 GND 与 VCC。

表 6-4　USB-TTL 调试模块与 LoRa 模组引脚连接

USB-TTL 调试模块	LoRa 模组
3V3（AT 配置）GND（其他工作状态）	MD0（当需要连接高电平时，需要借助面包板提供 3.3V 电源）
	AUX（无连接）
TXD	RXD
RXD	TXD
VCC	VCC
GND	GND

连接好后，打开计算机上的串口调试助手。设置相应的 USB 端口，设置波特率为 9600，然后单击"打开串口"，取消选中"HEX 显示"复选框。此时可以通过串口助手查看通过 LoRa

模组点对点发送的 JSON 格式数据（图 6-18）。

通过 Arduino Nano 实现对超声波距离传感器 HC-SR04 的驱动与数据解析，以及对 LoRa 透传模组的配置及使用。将实时检测的距离数据通过解析、计算及格式转化后，以串口通信的方式通过 LoRa 模组发出。同时通过远程的 LoRa 模组完成数据的接收，并以串口通信的方式上传到上位机。

所制作的智能 LoRa 测距设备可以应用于停车位检测、水位检测、货物堆垛检测等多种场景。还可以在此项目的基础上进行优化设计，实现更强大、更实用的物联网应用功能。

图 6-18 上位机收到的来自智能 LoRa 测距设备的数据

6.6 小结

LoRa 超声波测距设备是一个应用广泛的无线物联网节点。本章首先介绍了 LoRa 无线通信模块及超声波传感器的工作原理。同时，还阐述了 LoRa 超声波测距设备的电子原理图设计、PCB 电路板设计、焊接及驱动程序编写等内容。

思考题

1. LoRa 超声波测距设备有几个部分组成？
2. 简述超声波传感器的作用。
3. 简述 LoRa 无线通信模块的工作原理。

请扫描下列二维码获取第 6 章-物联网节点-智能 LoRa 测距设备制作-源代码与库文件相关资源。

第 7 章

物联网网关–智能微型气象站制作

学习要点

❑ 了解微型气象站相关电子元器件知识。

❑ 掌握设计微型气象站电路图。

❑ 掌握微型气象站电子元器件焊接步骤。

❑ 掌握微型气象站软件设计知识。

7.1 微型气象站简介

当前，多功能在线小区域精准气象监测设备的缺乏给特定区域的气象监测和预警带来了挑战。这些设备通常用于实时监测和记录温度、湿度、风速、风向、气压等气象参数，对于小区域的气象变化和极端天气事件的预警具有重要意义。

缺乏这类设备可能导致以下问题：①气象数据不足。没有足够的气象监测设备，就无法获取足够的气象数据，导致对天气状况的了解不足，无法做出准确的预测和决策。②预警能力受限：缺乏精准的气象监测设备，可能无法及时发现和预警极端天气事件，如暴雨、暴风雪、冰雹等。这可能对人们的生命财产安全构成威胁。③影响科研和决策：对于气象研究、农业、城市规划等领域，缺乏精准的气象数据可能影响科研的准确性和决策的科学性。总之，制作多功能在线小区域精准气象监测设备对于提高气象监测和预警能力具有重要意义。

针对当前缺乏多功能在线小区域精准气象监测设备的难题，本章利用 Arduino Nano 核心板、ESP8266 Wi-Fi 模块、光照传感器、温湿度传感器、气压传感器等电子元器件，自主设计 PCB 电路板，将电子元器件焊接，通过 Wi-Fi 模块将数据传输至网络助手 TCP 服务器，为成功制作小区域精准监测气象站打下基础。

7.2 微型气象站电子元器件

本章使用 Nano 微控制器（图 7-1）、Wi-Fi 模块（图 7-2）及相关传感器来完成微型气象站的制作。使用 DHT11（图 7-3）来感应温湿度，使用 BMP280 来感应大气压力，并使用 GY30 光照传感器模块来了解光照强度。Nano 微控制器从这些传感器收集数据，并通过 ESP-01s Wi-Fi 模块将所收集到的数据上传到物联网数据服务中心。

图 7-1　Nano 微控制器模块（30 个引脚）

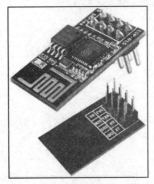

图 7-2　ESP-01S Wi-Fi 模块

图 7-3　DHT11 温湿度传感器

7.2.1　GY-BMP280 高精度大气压强传感器模块

如图 7-4 所示，GY-BMP280 是一款高精度大气压强传感器模块，具有卓越的性能和稳定性。该模块基于 BMP280 传感器芯片，可以提供准确的大气压强、温度及相对海拔数据。GY-BMP280 模块采用了小巧的封装设计，方便集成到各种应用中。它可以通过 I2C 或 SPI 接口与微处理器进行通信，实现数据的快速传输和处理。此外，该模块还具有低电压工作和低功耗的特性，适合在电池供电或能量受限的系统中使用。在气象监测、高度测量、室内定位、户外运动等领域，GY-BMP280 高精度大气压强传感器模块可以发挥重要作用。它可以提供实时的大气压强和温度数据，帮助用户了解当前的气象状况。同时，通过测量大气压强的变化，还可以计算出相对海拔，实现高度测量和室内定位等功能。

图 7-4　GY-BMP280 高精度大气压强传感器模块

GY-BMP280 模块有六个引脚，简述如下。①VCC 引脚，采用 3.3V 供电，切记不可以接 5V 电源；②GND 引脚接地；③SCL 引脚，采用 I2C 通信模式时钟信号；④SDA 引脚，采用 I2C 通信模式数据信号；⑤CSB，SPI 通信模式下用到的引脚，片选引脚，拉低后启用；⑥SDO 引脚，传感器地址控制位。

7.2.2　GY-30 光照传感器模块

如图 7-5 所示，GY-30 光照传感器模块是一种常用的环境光感应器，基于 BH1750FVI

芯片设计，具有高精度、高灵敏度、低功耗等特点。它能够测量出物体周围的光照强度，并将其转换成数字信号输出给单片机或其他设备进行处理。

具体来说，GY-30 光照传感器模块采用了光敏二极管（LDR）作为感光元件，当光照射到 LDR 上时，LDR 电阻值会发生变化。传感器内部集成了一个运放电路和 ADC 转换电路，可以将 LDR 的电阻值转化为电压值，再将其转换为数字信号输出。

此外，GY-30 光照传感器模块的工作电压范围在 3～5V，适用于多种应用场景。它具有高灵敏度的特点，可以测量范围在 0～65535Lux 的光照强度，满足大多数环境光测量的需求。同时，该传感器模块采用了 I2C 通信方式，与单片机等设备的连接简单方便，可以广泛应用于室内照明、智能家居、智能车辆等领域。

总的来说，GY-30 光照传感器模块是一款性能稳定、使用方便的光照强度测量模块，能够为各种需要测量环境光照强度的应用提供可靠的数据支持。

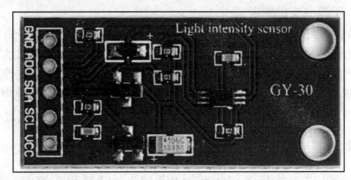

图 7-5　GY30 光照传感器模块（5 个引脚）

GY-30 光照传感器模块通常有 5 个引脚，这些引脚的功能如下。①VCC：这是电源引脚，用于为传感器模块提供工作电压。通常，这个引脚需要连接到稳定的 3.3V 或 5V 电源上，具体取决于模块的工作电压要求。②GND：这是接地引脚，用于将传感器模块与电路的共同接地点连接。在电路中，这个引脚应该连接到系统的地线上。③SDA：这是 I2C 总线的数据线引脚。SDA 用于在传感器和微控制器之间传输数据。在 I2C 通信中，SDA 线在 SCL（时钟线）的控制下传输数据。④SCL：这是 I2C 总线的时钟线引脚。SCL 用于同步数据传输。微控制器通过控制 SCL 线的频率来产生时钟信号，从而控制数据的传输速度。⑤AD0：这是地址引脚，用于设置传感器模块的 I2C 地址。连接这个引脚到高电平（VCC）或低电平（GND），可以改变传感器在 I2C 总线上的地址，从而允许在同一总线上连接多个相同类型的传感器。

不同的传感器模块可能会有略微不同的引脚标注或功能，因此在使用前最好查阅具体模块的数据手册以获取准确的信息。对于 GY-30 光照传感器模块来说，上述引脚的功能是基于常见的 I2C 接口传感器模块的通用描述。

7.3　微型气象站电路图设计

7.3.1　微型气象站设计基础

基于嘉立创 EDA 的电路板设计、打板及焊接详细过程如下：

（1）设计前的准备。①明确电路板的功能和规格；②收集必要的元件资料，如引脚排列、尺寸等；③准备原理图和 PCB 布线规则。

（2）使用嘉立创 EDA 进行 PCB 电路板设计。①打开嘉立创 EDA 软件；新建工程，命名并选择合适的 PCB 板尺寸；②设计原理图；在 PCB 设计界面中，实施电子元件布局，根据电路需求，将元件放置在合适的位置，放置时，要考虑元件之间的互联、散热、美观等因素；③实施电子元器件布线：根据原理图和设计规则，完成电路板的布线。可以使用自动布线工具或手动布线，手动布线可以更好地控制布线的细节；④完成 PCB 设计后，进行 DRC检查，确保没有违反设计规则的地方。

（3）导出 Gerber 文件。在嘉立创 EDA 中，选择"文件"→"导出 Gerber"，选择需要的层，如顶层、底层、丝印等。在导出设置中，选择合适的单位、精度等参数。确认导出文件保存路径，进行导出。

（4）PCB 电路板打样。登录嘉立创在线下单系统，上传 Gerber 文件；选择合适的板材、工艺和数量；下单并支付费用。

（5）PCB 电路板焊接及测试。①准备焊接工具和材料，如焊台、焊锡、助焊剂等；将PCB 板放在焊接台或工作台上，固定好；②按元件顺序进行焊接，先焊接大的元件，再焊接小的元件；注意控制焊接温度和时间，避免损坏元件或 PCB 板；③完成焊接后，检查是否有虚焊、短路或断路等问题；④上电测试，检查电源、地线是否正常；使用万用表等工具，测试电路的关键点，如电压、电流等；如果发现问题，使用示波器等工具进行调试。

7.3.2　电子原理图设计

首先，在嘉立创 EDA 执行"文件"→"新建"→"工程"操作，并将工程命名为"Arduino-Nano 微型气象站"。修改嘉立创工程原理图的名称，将嘉立创工程原理图名称修改为"气象站原理图"。从嘉立创 EDA 查询 Arduino Nano 原理图及封装图（图 7-6）。

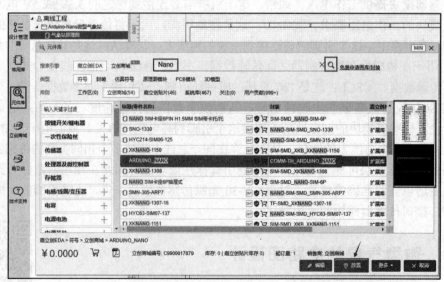

图 7-6　从嘉立创 EDA 查询 Arduino Nano 原理图及封装图

接着，添加 Arduino Nano 原理图到嘉立创工程文件中。进一步地，查询光照传感器GY30 原理图及封装图，并将 GY30 原理图添加到嘉立创 EDA 工程文件。随后，在嘉立创EDA 工作界面，查询 BMP280 原理图及封装图，并将 BMP280 原理图添加到嘉立创 EDA 工程文件中。本章所使用的 ESP-01s 是一款常用的 Wi-Fi 模块，其电子原理图涉及模块的内部电路和引脚连接。但具体的原理图可能因不同厂商和版本而有所差异。在嘉立创 EDA 工作界面最左边的导航栏中，单击元件库，搜索"ESP-01s"元件，并将 ESP-01s 合适的电子原理图添加到嘉立创 EDA 工程文件中。本章所采用的 DHT11 温湿度传感器具有 3 个引脚，嘉立创 EDA 库没有合适的封装，因而查询并选择 Header-3 来实现该温湿度传感器的引脚封装，要认真确认引脚之间的距离为 2.54mm，并将 Header-3 电子原理图添加到工程文件中。

在嘉立创 EDA 原理图工作界面，选择电子元器件，并在顶部导航栏中单击"左旋"或者"右旋"按钮，来调整原理图引脚位置及方向。进一步地，双击电子元器件名称"U5 HEADER-1*3.2.54MM"，并将其进一步修改为"U4 DHT11"。

随后，在原理图工作界面顶部的导航栏中，执行"放置"→"网络标签"操作，并为相应的引脚标注上相应的网络标签。找到电气工具窗口，将各个元器件的 VCC 和 GND 进行标注。利用标识符、网络标签对电子元器件进行标记。原理图中，具有相同标记的引脚，在布线或者生成 PCB 电路板时，会通过导线连接在一起。同时，也可以使用"文字标记"命名相应的引脚。进一步地，可以单击文字标记，并在"文本属性"界面，修改标记属性，包括文本、颜色、字体、字体大小及字体粗细。

GY-30 模块本身已经带有了 3.3V 稳压芯片和 I2C 电平转换电路，因此可将模块直接与 Nano 板的 I2C 接口相连。如图 7-7 所示，对于 Nano 板，I2C 总线的 SDA 信号线对应 A4 管脚，具有相同的网络标签"3"；SCL 时钟线对应 A5 管脚，具有相同的网络标签"2"。BMP280 连接到 Nano 的 I2C 端口。DHT11 的数据引脚连接到 Nano 的 D4 引脚。ESP-01S 的 TX 和 RX 分别连接到 Nano 的 D0 和 D1。ESP-01S 的 3V3 连接到 Nano 的 3.3V 电源。利用嘉立创 EDA 原理图编辑界面-绘图工具中的"线条"可以将原理图中的电子元器件围起来，这样显得比较整洁有序。执行"线条"操作时，鼠标左击与右击可确定线条的开始和结束。

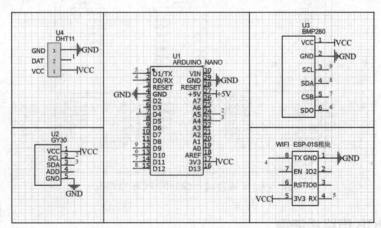

图 7-7　由线条围起来的嘉立创 EDA 原理

7.4　微型气象站制作

7.4.1　PCB 电路板设计

首先，嘉立创 EDA 原理图执行"文件"→"保存"操作。进一步地，在嘉立创原理图工作界面执行"设计"→"原理图转 PCB"操作（图 7-8）。转换之后，所有的元器件符号会变成引脚封装图，一般不用单独去画焊盘，直接用对应的引脚封装图就可以完成器件布局和布线操作，并按照相应的规格进行设置，以及摆放即可。

图 7-8 原理图界面执行"设计"→
"原理图转 PCB"操作

一般而言，在转 PCB 之前，需要先检查原理图的网络连接；如果只是出现警告，可以忽略这些警告。如果检测出相关错误，应进行修正，直到不存在错误；然后，可以忽略警告信息，保存原理图后，继续进行"转 PCB"操作。

接着，在执行"原理图转 PCB"操作时，对于弹出的警告窗口，执行"否，继续进行"操作。进一步地，在新建 PCB 窗口，设置 PCB 相关参数。同时，在新建 PCB 界面利用鼠标将电子元器件拖入 PCB 指定区域。

在嘉立创 EDA 中，调整 PCB 电路板电子元器件的位置可以通过以下步骤进行：选中需要调整的元器件，将鼠标指针放置在元器件上，然后按住鼠标左键并将其拖动到新的位置。同时，在 PCB 电路板编辑界面，利用顶部的左转或右转图标，调整电子元器件的方向。类似地，在 PCB 电路板工作界面，使用"PCB 工具"，以添加"通孔"标识及文字标记，选择文字后，可以利用顺时针或者逆时针旋转来改变方向，也可以利用鼠标来移动文字位置。

一般而言，在进行 PCB 电路板设计的过程中，需要及时保存对 PCB 电路板的修改。进一步地，执行"布线"→"自动布线"操作。接着，PCB 电路板实施自动布线操作，并在"自动布线设置"窗口设置相关参数。如果自动布线过程成功，且无连接失败记录，即可获得完成自动布线后的 PCB 电路板（图 7-9）。

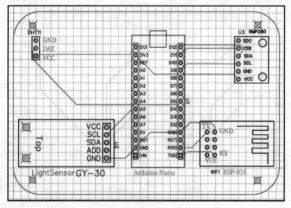

图 7-9 完成自动布线后的 PCB 电路板

7.4.2 PCB 电路板铺铜

铺铜是在 PCB 电路板上创建一个或多个导电铜层的过程，这些铜层可以作为电源或接地，或者用于提供电磁屏蔽等。嘉立创 EDA 的铺铜操作相对简单直观。用户可以通过软件界面上的工具选项找到铺铜功能，并按照提示进行操作。如图 7-10 所示，PCB 电路板执行"放置"→"铺铜"操作，进一步地，实施顶层"网络-GND"铺铜操作，接着，利用鼠标划定铺铜区域。利用鼠标确定铺铜围线，单击鼠标确定铺铜坐标；然后，按键盘 ESC 键退出围线设置。

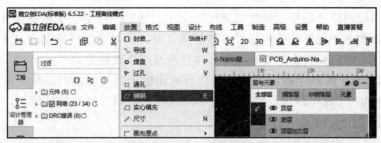

图 7-10　PCB 电路板执行"放置"→"铺铜"操作

进一步地，设置顶层铺铜属性"保留孤岛"值为"是"，实施"网络–GND"底层铺铜操作，并利用鼠标划定底层铺铜区域。如果底层铺铜后 PCB 板不显示蓝色，可以单击铺铜围线来设置铺铜属性，改变"保留孤岛"的值为"是"。鼠标右击 PCB 界面铺铜线之外的区域，调出"画布属性"配置界面，将"背景色"修改为无色或浅色，并执行"文件"→"保存"操作。接着，右击背景设置 PCB 电路板画布属性–背景色为无色或者浅色；进一步地查看铺铜成功后的 PCB 电路板顶层（图 7-11）及 PCB 电路板底层。

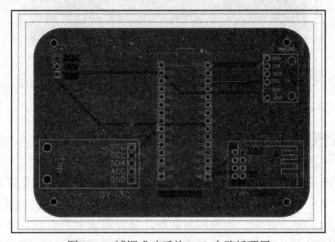

图 7-11　铺铜成功后的 PCB 电路板顶层

7.4.3　Gerber PCB 制板文件生成

铺铜成功后，先保存文件，然后生成 Gerber PCB 制板文件。在软件工作界面，嘉立创 EDA 执行"制造"→"PCB 制板文件"操作，并在弹出的"注意"窗口中，执行"是，检查 DRC"操作。如果不存在 DRC 相关错误，则嘉立创 EDA 生成 PCB 制板文件（Gerber），并保存 PCB 制板文件（Gerber）。

7.4.4　PCB 电路板打样及焊接

嘉立创 PCB 电路板打样步骤如下：通过嘉立创的下单助手（网页版或 App）上传已保存的 PCB 制板压缩文件（Gerber）。随后，实施嘉立创下单助手计价/下单操作。进一步地，上传已保存的 PCB 制板文件，并密切关注 PCB 制板文件（Gerber）上传及解析状态。然后，可以查看成功提交后的 PCB 制板文件。

对于制作好的 PCB 电路板，要先将单排针插座焊接到电路板上。然后，电子元器件的引脚可以插入相应的排针插座。微型气象站的电子元器件焊接是一个精细且重要的工艺，需要确保焊接质量和电子元器件的可靠性。在焊接之前，要对微型气象站的电子元器件进行检查，确保其型号、规格和数量与要求相符，并且没有损坏或缺陷。

在获得制作好的 PCB 电路板后，仔细检查电路板正面与反面的质量。进一步地，获得焊接好排针插座的 PCB 电路板。将相关电子元器件安装到焊接好的插座上，即可获得微型气象站智能设备（图 7-12）。

图 7-12　安装好电子元器件的 PCB 电路板

7.5　微型气象站智能设备软件设计与烧录

微型气象站智能设备的软件设计与烧录涉及多个步骤，这些步骤包括设计软件的功能、编写代码、测试、烧录到设备等。首先，明确微型气象站需要实现的功能，如温度、湿度、风速、风向等数据的采集、存储、传输和显示等。基于需求分析，设计软件架构和各个模块的功能。选择合适的编程语言和开发工具进行编写。按照软件设计，编写实现各种功能的代码，包括数据采集、处理、存储、通信等模块的代码。在代码编写完成后，进行单元测试、集成测试和功能测试等，确保软件的功能正常、稳定。准备好烧录所需的工具和软件，如烧录器、驱动程序、烧录软件等。同时，确保目标设备（如微控制器或单片机）已经连接好并处于可烧录状态。使用烧录软件将编写好的代码烧录到目标设备中，包括选择设备类型、配置烧录选项、加载代码文件等步骤。在烧录过程中，要确保设备和计算机的连接稳定，避免意外中断导致烧录失败。

在烧录完成后，对目标设备进行验证，确保软件已经成功烧录并可以在设备上正常运行。需要注意的是，以上流程可能因具体的设备、开发环境和需求而有所不同。在实际操作中，应参考相关的开发文档和教程，按照实际情况进行调整和修改。

7.5.1　温湿度传感器数据收集

单独测试 Arduino Nano 收集 DHT11 温湿度传感器数据的相关描述，可参考 2.5.2 节的内容。

7.5.2 BMP280 气压传感器数据采集

Arduino Nano 可以通过 I2C 接口与 BMP280 气压传感器进行通信，从而收集环境气压和温度数据。如图 7-13 所示，将 BMP280 传感器正确连接到 Arduino Nano 板上，引脚连接详情见表 7-1。BMP280 的 VCC 引脚连接到 Arduino 的 3V3 引脚，GND 引脚连接到 Arduino 的 GND 引脚，SCL 引脚连接到 Arduino 的 D9 引脚（I2C 时钟），SDA 引脚连接到 Arduino 的 D12 引脚（I2C 数据）。

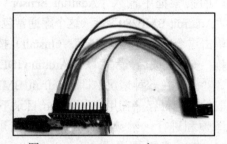

图 7-13　Arduino Nano 与 BMP280 气压传感器连接

表 7-1　BMP280 传感器与 Arduino Nano 引脚连接详情

Arduino Nano	BMP280 气压传感器
3V3	VCC
GND	GND
D9	SCL
D12	SDA
D11	CSB
D10	SD0

如图 7-14 所示，在 Arduino IDE 编译读取 BMP280 气压传感器数据源代码时，出现 Adafruit Sensor.h 缺失错误。

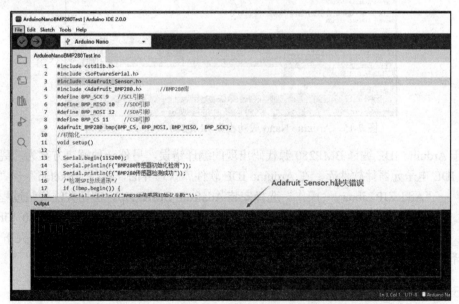

图 7-14　Arduino Nano 编译 BMP280 气压传感器源代码出现错误

解决方案 1：Arduino IDE 在线安装电子元器件软件库，其步骤如下。在 Arduino IDE 软件菜单栏上，找到并单击"项目"（Sketch）选项，然后选择"包含库"（Include Library），再单击

"管理库"（Manage Libraries）。这时会弹出"库管理器"（Library Manager）窗口。在这个窗口的搜索框中输入"Adafruit Sensor"，然后按 Enter 键开始搜索。在搜索结果中，找到"Adafruit BMP280"库（这个库通常包含了 Adafruit 的各类传感器的驱动，包括 BMP280 等）。单击这个库旁边的"安装"（Install）按钮。Arduino IDE 就会开始下载并安装这个库及相关依赖。安装完成后，就可以在 Arduino IDE 中使用 Adafruit Sensor 库了。

还存在一种情况，即 Adafruit BMP280 库安装失败。对于这种情况，由于安装过程中提取的文档已存储在用户 Arduino 目录下面，这些文档也可以用于源代码编译，这样可以使编译顺利进行。继续编译，后续又出现 Adafruit_I2CDevice.h 缺失错误，这是因为 Adafruit BMP280 库需要调用 Adafruit_I2CDevice 库；这需要继续安装 Adafruit_I2CDevice 库。在 Arduino IDE 软件库管理界面，查询并安装 Adafruit_I2CDevice 库。接着，Arduino IDE 成功编译读取大气压传感器数据源代码，并烧录成功。通过串口，可以查看成功读取的大气压数据及纬度数据（图 7-15）。

图 7-15　Arduino Nano 成功收集 BMP280 气压及纬度数据

关于 Arduino IDE 编译 BMP280 源代码出现的编译错误，另外一种解决方案为：离线安装 Arduino IDE 电子元器件软件库。在 Arduino IDE 软件库管理界面，执行"Sketch"→"Include Library"→"Add .ZIP Library"操作。选择安装 Adafruit_BusIO.zip。密切关注安装过程，确保 Arduino IDE 成功安装 Adafruit_BusIO 库。使用类似方法安装 Adafruit_BMP280_Library 及 Adafruit_Unified_Sensor。然后，查看 Adafruit_BMP280 相关库安装到用户文件夹下面。这样，编译就无错误发生。

7.5.3　光照传感器数据收集

Arduino Nano 上的 A0 至 A7 为模拟信号接口，可实现 TWI 通信与 I2C 通信。光照传感器 GY-30 采用 TWI 通信，Arduino Nano 的 A4 引脚与 GY-30 的 SDA 引脚连接；Arduino Nano 的 A5 引脚与 GY-30 的 SCL 引脚连接。Wire 库可以让 Arduino 与 I2C/TWI 设备进行通

信，其主要库函数介绍如下：

（1）begin()、begin（address）函数。初始化 Wire 库，并以主机或从机身份加入 I2C 总线；通常来说这个函数只调用一次；函数参数 address 为 7 位从机的地址，如果这个参数未指定，则默认以主机身份加入总线；地址从 0 到 7 被保留了，可以从 8 开始使用。

（2）requestFrom（address，quantity）、requestFrom（address，quantity，stop）函数。由主设备用来向从设备请求字节。请求发送之后可以使用 available() 和 read() 来接收并读取数据。参数 address 为设备的 7 位地址，用于请求字节；参数 quantity 为请求的字节数；参数 stop 具有 bool 值。如果 bool 为 true，则在请求后发送停止消息，释放总线；如果 bool 为 false，则在请求后发送重启信息，以保持连接处于活动状态；bool 的默认值是 true。返回值类型为 byte，返回从设备响应的字节数。

（3）beginTransmission（address）函数。使用指定的地址开始向 I2C 从设备进行传输。在调用了 Wire.beginTransmission（address）函数之后，使用 write() 函数对要传输的字节进行队列，并通过调用 endTransmission() 进行传输。参数 address 为目的设备的 7 位地址。

（4）endTransmission()、endTransmission（stop）函数。停止与从机的数据传输，与 beginTransmission 配对使用；参数 stop 的类型为 bool，值为 true 时，将在请求后发送停止指令并释放总线；参数值为 false 时，将在请求后发送重新启动的指令，保持连接状态。该函数的返回值类型为 byte；返回传输的状态值为 0 时，表示成功；返回的状态值为 1 时，表示数据量超过传送缓存容量限制；返回的状态值为 2 时，表示传送地址时收到 NACK；返回的状态值为 3 时，表示传送数据时收到 NACK；返回的状态值为 4 时，表示其他错误。

（5）write（value）、wrtie（string）、write（data，length）函数。对于从设备来说，write() 用于响应来自主设备的请求，即从设备写入数据；对于主设备来说，write() 将数据进行队列，用以从主设备传输到从设备。这个函数通常在 beginTransmission() 和 endTransmission() 之间进行调用。参数 value 为一个要发送的单字节。参数 string 为一系列要发送的字符串；参数 data 为要作为字节发送的数组数据。参数 length 为要传输的字节数。函数返回值类型为 byte，返回写入的字节数。

（6）available()函数。available()函数可用于检查是否接收到数据。该函数将会返回等待读取的数据字节数。用户应该在调用 requestFrom() 之后再在主设备上调用此函数，或者在从设备的 onReceive() 的事件处理函数内调用此函数。

（7）read()函数。在 requestFrom() 调用后，读取从设备响应发送到主设备的字节，或从主设备发送到从设备的字节。读取的下一个字符，返回值为读取的数据流中的 1 个字符；没有数据时，返回值为-1。

（8）setClock（clockFrequency）函数。该函数用于修改 I2C 通信的时钟频率；I2C 从设备没有最低的工作时钟频率，但是通常以 100KHz 为基准。参数 clockFrequency 为所需通信时钟的值（以赫兹为单位），可接受的值为 100000（标准模式）和 400000（快速模式）。

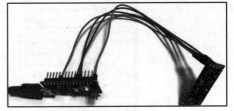

图 7-16　Arduino Nano 与 GY-30
光照传感器连接示意图

如图 7-16 所示，Arduino Nano 与 GY-30 光照传感器的引脚按照表 7-2 连接。Arduino Nano 读取 GY-30 光照传感器数据源代码编译及烧录成功（图 7-17）。同时，利用串口助手，可查看

Arduino Nano 读取的 GY-30 光照传感器数据（图 7-18）。

表 7-2　GY-30 传感器与 Arduino Nano 引脚连接详情

Arduino Nano	GY-30 光照传感器
3V3	VCC
A5	SCL
A4	SDA
	AD0
GND	GND

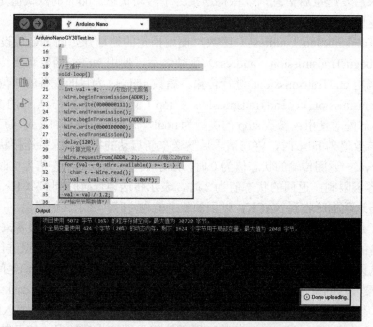

图 7-17　Arduino Nano 读取 GY-30 光照传感器数据源代码编译及烧录成功

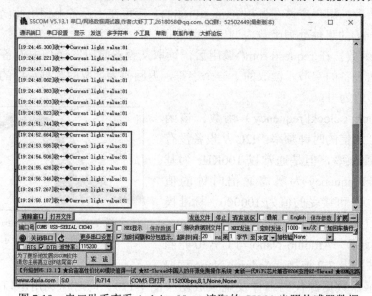

图 7-18　串口助手查看 Arduino Nano 读取的 GY-30 光照传感器数据

7.5.4 微型气象站程序编译及烧录

要编译和烧录 Arduino Nano 微型气象站的程序，需要遵循以下步骤：

（1）硬件准备：Arduino Nano 开发板、微型气象站传感器（如 BMP280，DHT11 等）、杜邦线或其他连接线、USB 数据线、适当的电源。

（2）软件准备：安装 Arduino IDE、安装必要的库（取决于所使用的传感器，如 BMP280 库、DHT 传感器库等）。

（3）连接硬件：将传感器连接到 Arduino Nano 的适当引脚上。确保按照传感器的数据手册正确连接 VCC、GND、信号线等。

（4）编写或获取代码：在 Arduino IDE 中编写或获取（如从 GitHub 等网站）适用的传感器和应用的代码。

（5）安装库：如果代码依赖于外部库，需要在 Arduino IDE 中安装它们。通常，这可以通过"管理库"（Library Manager）来完成。

（6）编译代码：在 Arduino IDE 中打开代码文件；选择正确的开发板和端口。在"工具"（Tools）菜单下选择 Arduino Nano 开发板和连接到的串口；单击"编译"（Compile）按钮（Ctrl+R）编译代码。如果有错误或警告，请根据提示修复它们。

（7）烧录代码：确保 Arduino Nano 通过 USB 数据线连接到计算机，并且选中了正确的端口和板型。单击 Arduino IDE 中的"上传"（Upload）按钮（Ctrl+U 组合键）将代码烧录到 Arduino Nano 上。等待烧录过程完成。如果一切顺利，Arduino IDE 将显示"上传完成"（Done uploading）的消息。

（8）测试和调试：代码被成功烧录到 Arduino Nano 上后，就可以通过打开串行监视器（Serial Monitor）来查看从传感器读取的数据。

7.6 Arduino 微型气象站数据通信测试

实际上，Arduino 的板载电源也有 3.3V，但如果板载的 3.3V 电源还需要给其他模块供电，会引起 ESP-01S Wi-Fi 模块供电不足的现象；具体表现就是模块上的电指示灯不会闪，或者闪的时候亮度比较微弱，进而无法实现 Wi-Fi 数据通信。

在整体焊接设备运行时，USB 转 TTL 串口 ESP Prog 模块连接计算机 USB2.0 扩展器来获取电源，并通过其 3V3 及 GND 引脚给 ESP-01S 模块供电。如图 7-19 所示，ESP Prog 模块的 3V3 及 GND 引脚分别连接 ESP-01S 模块的 3V3 及 GND 引脚。Arduino Nano 的 USB 串口线一般情况下连接计算机的 USB2.0 扩展器来获取电源，来给 Arduino Nano 模块、温湿度传感器、光照传感器及大气压传感器来供电。特殊情况下，Arduino Nano 的 USB 串口线可以通过连接充电宝来获取电源。另外，ESP-01S 模块的 RX 及 TX 引脚分别通过母–公杜邦线连接到 PCB 电路板 ESP-01S 对应封装的 RX 及 TX 排针插座孔。

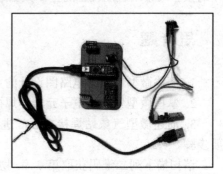

图 7-19 基于焊接好的微型气象站进行数据收集及传输测试

　　首先启动网络调试助手（NetAssist），并允许防火墙访问，并运行 TCP 服务器（192.168.3.50）。微型气象站上电之后，获取 IP 地址"192.168.3.228"，并于 TCP 服务器（192.168.3.50）建立数据通信连接。网络调试助手 TCP Server 服务器接收来自微型气象站的数据，并将其打印出来（图 7-20）。

图 7-20　网络调试助手与微型气象站建立 TCP 连接并接收气象数据

7.7　小结

　　本章主要介绍了微型气象站物联网网关的设计与制作。首先介绍了制作微型气象站所使用的电子元器件，包括 GY-BMP280 高精度大气压强传感器模块、GY-30 光照传感器模块。进一步地，介绍了微型气象站 PCB 设计，包括微型气象站电子原理图设计、PCB 电路板设计、PCB 电路板铺铜、Gerber PCB 制板文件生成、PCB 电路板打样及电子元器件焊接。然后，介绍了微型气象站智能设备软件设计与烧录，包括温湿度传感器数据收集、BMP280 气压传感器数据收集、光照传感器数据收集、微型气象站程序编译及烧录。最后，介绍了所制作的微型气象站智能设备的整体数据通信测试。

思考题

1. 简述微型气象站电路图设计的主要步骤。
2. 掌握微型气象站电子元器件焊接步骤。
3. 简述微型气象站焊接之后，进行软件编程、编译、烧录及测试的主要步骤。

　　请扫描下列二维码获取第 7 章-物联网网关-智能微型气象站制作-源代码与库文件相关资源。

第 8 章

物联网网关–STM32 智能开关制作

学习要点

❑ 了解 STM32 智能开关的相关知识。

❑ 掌握 STM32 智能开关电路图的设计流程。

❑ 掌握 STM32 智能开关硬件的制作流程。

❑ 了解 STM32 智能开关软件设计的相关知识。

8.1 智能开关简介

本章利用 STM32 微处理器、ESP8266 Wi-Fi 模块、蓝牙模块、继电器、温湿度传感器来制作智能开关。一方面，利用智能开关 Wi-Fi 模块可以实现远程控制开关的通电与断电。当家里的 Wi-Fi 网络中断时，蓝牙开关亦可本地化工作。同时，智能蓝牙开关一般部署在一个特定的地方，如教室、办公室或者会议室，每一个蓝牙模块具有一个唯一的 MAC 地址，它可与安装位置绑定在一起；利用手机在特定地点与蓝牙模块的通信可实现定点定时签到功能，STM32 智能开关工作示意图如图 8-1 所示。

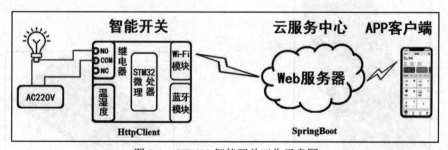

图 8-1　STM32 智能开关工作示意图

8.2 智能开关电子元器件库文件准备

基于 Altium Designer 的智能 Wi-Fi 蓝牙开关的 PCB 电路设计是一个涉及多个领域的综合性项目，它结合了 PCB 设计、无线通信、嵌入式系统和智能家居控制等技术。本节的目标是利用 Altium Designer 软件设计一款智能 Wi-Fi 蓝牙开关的 PCB 电路板，要求其具备以下功能：①支持 Wi-Fi 和蓝牙无线通信，实现与智能手机或智能家居系统的连接；②具备稳定的电源供电和电路保护功能；③集成微控制器和相关外设，实现开关控制逻辑和信号处理；④具备良好的电磁兼容性和抗干扰能力；⑤易于生产和维护，成本合理。

首先使用 Altium Designer 绘制电路原理图，包括电源电路、微控制器电路、Wi-Fi 模块电路、蓝牙模块电路、开关控制电路等。确保各电路之间的连接正确无误，并符合设计要求。根据原理图进行 PCB 布局设计，合理安排各元器件的位置和布线通道。然后进行布线设计，确保信号的完整性和稳定性。同时，需要考虑电磁兼容性、散热和机械结构等因素。利用 Altium Designer 的规则检查功能对 PCB 设计进行检查和优化，确保满足电气性能和生产工艺要求。例如，检查线宽、线距、过孔大小等参数是否符合设计规则。

8.2.1　STM32 智能蓝牙开关电子元器件简介

制作智能蓝牙开关主要电子元器件包括 STM32 微处理器模块（图 8-2）、继电器模块（图 8-3）、DHT11 温湿度传感器（图 8-4）、蓝牙模块（图 8-5）及 ESP8266 Wi-Fi 模块（图 8-6）。将不同电子元器件对应电路接口的模块放置于电路图编辑区域，并进行电源引脚及网络标签放置。

图 8-2　STM32 微处理器模块　　　图 8-3　继电器模块　　　图 8-4　DHT11 温湿度传
　　（40 个引脚）　　　　　　　　（3 个引脚）　　　感器模块（3 个引脚）

图 8-5　DX-BT04-E02 蓝牙模块（6 个引脚）　　　图 8-6 ESP-01S Wi-Fi 模块（8 个引脚）

8.2.2　STM32 智能蓝牙开关 Altium Designer 元器件库准备

嘉立创 EDA 导出 Altium Designer 所需要的原理图及 PCB 封装文件对于提高电子设计的效率、促进团队协作、优化资源利用及满足多样化的设计需求都具有重要意义。在电子设计领域，不同的工程师或团队可能偏好使用不同的 EDA 工具。嘉立创 EDA 和 Altium Designer 是两款流行的电子设计自动化软件。通过导出和导入功能，设计师可以在不同的平台之间共享和传递设计数据，实现跨平台的协作。当一个设计在嘉立创 EDA 中完成后，导出为 Altium Designer 兼容的格式可以使得其他使用 Altium Designer 的工程师能够直接复用这些设计，无须从头开始。

如图 8-7 所示，嘉立创 EDA 新建原理图为导出 AD 库做准备。进一步地，嘉立创 EDA 查询 ESP-01S 原理图及封装图（图 8-8），在 ESP-01S 原理图工作界面，执行"文件"→"导出"→"Altium Designer"操作（图 8-9），并在"导出 Altium"窗口单击"下载"按钮（图 8-10）。

如图 8-11 所示，嘉立创 EDA 保存导出的 AD 原理图文件，并进一步修改嘉立创导出的 AD 文件名称。进一步地，嘉立创 EDA 将 ESP-01S PCB 封装导出为 Altium Designer 可以使用的封装图。嘉立创 EDA 支持用户创建和编辑电路原理图及 PCB 布局，并且提供了导出功能，允许用户将设计导出为其他 EDA 软件（如 Altium Designer）可以识别的格式。首先，在嘉立创 EDA 中创建 ESP-01S 的 PCB 封装文件，从嘉立创 EDA 的库中找到一个相近的封装进行修改。获取 ESP-01S 的 PCB 封装后，嘉立创 EDA 执行 PCB 导出 AD 文件操作，并在导出操作窗口执行"否，导出 Altium"操作，随后，在导出窗口执行"下载"操作。

接着，嘉立创 EDA 保存导出的 PCB AD 文件，并进一步修改嘉立创 EDA 导出的 ESP-01s 文件名称。使用类似方法，查询并导出 AD 相关 HC06 蓝牙原理图及封装图，并进一步保存导出的 AD 相关 HC06 蓝牙原理图及封装图。

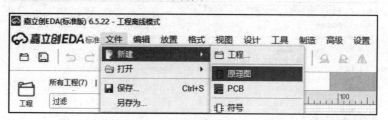

图 8-7 嘉立创 EDA 新建原理图为导出 AD 库做准备

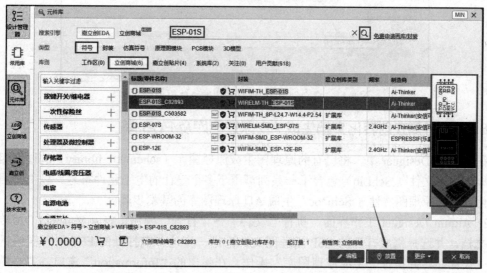

图 8-8 嘉立创 EDA 查询 ESP-01S 原理图及封装图

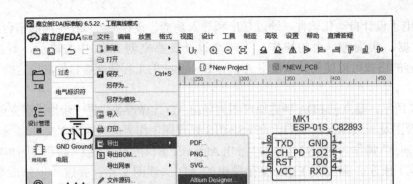

图 8-9 ESP-01S 原理图执行 "文件" → "导出" → "Altium Designer" 操作

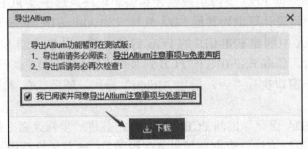

图 8-10 嘉立创 EDA 导出 Altium 窗口点击 "下载"

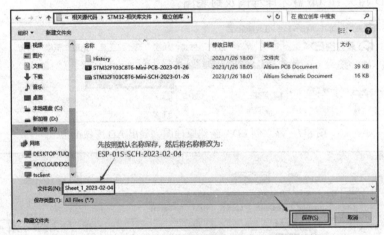

图 8-11 嘉立创 EDA 保存导出的 AD 原理图文件

8.2.3 将嘉立创转化文档生成 AD 原理图库及 PCB 库

在 Altium Designer 中，将已有的原理图生成原理图库（schematic library）的过程相对直接。原理图库文件（.SchLib）包含了一系列可用于多个设计的电子元件符号。以下是用嘉立创转化过来的原理图文件（.SchDoc）生成 AD 原理图库的基本步骤。

在 Altium Designer 工作界面，执行 "文件" → "打开" 操作，打开嘉立创 EDA 转化过来的文档，并选择需要打开的 ESP 原理图文档。进一步地，在打开的 ESP 原理图编辑界面单击 "设计"，并执行 "生成原理图库" 操作。在弹出的 "Information" 窗口，忽略错误信息，单击 OK 按钮，生成新的 ESP 原理图库文件，执行 "文件" → "另存为" 操作，AD 保存生成的 ESP 原理图库。

在 Altium Designer 中，将已有的 PCB 封装文件生成 PCB 库（PCB Library）是一个相对直接的过程。PCB 库文件（.PcbLib）包含了一系列可用于多个 PCB 设计的电子元件封装。以下是生成 PCB 库的基本步骤。

如图 8-12 所示，打开嘉立创转化过来的 ESP PCB 文件，并查看被 AD 打开的 ESP PCB 文件。进一步地，在打开的 ESP PCB 编辑界面执行"设计"→"生成 PCB 库"操作，查看 AD 生成新的 ESP PCB 库文件。

图 8-12　打开嘉立创转化过来的 ESP PCB 文件

接着，AD 保存新生成的 PCB 库文件。进一步地，对蓝牙模块原理图进行类似操作，AD 保存新生成的蓝牙模块原理图库。同时，AD 保存生成的蓝牙模块 PCB 库。

随后，AD 工作界面显示嘉立创转化来的"doc"文档及新生成的"Lib"库文件，并可查看新生成的原理图库文件及 PCB 库文件存放文件夹。后续，这些被保存的文件将被 AD 用来设计新的电子原理图及 PCB 电路板。

8.3　STM32 智能蓝牙开关电子原理图设计

使用 Altium Designer 进行智能 Wi-Fi 蓝牙开关电子原理图设计，需要遵循一系列步骤来确保设计的准确性和有效性。如果所需的元件不在标准库中，可能需要创建自定义元件。使用元件库编辑器创建新元件，并定义其引脚、封装和其他属性。

要了解智能蓝牙开关电子元器件库文件准备的详细步骤，请扫描观看视频。

8.3.1　创建与命名电子原理图及 PCB 电路板

如图 8-13 所示，执行"文件"→"新的"→"项目"操作。在新建项目工作界面，Project Type 代表工程类型，选择 PCB 即可；对于 Project Name，可命名为"STM32 智能蓝牙开关"。输入工程名称，选择工程路径，然后单击 Create 按钮即可创建 PCB 项目，如图 8-14 所示。

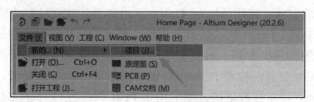

图 8-13　建立新的 Altium Designer 项目

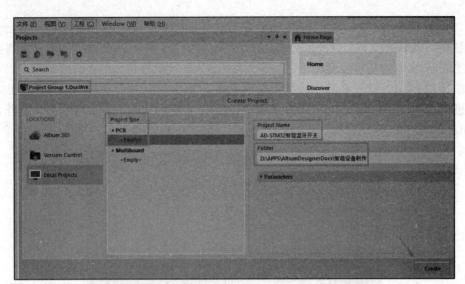

图 8-14　重新命名新建立的 Altium Designer 项目

如图 8-15 所示，查看 Altium Designer 新建的工程项目。右击已建立的"AD-STM32 智能蓝牙开关"工程名称，添加新的原理图文件到该工程。重新命名新添加的原理图文件，在弹出的窗口中命名原理图文件；重命名过程中忽略弹出的错误信息窗口，即可成功重新命名原理图。

右击已建立的"AD-STM32 智能蓝牙开关"工程，添加新的 PCB 文件到该工程，新添加的 PCB 文件默认文件名为 PCB1.PcbDoc。进一步地，对新添加的 PCB 文件进行重新命名，在重命名窗口输入新的 PCB 文件名称。重命名 PCB 文件过程中忽略相关错误信息，成功重命名 PCB 文件并执行"保存"操作（图 8-16）。

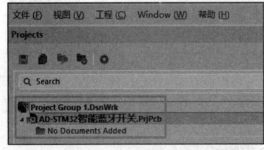

图 8-15　查看 Altium Designer 新建的工程项目

图 8-16　成功重命名 PCB 文件并执行保存操作

8.3.2　添加电子原理图及 PCB 库文件

STM32 Wi-Fi 蓝牙开关的 PCB 电路板设计涉及多个关键步骤，从电路原理图的绘制到最终 PCB 布局和布线的完成。使用 Altium Designer 电路设计软件绘制电路原理图。在原理图中包含 STM32 微控制器、Wi-Fi 模块、蓝牙模块、外设接口电路等。将原理图中的元件放置到 PCB 编辑器中，进行初步布局。根据布局进行布线，确保所有电气连接正确无误。运行设计规则检查（DRC）工具，检查 PCB 布局和布线是否符合设计要求。修正任何违反设计规则的地方，直到所有错误都被解决。生成用于 PCB 制造的 Gerber 文件或其他格式的生产（制板）文件。

如图 8-17 所示，执行"添加已有文档到工程"操作，添加 ESP 电子元器件库到新建工程。使用同样的方法，添加 HC06 原理图库文件及 STM32F103C8T6 原理图库文件。同时，也按照相同方式添加 ESP-01S、HC06、STM32F103C8T6 相关 PCB 库文件到新建 AD 工程。接着，在 AD 原理图界面单击放置器件图标并弹出"Components"窗口，并进一步单击"三横线"标记。同时，在"Components"窗口单击操作"三横线"的图标并选择"File-based Libraries Preferences"选项。然后检查可用的基于文件的库并关闭窗口（图 8-18）。

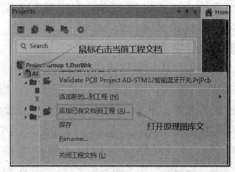

图 8-17　执行"添加已有文档到工程"操作

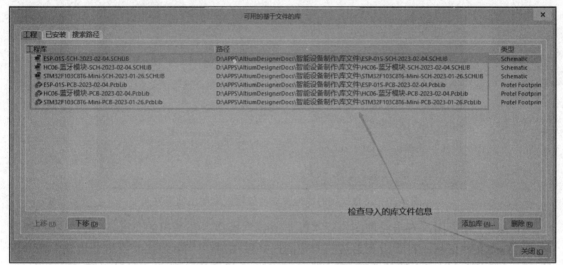

图 8-18　检查可用的基于文件的"工程库"并关闭窗口

8.3.3　电子原理图设计

Altium Designer 电子元器件库是一个集合了各种电子元件的数据库，它包含了电容、电阻、晶体管、集成电路等各种类型的元件。这些元件库可以由设计人员或第三方公司提供，用户可以根据需要选择并添加这些元件到电路设计中。此外，用户还可以创建自己的元器件库，以便更好地管理和使用。

要了解智能蓝牙开关电子原理图设计的详细步骤，请扫描观看视频。

在 Altium Designer 中，元器件库主要包括三个部分：原理图符号库、封装库和零件库。零件库含有图形和属性，它们共同定义了电子元件。除了包含许多现成的元件，Altium Designer 还支持用户自定义元件。用户可以根据需要访问软件内置的元件库或额外的元件库。

如果需要添加新的元器件库，可以通过选择 Altium Designer 软件中的"库"选项，然后在弹出的界面中选择"Libraries"进行添加。用户可以选择从文件添加库，并指定文件类型来寻找需要的库文件。成功添加后，用户就可以在电路设计中使用这些新添加的元件了。

此外，用户还可以创建自己的元器件库。这通常涉及绘制元件的图形符号、定义其属性和连接点（如引脚）等。完成这些步骤后，用户可以将自定义元件添加到自己的库中，以便在将来的设计中重复使用。

首先，从元器件库中选择并放置所需的元件，如 Wi-Fi 模块、蓝牙模块、微控制器、继电器和其他相关元件。然后，连接元件之间的线路，确保所有连接都正确无误。最后，添加必要的电源和地线符号；使用网络标签标识不同的电路网络。在"Components"窗口的库文件查询下拉框中查找 STM32 相关原理图库文件（图 8-19），并将查找到的原理图放置到原理图编辑界面（图 8-20）。

图 8-19　在"Components"窗口的库文件查询下拉框搜寻 STM32 相关原理图库文件

图 8-20　将查找到的原理图双击放置到原理图编辑界面

在 AD 工作界面，右击原理图执行"Properties"操作；在弹出的"Properties"窗口检查对应的封装文件信息。对于没有封装的原理图选择添加封装"Footprint"；进一步地，在弹出的 PCB 模型窗口浏览合适的 PCB 库文件。接着，选择可用的基于文件的 PCB 库；进一步地，在浏览库选择 PCB 库文件，在 PCB 模型窗口确定所选择的封装图文件。随后，在"Properties"窗口确认添加对应的 PCB 封装成功；进一步地，保存工程项目修改。然后，在"Components"窗口，查询 ESP-01S 原理图。然后，AD 添加 ESP-01S 原理图，并在 ESP-01S 原理图属性窗口检查其对应的 PCB 封装文件，封装缺失。进一步地，查询可用的 ESP-01S 相关封装文件并上移至第一个，并在浏览库窗口确定 ESP 封装文件。最后，在 PCB 模型窗口确定 ESP 封装文件，并在 ESP 原理图"Properties"窗口确认 ESP 封装图文件。

类似地，对于 HC-06 电子元器件，在 HC-06 原理图属性窗口添加对应的封装库，并在浏览库界面确认 HC06 封装图文件，在 PCB 模型界面确认 HC06 封装图文件。

对于一些具备 2 个或 3 个简单引脚的电子元器件，在电子原理图中，只需添加 2 引脚或 3 引脚排针插座就可以了。在器件窗口查找 Header 3，并添加 2 个 3 排针插座原理图。随后，在 AD 工作界面查看 3 排针插座的封装图，并将 2 个 3 排针插座分别标记为"Relay1"及"DHT11"，这样即可初步获得完整的智能蓝牙开关电子元器件原理图（图 8-21）。

随后，AD 利用电源相关网络标签标记电子元器件接电或者接地引脚；进一步地，利用网络标签标记电子元器件的其他引脚。在原理图中，具有相同标签的引脚，在生成 PCB 电路板时，连接到同一个导通电路。另外，由于原理图设计时，没有标记所有的引脚，在对 PCB 工程项目进行"Validate"操作时，往往会出现"Nets with only one pin"报错，导致无法完成项目的后续操作。为了避免该错误的发生，需要修改报告提示，将"错误"改为"不报告"。

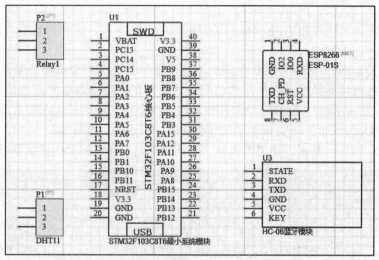

图 8-21　查看完整的智能蓝牙开关电子元器件原理

在 AD 工作界面，执行"工程"→"工程选项"操作，并在设置窗口选择"Error Reporting"及"Nets with only one pin"确定不报告，并单击"确定"按钮。接着，右击原理图文件名称执行"Validate"操作，这时会发现"Validate"操作无错误发生。然后，如图 8-22 所示，在 AD 原理图编辑页面，通过执行"放置"→"绘图工具"→"线"操作，可以利用鼠标绘制直线，并将相关电子元器件整齐地围在四方区域内；然后保存原理图。

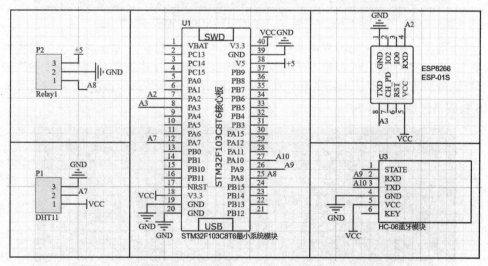

图 8-22　AD 利用绘图工具将电子元器件放入框图中并保存修改

8.4　STM32 智能蓝牙开关 PCB 电路板设计

首先，将原理图导入到 PCB 文件中，开始布局设计；放置元件封装，需要考虑信号完整性、散热、机械尺寸等因素；布局电源和地线，要确保良好的电源分布和接地。接着，应根据设计规则进行布线，包括信号线、电源线、地线等，并优化布线以减少信号干扰和电磁辐射。

8.4.1 PCB 电路板工程变更与验证

要了解智能蓝牙开关 PCB 电路板布局及标记的详细步骤，请扫描观看视频。

在 Altium Designer 中进行 PCB 电路板工程变更与验证是一个重要环节，必须确保设计修改得到正确实施且不影响最终产品的功能和性能。在需要修改的原理图或 PCB 布局中进行相应的更改，包括添加、删除或修改元件、连接或布线。对于原理图的更改，要确保使用"Update PCB Document"功能将变更同步到 PCB 布局中。如图 8-23 所示，执行"Update PCB Document"操作，并在工作界面执行"验证变更"，有时候会出现错误信息。

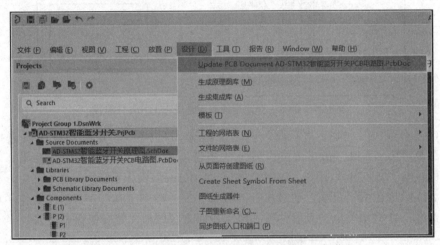

图 8-23　AD 执行"Update PCB Document"操作

为消除错误，在 PCB 编辑界面执行"设计"→"类"操作，并在对象浏览器界面单击"删除类"删除已有的类。保存整个工程文件，然后更新 PCB 电路图，"验证变更"及"执行变更"都没有报错。进一步地，利用鼠标选择所有元器件并将生成的 PCB 封装及连线拖入 PCB 板编辑区域（图 8-24）。

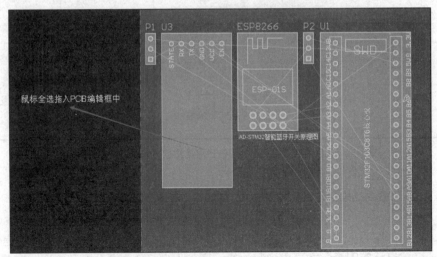

图 8-24　利用鼠标选择所有元器件并将生成的 PCB 封装及连线拖入 PCB 板编辑区域

8.4.2　PCB 布局及标记

在电子产品设计中，PCB 布局与布线是最重要的步骤，PCB 布局布线的好坏会直接影响整个电路的性能和可靠性。PCB 布局是电子元器件在电路板上的物理排列，合理的布局需要考虑电气特性、散热、电磁干扰（EMI）抑制、机械强度、美观、易于维修和调试等多个因素。例如，高频电路中的元器件布局应尽量减少信号传输距离和交叉干扰，而大功率元器件需要考虑散热和电路板的承载能力。布线则是在已经布局好的元器件之间建立电气连接的过程。布线要保证信号的完整性和电源的稳定性，也要考虑到电气隔离、电磁兼容等问题。布线时需要避免或减少信号的反射、串扰和地弹等不良影响，以提高信号的传输质量和电路的稳定性。

接着，对于进入编辑区域的 PCB 电路图，利用鼠标选中某个"电子元器件"，并将其拖到特定的位置。然后，在选中电子元器件后，执行"编辑"→"移动"→"旋转选中的"操作，在弹出的旋转角度窗口输入需要旋转的角度值，并查看旋转后的电子元器件封装图，确保位置与方向合适。进一步地，利用工具栏的放置字符串对电子元器件及引脚进行标记，利用鼠标单击特定位置旋转可以调整字符串方向，最终确定添加字符串标记后的 PCB 电路板（图 8-25），并保存 PCB 更改。

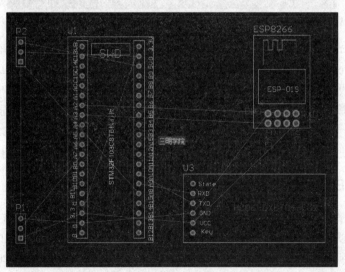

图 8-25　添加字符串标记后的 PCB 电路板

8.4.3　PCB 禁止布线设置

要了解智能蓝牙开关 PCB 电路板布线及滴泪的详细步骤，请扫描观看视频。

Altium Designer 中的 Keep-Out Layer（禁止布线层）是一种专门的层，用于定义电路板设计中不允许放置元件或布线的区域。这种层在电路板设计过程中起着至关重要的作用，确保设计符合特定的物理和安全要求。以下是 Keep-Out Layer 的一些主要用途和特点。①界定区域：在 Keep-Out Layer 上，设计师可以标出不允许放置任何元件或走线的区域。这些区域可能因为安全、热管理或其他机械集成的需求而保持空白。②避免冲突：通过使用 Keep-Out Layer，预防在设计过程中的潜在冲突，如元件间的物理干涉或布线过密。③电气安全：禁止布线层可以帮助设计师确保遵守电气安全标准，确保高压线路与低压线路之间有足够的间隙。总之，Keep-Out Layer 是 Altium Designer 中的一项重要功能，它帮助电路板设计师确保他们的设计满足所有必要的物理和安全标准，同时优化整个设计和制造过程。

在 PCB 编辑界面底部，单击选择"Keep-Out Layer"。利用"放置、禁止布线（Keepout）、线径"将 PCB 电路板的大致形状围起来。

接着，使用 AD 工作界面顶部的菜单栏，执行"放置"→"禁止布线（Keepout）"→"线径"操作，利用鼠标进行"禁止布线（Keepout）"围线操作，获得"禁止布线（Keepout）"围线之后的 PCB 电路板（图 8-26）。

图 8-26　"禁止布线（Keepout）"围线之后的 PCB 电路板

Keepout Layer 画完之后，按 ESC 键释放鼠标。保存 Keepout Layer 的所有操作。单击右下角的 Keepout Layer 进行画板形状操作，画完之后记得回到 Top Layer。在 AD 工作界面顶部的菜单栏，执行"设计"→"板子形状"→"按照选择对象定义"操作，将 PCB 板的形状固定下来。在执行"按照选择对象定义"后弹出的"确认 Confirm"窗口，其显示的警告信息为"由于以下错误，无法使用基元中心线找到板轮廓：至少需要 2 条相连的轨道/弧线或完整的圆圈。您想尝试使用基元外部边缘来查找板轮廓吗？"；单击 Yes 按钮继续执行操作。

8.4.4　PCB 布线规则设置及自动布线

获得 PCB 电路板之后，应进行规则检查。Altium Designer 提供了强大的 PCB 电路板规则检查功能，可以帮助设计人员在布线前、布线中及布线后，检查电路板的合规性，确保设计的电路板满足所有的设计要求和规则。如图 8-27 所示，在固定形状的 PCB 编辑界面执行"设计"→"规则"操作；进一步地，配置 PCB 电路图拓扑约束规则。首先，确认 PCB 电路板线路间距规则。

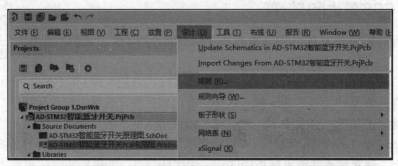

图 8-27　在固定形状的 PCB 编辑界面执行"设计""规则"操作

在 PCB 规则及约束编辑器工作界面，确认 PCB 电路板线路宽度规则；进一步地，确认 PCB 电路板拓扑规则。Altium Designer 提供了强大的 PCB 电路板自动布线功能，可以帮助设计人员快速完成布线工作，提高设计效率。首先，保存工程项目。然后，在 PCB 电路板编辑页面，执行"布线"→"自动布线"操作。最后，在"布线策略"窗口，执行"Route All"操作。如果布线完成之后过程信息无失败信息出现，就可以成功生成 PCB 电路板。

8.4.5　PCB 电路板滴泪

"滴泪"是 PCB 设计中的一个术语，也被称为"补泪滴"或"加泪滴"。它的主要作用是在印刷电路板的铜膜导线和通孔之间添加一个小的泪滴状连接，以增强它们之间的连接强度和电气性能。这样做可以防止在制造过程中由于腐蚀、钻孔偏移等原因导致的导线与通孔之间的断裂，提高电路板的可靠性和稳定性。未实施滴泪操作的 PCB 电路板电路连线与电子元器件接触面积较小。泪滴是固定导线与焊盘的机械结构，能使其更加稳固，可以避免电路板受到巨大外力的冲撞时，导线与焊盘或者导线和导孔的接触点断开。

在 Altium Designer 中进行 PCB 设计时，可以通过软件的自动布线功能或手动布线工具来添加滴泪。添加滴泪后，软件会自动对连接处进行优化处理，以确保连接的平滑和牢固。同时，设计者还可以根据需要对滴泪的大小、形状和位置进行调整，以满足特定的设计要求。总之，Altium Designer 中的滴泪功能是一个重要的 PCB 设计工具，它可以帮助设计者提高电路板的可靠性和稳定性，减少制造过程中的故障率。

如图 8-28 所示，对 PCB 电路板实施"滴泪"操作，最终获取的 PCB 电路板线路与电子元器件接触面积变大；保存上述操作。

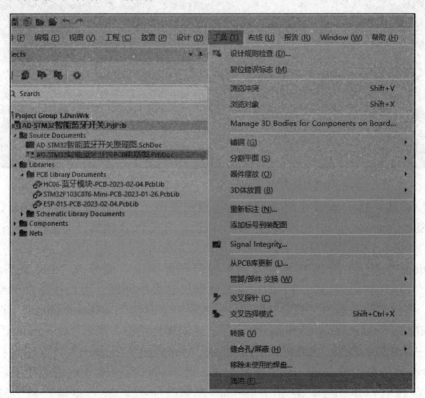

图 8-28　PCB 工作界面执行"工具"→"滴泪"操作

8.4.6 PCB 设计规则检查

要了解智能蓝牙开关 PCB 电路板 DRC 及铺铜的详细步骤，请扫描观看视频。

Altium Designer 的 PCB 设计规则检查是一个非常重要的功能，它可以帮助设计者确保 PCB 设计的准确性和合理性。设计规则检查基于一系列预定义或用户自定义的规则。具体来说，DRC 可以检查的内容包括但不限于电气、物理、信号完整性等多个方面。①电气规则：检查电气连通性、电气匹配性，确保电源和地引脚的正确连接等，以符合电气标准。②物理规则：包括定义禁止放置元件或走线的区域，设置元件之间的最小间距，定义走线的最小宽度和最小线间距等，以防止电气干扰或安全问题。③信号完整性规则：定义信号传输的最大延迟、时钟频率等要求，以确保信号的稳定传输。

在设计过程中，设计者可以为每个规则设置警告和错误等级。当设计违反规则时，DRC 会即时提供警告或错误信息，帮助设计者及时发现并修正问题。此外，DRC 还可以生成规则报告，列出设计中使用的所有规则及其设置，方便设计者进行后续的审查和文档记录。总的来说，Altium Designer 的 PCB 设计规则检查是一个强大的工具，它可以帮助设计者提高设计质量，减少设计错误，从而加快产品发布时间。

保存上述操作，在 PCB 电路板编辑界面，鼠标先选定 PCB 电路板顶层，执行"工具"→"设计规则检查"（图 8-29），进入配置界面，选用默认参数，并单击"运行 DRC"。

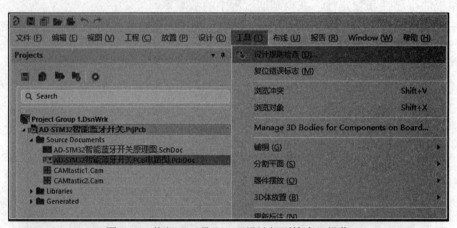

图 8-29　执行"工具"→"设计规则检查"操作

DRC 检查结果显示 PCB 电路板存在一些规则错误（"Silk To Solder Mask Clearance" "Silk To Silk Clearance"）。要修改这些规则错误，可在 PCB 编辑界面执行"设计"→"规则"操作，并进入 PCB 规则及约束编辑器界面。

在 Altium Designer 的 PCB 规则及约束编辑器界面中，要修改"Silk To Solder Mask Clearance"（丝印到阻焊层间距）的对象与丝印层的最小间距，可以按照以下步骤进行操作。首先，在规则编辑器的左侧导航栏中，依次展开"制造"（Manufacturing）选项，找到并单击"Silk To Solder Mask Clearance"。在右侧的属性栏中，找到"Constraints"（约束条件）区域，并定位到参数"Silkscreen To Object Minimum Clearance"（丝印到对象最小间距）。将该参数的值由原来的 10mil 改为 4mil。可以通过直接输入数值或使用箭头进行调整。修改完成后，单击了"应用"按钮，使更改生效。进一步地，将"Silk To Silk

Clearance"的丝对丝间隙，由原来的 10mil 改为 1mil。然后，重新执行"工具"→"设计规则检查"，并单击"运行 DRC"，此时无报错产生。

对于"文字标签太大"所导致的错误，可通过调节相关错误关联的文字标签的大小、位置及方向来解决，并保存规则修改。然后进行 DRC 检测，将无规则检查相关错误；接着进行后续操作（图 8-30）。

图 8-30　PCB 设计规则检查有报错

8.4.7　PCB 电路板铺铜

铺铜是 PCB 电路板设计的一个重要环节，其将 PCB 上闲置的空间作为基准面，然后用固体铜填充。铺铜的作用在于减小地线阻抗，提高电路板抗干扰能力。Altium Designer 中 PCB 电路板铺铜的简要操作步骤如下：打开 Altium Designer 软件，并打开相应的 PCB 工程文件。接着，选择顶部菜单栏中的"放置"选项，并在下拉菜单中选择"铺铜"工具，或使用快捷键进行铺铜操作。然后，利用鼠标画出铺铜区域，在绿色"十"字箭头状态下，利用鼠标，沿着 4 个点围线，到第 4 点时，点鼠标左键，完成铺铜规划区域（图 8-31）。按 ESC 键退出鼠标铺铜围线状态，然后完成 Top Layer 铺铜操作。右击铺铜区域，选择

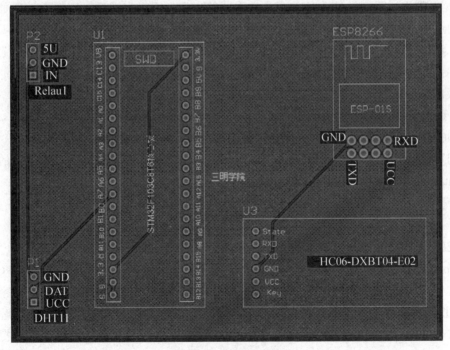

图 8-31　PCB 顶层铺铜

"属性"选项，检查相关属性配置，然后关闭"属性"窗口。保存顶层铺铜操作。类似地，选择底层（Bottom Layer）进行铺铜操作，执行"放置"→"操作"，并完成底层铺铜操作。

8.4.8　生成 PCB 制板文件

当需要制作 PCB 印刷电路板时，设计者需要将一个 Gerber 文件（Gerber Files）及一个孔定位文件（NC Drill Files）打包发给相关 PCB 电路板生产厂家。在 Altium Designer 中生成 PCB 电路板的 Gerber 文件，可以按照以下步骤进行。

打开 Altium Designer 软件，并确保已经打开了需要生成 Gerber 文件的 PCB 工程文件。在软件界面上方，选择菜单栏中的"文件"选项，然后在下拉菜单中选择"制造输出"（Fabrication Outputs）选项，接着选择 Gerber Files 选项。在弹出的对话框中，可以对 Gerber 文件的参数进行设置。例如，选择单位（通常为英寸或毫米）、设置层的输出选项等。根据具体需求进行设置即可。在 Gerber Setup 页面，单击层→绘制层下拉菜单，选择"选择使用的"选项；在"镜像层"的下拉菜单选择"全部去掉"。然后，在 Gerber 设置界面单击"确定"按钮，即可生成 Camtastic 文件，并继续将 Camtastic 文件保存到特定的文件夹。

另外，对于 PCB 设计来说，要确保了解 Gerber 文件的重要性，它们是 PCB 制造工厂用来制作电路板的关键文件。Gerber 文件是一种用于描述 PCB 上各个层次（如铜层、阻焊层、丝印层等）信息的文件。制造工厂根据这些文件，使用专门的设备进行电路板的制造。一旦 Gerber 文件出现问题，如数据缺失、格式错误等，就可能导致生产出的电路板与设计初衷不符，甚至造成整个项目的失败。因此，在导出和保存 Gerber 文件时，务必仔细检查所有设置，以确保文件的准确性和完整性。

在 PCB 制造过程中，钻孔是一个非常重要的步骤，因为它涉及电路板上元器件的安装和电路的连接。NC Drill Files 正是由此而生，它们通过 AD 生成，具有能被数控钻孔机识别的格式。具体来说，NC Drill Files 中包含了钻孔的坐标、孔径大小、钻孔顺序等信息。这些信息被编码成特定的格式（如 Excellon 格式），然后通过数控钻孔机器读取并执行，从而完成电路板的钻孔工作。在 PCB 工作界面，单击"文件"，选择"制造输出"及"NC Drill Files"，进入 NC Drill 设置界面。

在 NC Drill 设置界面，单击"确定"按钮，进入"导入钻孔数据"界面，单击"确定"按钮，即可生成打孔文件"Camtastic2"。对新生成的文件实施保存操作，所生成的打孔文件"Camtastic2"就会被保存到特定的文件夹中。

8.4.9　提交 PCB 制板文件给厂家制板案例

生成的用于制造 PCB 电路板的 Gerber Files 与 NC Drill Files 被保存在文件夹"Project Outputs for STM32 智能蓝牙开关"中；将该文件压缩，压缩包就是需要发给相关 PCB 板生成商的文件。如图 8-32 所示，将 PCB Gerber 相关打包文件上传给 PCB 板生产厂家（如嘉立创）；并查看文件上传厂家是否成功。进一步地，确保 Gerber 相关文件上传、解析及参数配置成功并执行"立即下单"操作。最后，查看上传的 Gerber 相关打包文件及提交制板订单。

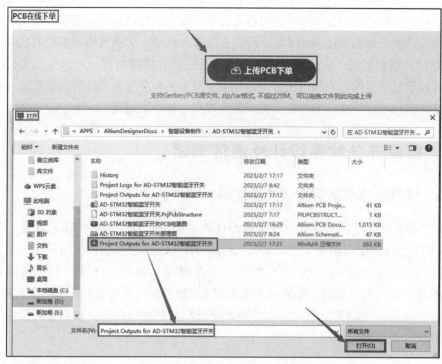

图 8-32　将 PCB Gerber 相关文件上传给 PCB 板生产厂家

8.4.10　智能开关 PCB 电路板焊接

收到已经制作好的 PCB 电路板之后，要仔细检查所获得的未焊接的 PCB 印刷电路板的正面与反面。如果存在瑕疵，需要更换成质量合格的 PCB 电路板。如果质量合格，则继续进行电路板焊接步骤。如图 8-33 所示，本章中，智能 Wi-Fi 蓝牙开关 PCB 电路板先焊接排针插座，再安装相关电子元器件。这样的做法有以下几点好处：①便于电子元器件的安装与拆卸：排针插座具有连接和固定的作用，先焊接排针插座，可以为后续电子元器件的安装提供稳定的支撑和定位。这样，在安装或拆卸电子元器件时，可以避免直接对电路板造成损伤，提高了操作的便捷性和可靠性。②有利于电路板的测试与维修：排针插座的使用可以方便电路板的测试和维修。在需要检测或更换某个电子元器件时，只需拔下相应的排针插座连接即可，无须对整个电路板进行拆卸或重新焊接。这大大简化了电路板的维护和检修流程。③提高电路板的可扩

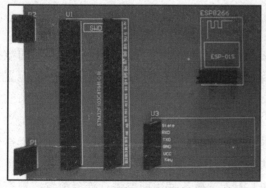 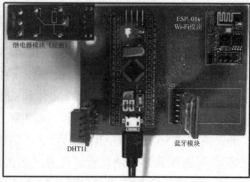

图 8-33　排针插座焊接后及安装元器件后的智能蓝牙开关

展性和灵活性：排针插座的连接方式，可以方便地实现电路板之间的连接与扩展。这对于需要模块化设计或功能扩展的智能 Wi-Fi 蓝牙开关来说非常重要。更换或增加相应的模块，可以轻松实现功能的升级和扩展。④保护电路板和元器件：排针插座具有一定的电气和机械保护作用。它们可以承受一定的电流和电压冲击，减少了对电路板和元器件的直接损伤。同时，排针插座的固定作用也可以防止元器件在运输或使用过程中松动或脱落。

8.5　智能开关软件设计及通信测试

8.5.1　温湿度传感器数据采集源代码

编写 STM32 温湿度传感器数据收集的源代码需要遵循几个基本步骤：首先，需要初始化 STM32 的 GPIO 和定时器（如果需要）。其次，DHT11 传感器通常使用一根简单的数据线进行通信，因此需要配置一个 GPIO 引脚作为输入/输出。再次，DHT11 传感器需要一个特定的开始信号来触发数据传输。最后，需要按照 DHT11 的数据手册来读取响应的数据包。

在实际应用中，可能需要添加更多的错误检查和异常处理代码。该部分可参考 2.5.2 节的相关内容。

8.5.2　继电器控制源代码

编写 STM32 微控制器控制继电器的测试源代码时，需要先了解继电器的控制接口。通常，继电器可以通过一个简单的 GPIO 引脚来控制，其中高电平或低电平将激活或停用继电器。使用 STM32 HAL 库来控制连接到 STM32 GPIO 引脚的继电器。首先，配置相应的开发工具来为 STM32 项目生成初始化代码。例如，代码的一个简单功能，会在 1 秒的间隔内打开和关闭继电器。在实际应用中，需要根据具体需求调整继电器控制逻辑。同时，确保为 STM32 配置正确的时钟源，并且包含所有必要的库文件和头文件。此外，如果项目中使用了中断，中断是指微控制器在执行当前程序时，由于外部或内部事件的发生，暂时停止正在执行的程序，转而去执行相应的中断服务程序，处理完事件后再返回原来的程序继续执行，还需要配置内嵌向量中断控制器（nested vectored interrupt controller，NVIC）和相应的中断处理函数。该部分可参考 2.6.2 节的相关内容。

8.5.3　蓝牙数据通信源代码

STM32 与蓝牙模块（如 HC-05、HC-06 或其他基于串行通信的蓝牙模块）之间的数据通信通常涉及串行通信（UART）。首先，确保已经通过编译工具（Keil v5 等）手动配置了 UART，并且已经包含了必要的库文件和头文件。在实际编程应用中，需要处理复杂的情况，如中断驱动的接收、数据解析、缓冲区管理等。

确保在 Keil v5 中为 UART1 配置了正确的引脚和参数（波特率、数据位、停止位、奇偶校验等），以匹配蓝牙模块设置。此外，还需要确保蓝牙模块已正确配置为与 STM32 通信的模式，通常是串行透传模式。如图 8-34 及表 8-1 所示，蓝牙使用前要进行连接配置，只有使用 USB TO TTL 与蓝牙模块正确连接，才能成功实现蓝牙数据通信测试。

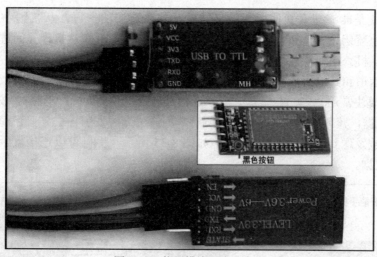

图 8-34　蓝牙模块引脚示意图

表 8-1　DX-BT04-E02 蓝牙模块与 USB TO TTL 模块引脚连接对应表

DX-BT04-E02 蓝牙模块	USB TO TTL
5V（不参与连接）	STATE（不参与连接）
VCC（不参与连接）	EN（不参与连接）
3V3	VCC
TXD	RXD
RXD	TXD
GND	GND

本章所使用的蓝牙模块为 DX-BT04-E02 SPP3.0 BLE4.2 HC05/HC06 蓝牙模块。利用 USB-TTL 串口模块连接计算机，使用串口调试软件，进入 AT 模式进行相关参数设置。首先，手动操作使蓝牙模块进入 AT 配置模式。利用杜邦线将蓝牙模块与 USB 转 TTL 串口模块连接起来。先按住蓝牙模块上的按键，再将串口线连接计算机进行上电，发现蓝牙模块指示灯慢闪（2 秒闪一次），表明蓝牙模块已经正确进入 AT 模式。打开 SSCOM V5.13.1 串口/网络数据调试器。波特率要选择正确，AT 模式是 38400，要选中"发送新行"。输入 AT，如果一切正常，串口显示器会显示"OK"。接下来，就可以对蓝牙模块进行设置。常见的蓝牙模块 AT 配置指令如表 8-2 所示。

表 8-2　常见的蓝牙模块 AT 配置指令

AT 指令	指令说明
AT+ORGL	恢复出厂模式，当把模块设置不当，使用此命令可恢复出厂设置
AT+NAME	获取蓝牙名称
AT+NAME=HC-05	设置蓝牙名称为"HC-05"
AT+ROLE=0	设置蓝牙为从模式
AT+CMODE=1	设置蓝牙为任意设备连接模式
AT+PSWD=1234	设置蓝牙匹配密码为"1234"

　　蓝牙主机就是能够搜索其他蓝牙设备并主动建立连接的一方,从机则不能主动建立连接,只能等其他蓝牙设备连接自己。主从一体就是能够在主机和从机模式间进行切换,既可作主机也可作从机。在任意蓝牙设备连接模式下,蓝牙模块不需要任何 USB、串口接线,可直接通过蓝牙信道和其他蓝牙设备配对通信。

　　商用蓝牙模块常用"非 AT 模式"串行通信波特率为 9600bps;STM32 按照 9600bps 从A9 串口发送数据,蓝牙将从 A9 所收到的所有数据通过无线发射出去。蓝牙模块通过无线接收到的数据,被发送到 STM32 串口 A10。如图 8-35 所示,手机可以连接蓝牙模块,接收来自 STM32 的数据。

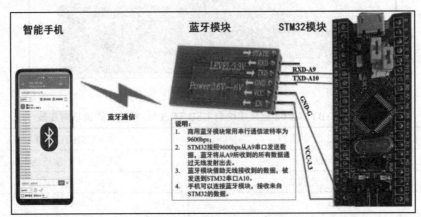

图 8-35　智能手机-STM32 蓝牙模块通信示意图

　　本次主要测试的功能如下:①STM32 通过其 UART 串口发送数据到 STM32 的引脚 A9。蓝牙模块的 RXD 引脚从 STM32 的 A9 引脚收到数据"From STM32:Hello World!!!"。②蓝牙模块将接收到的"From STM32:Hello World!!!"通过无线发射出去;③智能手机通过手机蓝牙接收到来自 STM32-蓝牙模块的数据。

　　要了解智能蓝牙开关蓝牙数据通信测试的详细步骤,请扫描观看视频。

　　如图 8-36 所示,在 USER 文件夹中新建 STM32TestBT 文件夹;进一步地,用 Keil v5 建立新的工程文件,并将文件命名为"STM32TestBT",且保存到新建立的 STM32TestBT 文件夹中。

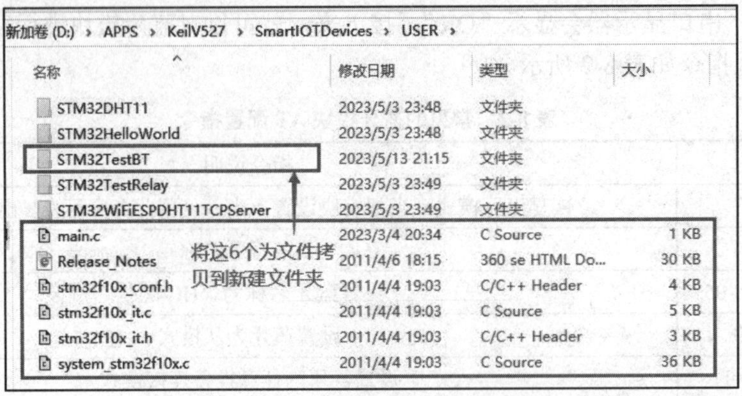

图 8-36　在 USER 文件夹中新建 STM32TestBT 文件夹

　　接着,建立新的 Keil v5 工程项目并选择 STM32F103C8 芯片类型;在建立新的 Keil v5 工程项目时直接关闭弹出的"运行环境管理"窗口。STM32HelloWorld、STM32DHT11、STM32TestRelay、STM32WiFiESPDHT11TCPServer Keil 工程项目 CMSIS、IOTLIB、STARTUP 库文件所关联的源代码,可用于测试"STM32TestBT"工程项目。随后,单击 Keil v5 开发工具界面的"红绿灰"品字形图标,实施新建工程项目相关虚拟文件夹 CMSIS、USER、IOTLIB、STARTUP 的管理,并将"Target1"重新命名为"STM32"。如图 8-37 所示,对新建的 Keil v5 工程项目的虚拟文件夹 USER 等进行关联源代码管理。

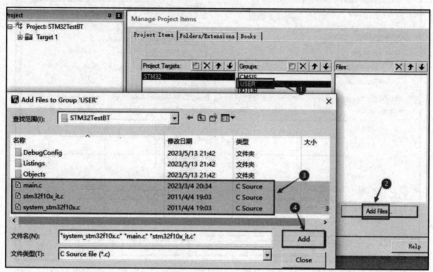

图 8-37　对新建 Keil v5 工程项目的虚拟文件夹 USER 等进行关联源代码管理

接着,将 IOTLIB 虚拟文件夹关联文件夹 IOTLIB\src 中的所有.c 文件;并确保文件夹 IOTLIB\src 中的所有.c 文件被关联到工程 IOTLIB 虚拟文件夹中。

startup_stm32f10x_md.s 是一个针对 STM32F10x 系列微控制器的启动文件(startup file),通常用于嵌入式系统的开发中。需要注意的是,startup_stm32f10x_md.s 中的"md"表示该文件是针对 STM32F10x 系列中的某个具体子系列或配置的中等密度(medium density)设备。STM32F10x 系列有多个子系列和配置,包括低密度(low density)、中等密度(medium density)和高密度(high density)等,它们的主要区别在于内存大小和性能。STARTUP 选择 CMSIS\startup\arm 中的 startup_stm32f10x_md.s 文件,关联到 STARTUP 虚拟文件夹。接着,在 STM32TestBT 项目 CMSIS 文件夹中添加"core_cm3.c"。添加完毕单击"OK"按钮。

在 Keil v5 中使用 MicroLIB 主要是为了在存储空间非常小的嵌入式应用中优化代码大小。MicroLIB 是标准 C 库的裁剪版本,它去掉了一些功能并进行了空间上的优化,以减少代码量。这种优化是以牺牲部分性能和功能为代价的,因此 MicroLIB 并不完全兼容标准 C 库。要在 Keil v5 中使用 MicroLIB,需要在项目设置中选择相应的库类型。具体来说,可以在项目选项的 Library 部分选择 MicroLIB 作为库类型。这将告诉编译器使用 MicroLIB 来构建项目。如图 8-38 所示,单击魔法棒,进入 C/C++设置界面,进行 Target 配置,选中 Use MicroLIB 复选框。

在 Keil v5 中,生成 HEX 文件是嵌入式软件开发过程中的一个常见步骤。HEX 文件是一种用于编程微控制器的文件格式,它包含了将在微控制器上执行的机器代码及用于定位这些代码在微控制器存储器中的地址信息。在菜单栏中,选择"Project"→"Options for

Target..."或者右击项目名称，在弹出的上下文菜单中选择"Options for Target..."。在弹出的"Options for Target"对话框中，切换到"Output"选项卡。在"Output"选项卡下，有几个输出文件选项，包括生成 HEX 文件的选项。确保"Create HEX File"复选框已被选中。

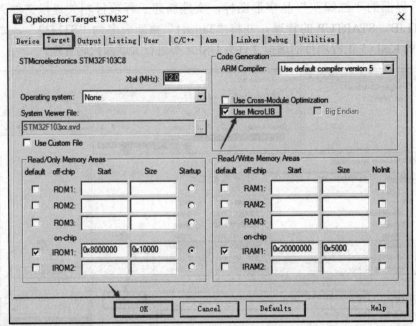

图 8-38　单击 Keil v5 编程界面的"魔术棒"符号进行"Target"相关库文件（MicroLIB）配置

然后，进入 C/C++设置界面，在 define 一栏输入"USE_STDPERIPH_DRIVER"，并在 include path 栏加入头文件路径"..\..\CMSIS；..\..\IOTLIB\inc；..\..\USER\STM32TestBT"。

如图 8-39 所示，查看蓝牙通信主函数（main.c）相关参数配置；进一步地，主函数所调用的函数 USART1_Init()来自函数 usart.c（图 8-40），该函数定义了 STM32 的引脚 PA.9 作为 USART_TX 端与蓝牙模块的 RXD 引脚连接，STM32 的引脚 PA.10 作为 USART_RX 端与蓝牙模块的 TXD 引脚连接。

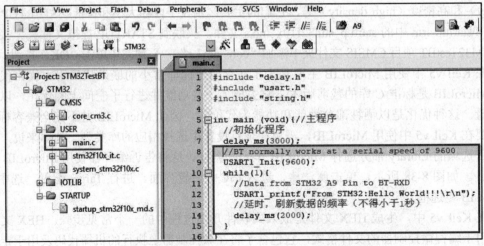

图 8-39　蓝牙通信主函数（main.c）相关参数配置

```
usart.c
}
void USART1_Init(u32 bound){ //串口1初始化并启动
    //GPIO端口设置
    GPIO_InitTypeDef GPIO_InitStructure;
    USART_InitTypeDef USART_InitStructure;
    NVIC_InitTypeDef NVIC_InitStructure;
    RCC_APB2PeriphClockCmd(RCC_APB2Periph_USART1|RCC_APB2Periph_GPIOA, ENABLE);
    //USART1_TX   PA.9
    GPIO_InitStructure.GPIO_Pin = GPIO_Pin_9;
    GPIO_InitStructure.GPIO_Speed = GPIO_Speed_50MHz;
    GPIO_InitStructure.GPIO_Mode = GPIO_Mode_AF_PP; //复用推挽输出
    GPIO_Init(GPIOA, &GPIO_InitStructure);
    //USART1_RX   PA.10
    GPIO_InitStructure.GPIO_Pin = GPIO_Pin_10;
    GPIO_InitStructure.GPIO_Mode = GPIO_Mode_IN_FLOATING;//浮空输入
```

图 8-40   蓝牙通信 USART 函数 STM32 相关引脚设置

接着，STM32TestBT 工程项目编译成功生成 HEX 文件；进一步地，利用 FlyMcu 烧录工具选择新生成的 HEX 文件进行 STM32 程序烧录，如果串口没有被占用，FlyMcu 将成功烧录 STM32 Hex 可执行文件。利用 FlyMcu 烧录成功后，在通电状态下，将 STM32 微控制器跳线设置为出厂默认状态，否则成功烧录的程序断电后会丢失。重新上电，运行 STM32 及蓝牙模块。在智能手机上，下载使用 SPP 蓝牙串口 App 来测试蓝牙通信；用 SPP 蓝牙串口 App 连接所测试的 STM32-蓝牙模块（图 8-41），SPP 蓝牙串口 App 可以接收到 STM32-蓝牙模块发送的信息（图 8-42）。

图 8-41   SPP 蓝牙串口 App 连接
所测试的 STM32-蓝牙模块

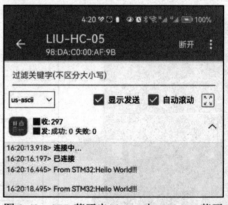

图 8-42   SPP 蓝牙串口 App 与 STM32-蓝牙
模块通信截图

8.5.4   Wi-Fi 数据通信源代码

STM32 与 ESP-01S Wi-Fi 模块之间的通信通常涉及 AT 指令的使用，这些指令通过 UART 发送给 ESP-01S 模块来控制其 Wi-Fi 功能。测试 Wi-Fi 通信之前，需要配置 STM32 的 UART 接口。ESP-01S 模块的 TX、RX、VCC 和 GND 引脚需要正确连接到 STM32 的对应引脚。此处可参考 3.4.7 节的相关内容。

8.5.5   智能开关完整程序编译及烧录

图 8-43 为 TCP Server 与智能蓝牙开关网关的数据通信网络示意图。本次测试的功能如下：①STM32 收集温湿度数据，通过 Wi-Fi 模块发送数据到 TCPServer。②智能手机与

STM32-蓝牙模块通信，并发送指令给 STM32 模块来控制继电器。所制作的智能蓝牙开关网关运行实物如图 8-44 所示。

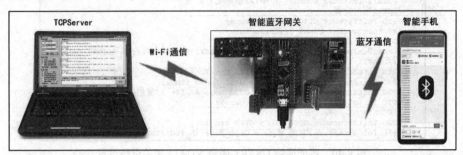

图 8-43　TCPServer-智能蓝牙开关网关通信网络示意图

要了解智能蓝牙开关完整程序编译及烧录与测试的详细步骤，请扫描观看视频。

如图 8-45 所示，在 USER 文件夹中新建 STM32WiFiBTRelayDHT11TCPServer 文件夹，并将相关文件拷贝到该文件夹中。进一步地，用 Keil v5 建立新的工程文件，并将该工程文件进行命名。接着，为所建立的 Keil v5 工程项目选择 STM32F103C8 芯片类型，并单击 OK 按钮。接着，关闭随后弹出的运行环境管理窗口，并进入新建 Keil v5 工程项目的编辑界面。

图 8-44　智能蓝牙开关网关

图 8-45　在 USER 文件夹中新建 STM32WiFiBTRelayDHT11TCPServer 文件夹

基于已测试的 STM32HelloWorld、STM32DHT11、STM32TestRelay、STM32TestBT、STM32WiFiESPDHT11TCPServer，Keil 工程项目使用 CMSIS、IOTLIB、STARTUP 库文件，来测试"STM32WiFiBTRelayDHT11TCPServer"工程项目。接着，单击 Keil v5 开发工具界面的"红绿灰"品字形图标进行新建工程项目相关文件夹的管理。进一步地，对新建 Keil v5 工程项目的虚拟文件夹 USER 等进行关联源代码管理。

接着，IOTLIB 文件夹关联 D:\APPS\KeilV527\SmartIOTDevices\IOTLIB\src 中的全部

".c" 文件即可。随后，将文件夹 IOTLIB\src 中的所有 ".c" 文件添加到工程 IOTLIB 的虚拟文件夹中。STM32WiFiBTRelayDHT11TCPServer 项目的虚拟文件夹 STARTUP 需要关联 CMSIS\startup\arm 中的 startup_stm32f10x_md.s 文件。

在 STM32WiFiBTRelayDHT11TCPServer 项目的 CMSIS 虚拟文件夹中添加实体文件夹中的 "SmartIOTDevices\CMSIS\core_cm3.c" 文件。添加完毕后，单击 OK 按钮。接着，单击 "魔法棒" 符号，进入 C/C++设置界面，进行 Target 配置，并确认 "Use MicroLIB" 被选中。进一步地，单击 Keil v5 编程界面的 "魔术棒" 符号进行 "Output" 相关配置，确保 "Create HEX File" 选项被选中。随后，进入 C/C++设置界面，在 define 一栏输入 "USE_STDPERIPH_DRIVER"，并在 include path 栏加入头文件路径 "..\..\CMSIS；..\..\IOTLIB\inc；"。同时，还需要在 include path 栏添加 "..\..\USER\STM32WiFiBTRelayDHT11TCPServer" 路径。

主函数相关蓝牙 "USART1_Init（9600）" 及 WiFi "USART2_Init（115200）" 参数配置，如图 8-46 所示。另外，"usart.c" 代码既包含蓝牙通信 STM32 相关引脚设置，也包含 WiFi 通信 STM32 相关引脚设置。在运行于 STM32 的 "usart.c" 代码中，UART2_Init（u32 bound）函数设置 GPIO_Pin_2 代表 STM32 的 PA2 引脚，该引脚作为 USART2 的数据发送接口 TX；该引脚与 ESP-01S Wi-Fi 模块的数据接收引脚 RX 相连接。同样地，设置 GPIO_Pin_3 代表 STM32 的 PA3 引脚，该引脚作为 USART2 的数据接收接口 RX；该引脚与 ESP-01S Wi-Fi 模块的数据发送引脚 TX 相连接。

```
USART1_Init(9600);
USART1_printf("DHT11 OK:\n");
delay_ms(1000);
RELAY_Init();//继电器初始化
//ESP WiFi Init
USART2_Init(115200);
ESP8266_Init(); //ESP8266
USART1_printf("8266_INIT_END\n");
delay_ms(1000);
while(1){
  USART1_printf(" DHT11 OK:\n");
  if(++timeCount >= 500)//
  {
    if(DHT_Read()){
      USART1_printf("Hum= %d .%d Temp=%d .%d\r\n",dat[0],dat[1],dat[2],dat[3]);
      TCPServer_SendData();
    }
    delay_ms(3000);
  }
```

图 8-46　主函数相关蓝牙 "USART1_Init（9600）" 及 WiFi "USART2_Init（115200）" 参数配置

STM32WiFiBTRelayDHT11TCPServer 相关源代码编译成功之后，生成 HEX 文件，并将该文件成功烧录到 STM32 微控制器。利用 FlyMcu 烧录成功后，在通电状态下，将 STM32 跳线设置为出厂默认状态，否则成功烧录的程序断电后会丢失。在计算机端运行网络调试助手并开启 TCP Server，其成功与 STM32-WiFi 网关建立 TCP 连接，并接收来自 STM32 的温湿度传感器数据（图 8-47）。

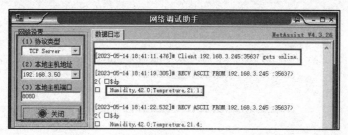

图 8-47　STM32-WiFi 模块与 TCP Server 通信记录

进一步地，测试手机蓝牙 App 助手与 STM32 蓝牙模块之间的数据通信。如图 8-48 所示，手机通过蓝牙与 STM32 微控制器建立连接，可以接收到来自 STM32 所收集的温湿度传感器数据。同时，手机蓝牙 App 助手可以发送继电器控制指令"0"或"1"给 STM32 微控制器，其收到之后会打开或关闭智能蓝牙开关的继电器。

8.6　小结

智能开关是智能家居应用中极其重要的设备。智能开关的基本功能是实现实时温湿度数据的采集和传输，并能够接收来自数据服务中心的继电器通电与断电指令。

图 8-48　智能手机蓝牙 SPP 与 STM32-蓝牙模块通信记录

本章主要阐述了智能开关设计电子元器件库文件准备、STM32 智能蓝牙开关电子原理图设计、STM32 智能蓝牙开关 PCB 电路板设计、智能开关软件设计及通信测试。

思考题

1. 简述智能开关的作用。
2. 简述智能开关电路图绘制的主要步骤。
3. 如何判断智能开关制作成功？

请扫描下列二维码获取第 8 章-物联网网关-STM32 智能开关制作-源代码与库文件相关资源。

第 3 篇　高级物联网智能设备及软件开发

第 9 章

鸿蒙智能网关制作

学习要点

☐ 了解鸿蒙操作系统的相关知识。

☐ 掌握 FS-Hi3861 鸿蒙网关开发环境搭建及测试流程。

☐ 掌握 BearPi-HM Nano 网关开发环境搭建及测试流程。

☐ 掌握鸿蒙应用 App 开发的相关知识与技能。

9.1 鸿蒙操作系统简介

鸿蒙操作系统，或称华为鸿蒙系统（HUAWEI HarmonyOS），是华为公司在 2019 年 8 月 9 日正式发布的分布式操作系统。它是一款全新的面向全场景的分布式操作系统，旨在创造一个超级虚拟终端互联的世界，将人、设备、场景有机地联系在一起。

鸿蒙操作系统是一个跨平台的操作系统，能够在各种设备上运行，包括智能手机、平板计算机、穿戴设备、车载系统及智能家居设备。鸿蒙操作系统能够实现多种智能终端的极速发现、极速连接、硬件互助、资源共享以及用合适的设备提供场景体验。它采用微内核架构，具有时延引擎和高性能进程间通信（inter-process communication，IPC）技术，以提升系统流畅性和多任务处理效率。由于采用了微内核设计，鸿蒙操作系统的安全性较高。系统只在微内核中运行最基本的服务，减少了系统漏洞的可能性。此外，鸿蒙操作系统还通过方舟编译器提升多语言开发效率，实现跨终端生态共享。

自发布以来，鸿蒙操作系统已经历了多个版本的更新和迭代。华为鸿蒙系统的发展受到了广泛的关注，被视为国产操作系统发展的重要代表之一。2024 年 10 月 22 日华为正式发布原生鸿蒙操作系统 HarmonyOS next，并正式命名为 HarmonyOS5。这是中国首个实现全栈自研的操作系统，在内核、数据库、编程语言以及 AI 大模型等方面均实现了全面自研，摆脱了对外部开源代码的依赖，真正实现了国产操作系统的自主可控。鸿蒙生态设备数量已突破 10 亿大关，有超过 1.5 万个鸿蒙原生应用和元服务上架，覆盖了 18 个行业，通用办公应用覆盖全国超过 3800 万个企业。

鸿蒙操作系统的目标是打造一个开放、共享、协同的全场景智慧化生态系统，为用户提供更加便捷、智能、高效的生活体验。同时，鸿蒙操作系统也为企业和开发者提供了更多的创新机会与商业价值。

9.1.1 鸿蒙操作系统应用场景

鸿蒙操作系统（HarmonyOS）是由华为公司开发的，一种全场景、全平台的分布式操作系统，旨在实现各种设备之间的无缝连接和协同工作。其应用场景非常广泛，具体如下。

智能手机、平板计算机、笔记本计算机：鸿蒙系统最初是为智能手机和平板计算机设计的；目前，华为的部分笔记本计算机已经支持或计划支持鸿蒙操作系统。例如，华为 MateBook X Pro、MateBook 14 等高端和主流轻薄本，以及荣耀 MagicBook 系列的部分计算机。

智能穿戴设备：鸿蒙操作系统支持智能手表、智能眼镜等穿戴设备，可以实现与手机和其他设备的协同工作，提供更加丰富的功能和体验。

智能家居：在智能家居领域，鸿蒙系统可以用于控制和管理各种智能设备，如智能灯具、智能门锁、智能摄像头等。用户可以通过一个应用程序来管理家庭中的多个设备，实现智能家居的智能化和便捷化。

智能汽车：鸿蒙操作系统还支持在汽车互联环境中运行的应用程序，包括车载娱乐系统、导航系统等。这可以为车主提供更加智能和个性化的驾驶体验。

工业互联网：鸿蒙操作系统可以应用于工业互联网领域，实现设备的智能化管理和控制。例如，在工厂生产线上，通过鸿蒙操作系统实现设备的互联互通，提高生产效率和质量。

智能教育：鸿蒙操作系统可以应用于智能教育领域，为学生和教师提供更加智能化的教学体验。

此外，鸿蒙被认为有望在全屋智能、全车智能、全身智能、低空经济、智能机器人等新兴产业领域参与竞争。总之，鸿蒙操作系统是一款面向未来、支持全场景智慧生活的分布式操作系统，其应用场景广泛，可以应用于多种终端设备，为用户提供更加便捷、智能、高效的生活体验。

9.1.2 支持鸿蒙操作系统的芯片

鸿蒙操作系统主要支持华为自家研发的芯片——海思（HiSilicon）系列芯片，包括麒麟（Kirin）系列手机处理器和昇龙（Ascend）系列人工智能处理器等。例如，麒麟 9000S、麒麟 9000SL 和麒麟 8000 等芯片都已经被应用于华为手机和其他设备上，并与鸿蒙操作系统进行了深度优化和适配。此外，鸿蒙操作系统还扩展了对其他厂商生态圈内常用芯片架构的支持，如高通（Qualcomm）、联发科（MediaTek）、英特尔（Intel）等知名半导体公司生产的处理器。在物联网领域中，鸿蒙操作系统也支持多个类型的微控制器单元芯片，并且适配了轻量级 ARM Cortex-M 系列核心。

9.1.3 鸿蒙操作系统的特点

鸿蒙操作系统具有多个显著特点，这些特点使得它在各种应用场景中都能表现出色。

分布式架构和跨终端无缝协同体验：鸿蒙操作系统的"分布式 OS 架构"和"分布式软总线技术"通过公共通信平台、分布式数据管理、分布式能力调度和虚拟外设四大能力，将相应分布式应用的底层技术实现难度对应用开发者屏蔽，使开发者能够聚焦自身业务逻辑，像开发同一终端一样开发跨终端分布式应用。同时，也使得消费者享受到强大的跨终端业务协同能力，为各使用场景带来的无缝体验。

确定时延引擎和高性能 IPC 技术实现系统流畅：鸿蒙 OS 通过使用确定时延引擎和高性

能 IPC 两大技术解决现有系统性能不足的问题。确定时延引擎可在任务执行前分配系统中任务执行优先级及时限进行调度处理，资源将优先保障优先级高的任务，应用响应时延降低 25.7%。鸿蒙微内核结构小巧的特性使 IPC（进程间通信）性能大大提高，进程通信效率较现有系统提升 5 倍。

统一的 IDE 开发环境，一次开发多端部署：鸿蒙操作系统提供了统一的 IDE 开发环境，支持一次开发多端部署，实现跨终端生态共享。这大大降低了开发者的开发难度和成本，使开发者能够更加便捷、高效地开发应用。

智能设备间互联互通：鸿蒙操作系统支持智能设备间的互联互通，可以实现智能家居、智慧办公、智慧出行、运动健康、影音娱乐等场景下的设备协同工作。这为用户提供了更加便捷、智能、高效的生活体验。

强大的安全性能：鸿蒙操作系统采用了多层安全机制，从芯片到应用每一层都进行了安全加固。同时，它还支持用户隐私保护和数据安全保护等功能，确保用户的信息安全。

广泛的兼容性：鸿蒙操作系统不仅支持华为自家的设备，还支持其他厂商的设备。同时，它还兼容安卓应用，使用户在使用鸿蒙操作系统时能够享受到更加丰富的应用生态。

总的来说，鸿蒙操作系统是一款面向未来、支持全场景智慧生活的分布式操作系统，具有分布式架构、跨终端无缝协同体验、确定时延引擎和高性能 IPC 技术、统一的 IDE 开发环境、智能设备间互联互通、强大的安全性能和广泛的兼容性等特点。这些特点使鸿蒙操作系统在各种应用场景中都能表现出色，为用户提供更加便捷、智能、高效的生活体验。

9.2　Hi3861 芯片

如图 9-1 所示，Hi3861 是一款由华为海思推出的基于 RISC-V 指令集的物联网芯片，它采用了高度集成的设计，具有低功耗、低成本、高性能和宽电压范围等特点，在物联网、智能家居、智能医疗、智能制造等领域有着广泛的应用。该芯片基于 ARM Cortex-M4 内核，支持 Wi-Fi 和蓝牙等无线通信技术，支持 IEEE802.11b/g/n 协议的各种数据速率，方便用于各种小型物联网设备的开发。它还集成了高性能 32bit 微处理器、硬件安全引擎以及丰富的外设接口，包括 SPI、UART、I2C、PWM、GPIO 和多路 ADC 等，同时支持高速安全数字输入输出接口（secure digital input/output, SDIO）2.0 接口，最大时钟频率可达 50MHz。此

图 9-1　海思 Hi3861 芯片

外，该芯片还内置 SRAM 和 Flash，可独立运行，并支持在 Flash 上运行程序。在硬件资源方面，Hi3861 芯片的内存资源有限，包括 2MB FLASH 和 352KB RAM。

Hi3861 芯片采用了先进的低功耗设计，在保持稳定通信的同时最大限度地降低功耗，非常适合用于电池供电的设备，延长了电池的使用寿命。其工作电压范围广泛，从 1.8V 到 5V，可以适应不同的电源供应情况，确保在各种应用场景下都能稳定工作。

9.2.1　Hi3861 芯片应用领域

Hi3861 芯片高度集成 Wi-Fi 和蓝牙功能，通过一颗芯片即可实现无线网络和蓝牙通信，大大减小了系统的体积和功耗，提高了整体的性能和稳定性。这使得 Hi3861 芯片非常适合用于各种小型物联网设备的开发，如智能家居设备、智能医疗设备、智能传感器等。此外，Hi3861 芯片还支持多种接口协议，如 TCP/IP、简单邮件传输协议（simple mail transfer protocol，SMTP）、HTTP、文件传输协议（file transfer protocol，FTP）等，以及多种网络安全保护，如有线等效保密（wired equivalent privacy，WEP）、Wi-Fi 网络安全接入（Wi-Fi protected Access，WPA）、WPA2 等，可以连接不同的云端服务和监控平台。这使得它在需要远程监控和管理的应用场景中具有很大的优势。Hi3861 芯片主要专注于物联网应用领域，以下是一些 Hi3861 芯片可能的应用领域。

智能家居：Hi3861 芯片可用于连接智能家居设备，如智能灯具、智能插座、温控设备等。通过提供可靠的物联网连接，它可以实现各种设备之间的协同工作，提高家庭自动化的水平。

智慧城市：在智慧城市环境中，Hi3861 芯片可以用于连接各种设备，如智能交通系统、环境监测设备、智能停车系统等。这有助于提高城市管理的效率和可持续性。

工业物联网：Hi3861 芯片可以用于工业物联网应用，连接各种传感器和设备，以监测和优化生产流程。这可以提高工厂的智能化水平，并提高生产效率。

智慧农业：在农业领域，Hi3861 芯片可以用于监测和控制农业设备、灌溉系统、气象站等。这有助于提高农业生产的效率和可持续性。

健康医疗：物联网技术在医疗领域的应用日益增加。Hi3861 芯片可以用于连接医疗设备、远程监测系统等，以支持健康管理和医疗服务。

9.2.2　主要的 Hi3861 单片机

1. 华清远见 FS-Hi3861 单片机

如图 9-2 所示，华清远见 FS-Hi3861 单片机是一款基于 Hi3861 芯片的物联网开发板，具有丰富的板载资源和拓展模块，支持 HarmonyOS 3.0 系统。

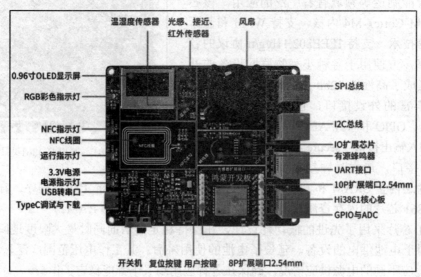

图 9-2　华清远见 FS-Hi3861 单片机

Hi3861 芯片是华为海思推出的物联网专用芯片，采用 RISC-V 指令集，支持正交频分复用（orthogonal frequency division multiplexing，OFDM）技术，并向下兼容直接序列扩频（direct sequence spread spectrum，DSSS）和补码键控（complementary code keying，CCK）技术，支持 IEEE802.11b/g/n 协议的各种数据速率。该芯片内置 Wi-Fi 功能，可实现快速、稳定的无线连接。

华清远见 FS-Hi3861 单片机板载资源丰富，包括传感器、执行器、近场通信（near field communication，NFC）、显示屏等，同时配套多种拓展模块，方便进行物联网全技术体系的学习和实践。此外，华清远见 FS-Hi3861 单片机还可以进行物联网全技术体系的学习，包括传感器、无线传感网络（Wi-Fi/蓝牙）、物联网操作系统、物联网云接入（华为云）等技术方向。

2. 小熊派鸿蒙 BearPi-HM Nano

如图 9-3 所示，小熊派鸿蒙 BearPi-HM Nano 是一款基于 HarmonyOS 的物联网开发板，具有小巧便携、高集成度、丰富的外设资源等特点。该开发板搭载了 Hi3861RNIV100 2.4GHz Wi-Fi SoC 芯片，支持快速稳定的无线连接，同时内置了丰富的外设资源，包括 E53 Interface、NT3H1x01W0FHKH NFC 标签、USB Type-C 5V 电源接口、Reset 复位按键、KEY1、KEY2 用户按键、NFC 射频天线、CH340 串口转换电路等，方便多应用的开发和部署。（1）E53 扩展板接口、（2）Wi-Fi Soc Hi3861、（3）NFC 芯片 NT3H120、（4）Type-C USB 接口、（5）复位按键、（6）用户按键、（7）NFC 天线、（8）TTL 转 USB 芯片 CH340E。

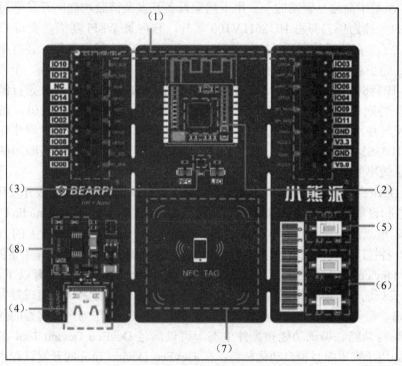

图 9-3 小熊派鸿蒙 BearPi-HM Nano

9.2.3 开发环境生成鸿蒙网关烧录所需固件

本章中，华清远见 FS-Hi3861 单片机与小熊派鸿蒙 BearPi-HM_Nano 单片机，各自搭建了不同形式的开发环境。开发环境编译生成类似的 Hi3861_wifiiot_app_allinone.bin 文件，大小在 1MB 左右。这不是一个传统意义上的操作系统文件，而是一个针对 Hi3861 芯片的固件烧写文件。这个文件包含了用于 Wi-Fi 模组的必要固件和应用程序，它可能被用于烧录到 Hi3861 开发板上，以便进行嵌入式系统的开发。

Hi3861_wifiiot_app_allinone.bin 文件中通常包含了引导加载程序（boot loader）、系统固件及其他可能的应用程序和数据。这些组件共同构成了应用在 Hi3861 芯片上运行的软件环境。该文件主要用于烧录到 Hi3861 芯片中，以提供基本的系统运行环境和功能。通过烧录这个文件，开发板可以获得必要的系统软件和应用程序，从而成为一个可独立运行的嵌入式系统。

虽然 Hi3861_wifiiot_app_allinone.bin 不是一个完整的操作系统文件，但它包含了操作系统的某些组件或基于某个嵌入式操作系统的定制版本。例如，它基于 OpenHarmony 或其他嵌入式操作系统进行构建。

在开发过程中，开发者会使用专门的烧录工具（如 HiBurn）将这个文件烧录到 Hi3861 芯片中。烧录成功后，开发板就可以按照预设的功能进行工作了。

综上所述，Hi3861_wifiiot_app_allinone.bin 是一个专为华为海思 Hi3861 芯片设计的固件烧录文件，它包含了系统运行所需的基本软件环境，但并不是传统意义上的操作系统文件。

9.3　FS-Hi3861 鸿蒙网关开发环境搭建及测试

FS-Hi3861 是华清远见研发的一款用于鸿蒙设备开发及鸿蒙物联网开发学习的开发板。这款开发板的主控为华为海思 Hi3861LV100 芯片，它内置 Wi-Fi 功能，支持 OpenHarmony 系统，并提供了丰富的板载资源，如传感器、执行器、NFC、显示屏等，还有拓展模块，如电机驱动板、超声波传感器等，非常适合物联网相关教学、学生毕业设计、个人学习及项目实践。在 FS-Hi3861 的开发过程中，开发者可以使用 DevEco Device Tool 进行源码的编译、烧录和调试。特别是 DevEco Device Tool 支持纯 Windows 环境开发 Hi3861，可以将环境搭建精简为开发环境准备、下载源码、配置工具链三个步骤，降低环境搭建时出错的概率，并显著提升了 Hi3861 源码编译效率。此外，该工具还实现了开发工具解压即用的便捷体验，以及编译烧录效率的大幅提升。

DevEco Device Tool 是华为推出的一款面向智能设备开发的一站式集成开发环境，它支持多种开发场景和设备类型，包括智能家居、智能穿戴等。VS Code（visual studio Code）是微软开发的一款轻量级的、跨平台的代码编辑器，具有丰富的插件生态和强大的自定义功能。Python 则是一种被广泛使用的解释型高级编程语言，具有简洁易懂的语法和丰富的库资源。

DevEco Device Tool 安装需要依赖 VS Code 和 Python 的原因主要有以下 3 点：①VS Code 提供了良好的代码编辑和调试体验：DevEco Device Tool 作为一个集成开发环境，需要提供一个稳定、高效、易用的代码编辑和调试环境。VS Code 作为一款优秀的代码编辑器，具有丰富的编辑功能、调试功能和插件生态，可以满足 DevEco Device Tool 在这方面的需求。②Python 用于脚本编写和自动化任务：在 DevEco Device Tool 的开发过程中，可能需要执行一些脚本编写和自动化任务，如构建工程、打包应用等。Python 作为一种简洁易懂的脚本语言，非常适合用于这些任务。同时，Python 还具有丰富的库资源，可以方便地实现各种功能。③跨平台兼容性：VS Code 和 Python 都具有良好的跨平台兼容性，可以在 Windows、Linux 和 macOS 等操作系统上运行。这使得 DevEco Device Tool 可以在不同的操作系统上为用户提供一致的开发体验。

9.3.1　安装 Visual Studio Code

Visual Studio Code 是一款免费、开源且跨平台的轻量级代码编辑器，由微软开发。它支持多种编程语言，并且提供了丰富的功能和扩展插件，使开发者能够更高效地编写代码。以下是 Visual Studio Code 的一些特点和功能：

（1）语法高亮显示和自动完成：支持多种编程语言的语法高亮显示，并且提供智能的代码自动完成功能，能够快速补全代码片段和函数等。

（2）强大的调试功能：支持对多种编程语言进行调试，提供调试变量查看、断点设置、逐行调试等功能，方便开发者调试程序。

（3）版本控制：内置了 Git 版本控制工具，方便开发者进行代码管理和团队协作。

（4）内置终端：集成了终端功能，无须离开编辑器即可执行命令行操作。

（5）丰富的扩展插件：通过安装扩展插件，可以为编辑器添加更多的功能，如代码格式化、静态代码分析、代码片段等。

（6）快速导航和查找：提供了快速导航和查找功能，能够快速定位到文件、函数、变量等。

（7）用户界面自定义：用户可以自定义编辑器的外观和布局，包括主题、字体、配色方案等。

总之，VS Code 是一款功能强大、易于使用的代码编辑器，适用于各种编程任务。它的灵活性和可扩展性使开发者能够根据自己的需求进行定制与优化。如图 9-4 所示，官方网站（https://code.visualstudio.com）下载 VS Code 软件；进一步地，双击安装下载的 VS Code 软件（图 9-5）。

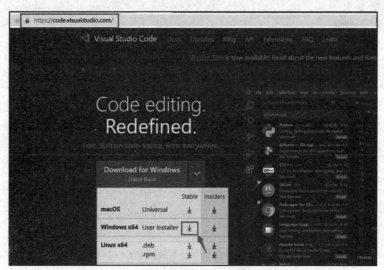

图 9-4　官方网站下载 VS Code 软件

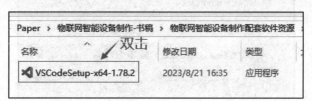

图 9-5　双击安装所下载的 VS Code 软件

　　接着，接受安装 VS Code 软件许可协议；然后，选择 VS Code 安装文件夹及开始菜单文件夹。在随后的安装界面，VS Code 安装选择附加任务，给出安装任务汇总，并进入 VS Code 安装过程状态。等 VS Code 安装完成后，查看 VS Code 软件启动界面，确保安装成功。进一步地，重启计算机完成安装相关配置；同时，重新启动 VS Code 软件，并查询及安装 C/C++扩展支持（图 9-6）。然后，在 VS Code 工作界面可以看到已安装的 C/C++扩展支持（图 9-7）。如图 9-8 所示，VS Code 安装 C/C++简体中文扩展支持。

　　在 VS Code 中，"Include Autocomplete"扩展可以帮助开发者自动完成#include 预处理指令。这个扩展会分析工作空间中的文件，并提供相关文件的智能提示。Visual Studio Code 的 GN 扩展，是为了支持 Google 的 GN 构建系统（generate ninja）而设计的。可以在 VS Code 的扩展市场中搜索"GN"或"generate ninja"以查询 GN 扩展。安装 GN 扩展可提供额外的编程语言支持功能。首先，安装 Include Autocomplete 扩展支持；其次，进一步查询并安装 GN 扩展支持。再次，VS Code 安装 CodeLLDB 扩展支持。最后，VS Code 工作界面显示已成功安装的扩展支持（图 9-9）。

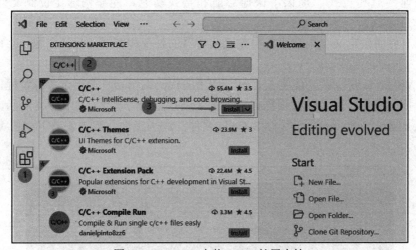

图 9-6　VS Code 安装 C/C++扩展支持

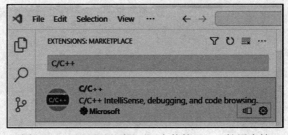

图 9-7　VS Code 界面显示已安装的 C/C++扩展支持

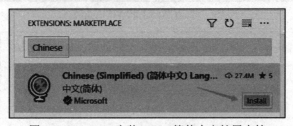

图 9-8　VS Code 安装 C/C++简体中文扩展支持

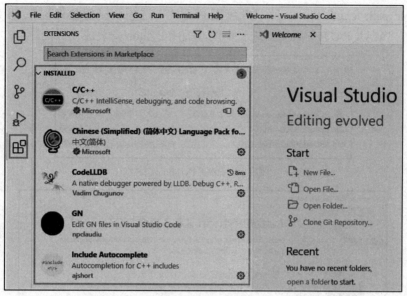

图 9-9　VS Code 界面显示已安装的扩展支持

9.3.2　安装 Python

Python 是一种高级、通用、解释型的编程语言。由 Guido van Rossum 于 1989 年开发，并在 1991 年首次发布。Python 的设计目标是让代码的可读性和简洁性最大化，因此其语法非常清晰简单，易于学习和理解。

Python 具有许多特点和优势。首先，它是一种解释型语言，可以直接执行代码，无须编译，这使得应用的开发和调试过程更加高效。其次，Python 具有丰富的库和模块，可以轻松地完成各种任务，如网络编程、数据分析、图像处理等。此外，Python 还支持面向对象编程，具有动态类型系统和垃圾回收机制，可以提高开发速度和代码的可靠性。

Python 的应用领域非常广泛。它可以用于 Web 开发，如使用 Django 和 Flask 框架构建网站与 Web 应用。它也是数据科学和人工智能领域的重要语言，如使用 NumPy、Pandas 和 TensorFlow 进行数据分析与机器学习。此外，Python 还被广泛用于系统管理、自动化脚本、游戏开发和科学计算等领域。

由于 Python 简洁易读、可扩展性强，所以它在教育和学术界也非常受欢迎。它被广泛用于编程教育、算法研究和科学实验中。

总的来说，Python 是一种功能强大且易学的编程语言，具有广泛的应用领域和丰富的资源与社区支持。无论是初学者还是专业开发人员，都可以通过 Python 实现自己的想法和项目。

如图 9-10 所示，双击可执行文件"python-3.8.8-amd64"，安装 Python 软件；进一步地配置 Python 软件安装选项（图 9-11）。接着，确认 Python 软件可选功能模块，并选择 Python 软件高级功能模块及可安装文件夹"D:\APPS\Python3-8-8"。

在安装 Python 时，弹出用户账户控制选项，允许安装 Python，并密切关注 Python 安装过程状态。在 Windows 操作系统中，有时在安装 Python 或执行 Python 脚本时会遇到"路径长度限制"的问题，特别是当路径名超过 Windows API 的 MAX_PATH 限制（通常为 260 个字符）时。这个限制是由 Windows 的某些旧组件和 API 造成的。在 Python 安装成功界面，执行"Disable path length limit：路径长度限制无效"选项，以便允许程序（Python）绕过260 个字符的"MAX PATH"限制。进一步地，关闭 Python 安装成功界面。

图 9-10　安装 Python 软件

图 9-11　定制化安装 Python 软件

重新启动计算机，并查看成功安装的 Python 相关功能模块。进一步地，打开 Windows 命令行界面，运行"python --version"命令，若出现 Python 版本信息，则证明 Python 安装及环境配置成功（图 9-12）。

图 9-12　检查安装的 Python 版本

9.3.3　安装 DevEco Device Tool

DevEco Device Tool 是华为提供的一款开发者工具，它面向智能设备开发者，提供了一站式的开发环境及资源获取通道。这款工具覆盖了从芯片模板工程创建到开发资源挑选定制，再到编码、编译、调试、调优、烧录环节的全流程，旨在帮助开发者实现鸿蒙操作系统 Connect/OpenHarmony 智能硬件设备的高效开发。

DevEco Device Tool 以 Visual Studio Code 插件形式提供，因此体积小巧，同时支持代码

查找、代码高亮、代码自动补齐、代码输入提示、代码检查等功能，让开发者能够轻松、高效地进行编码。此外，它还支持 ARM 架构的 Hi3516/Hi3518 系列和 RISC-V 架构的 Hi3861 系列开发板，提供了一键式的烧录和调试图形用户界面（graphical user interface，GUI），以及单步调试能力和查看内存、变量、调用栈、寄存器、汇编等调试信息。

　　总的来说，DevEco Device Tool 是一个功能强大且易于使用的开发工具，它能够帮助开发者提高开发效率，减少开发难度，是鸿蒙操作系统 Connect/OpenHarmony 智能硬件设备开发的得力助手。

1. 安装 DevEco Device Tool

　　安装 DevEco Device Tool，可以按照以下步骤操作。下载 DevEco Device Tool 最新 Windows 版本软件包（图 9-13）并解压。在安装之前，关闭 VSCode。如图 9-14 所示，双击 DevEco Device Tool 安装包程序进行安装。在弹出的"用户账户控制"窗口，单击"是"按钮，进行安装。进一步地，在 DevEco Device Tool 安装欢迎界面单击"下一步"按钮，并接受 DevEco Device Tool 安装许可证协议。接着，选择 DevEco Device Tool 安装目录，请注意安装路径不能包含中文字符，不建议安装到 C 盘目录，然后单击"下一步"按钮。

图 9-13　下载 DevEco Device Tool

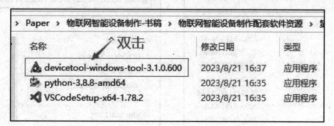

图 9-14　双击安装 DevEco Device Tool

　　接着，检查 DevEco Device Tool 安装所需要的 Python 及 VS Code 依赖，执行"安装"操作，并密切关注安装进度，直至 DevEco Device Tool 安装完成。

2. 启动 DevEco Device Tool

DevEco Device Tool 的功能通常会集成到 VS Code 的用户界面中，而不是作为一个独立的"DevEco Home"界面存在。如图 9-15 所示，启动 VS Code 软件，单击左侧的扩展列表，即可打开 DevEco Home 界面，表示已成功安装开发环境。

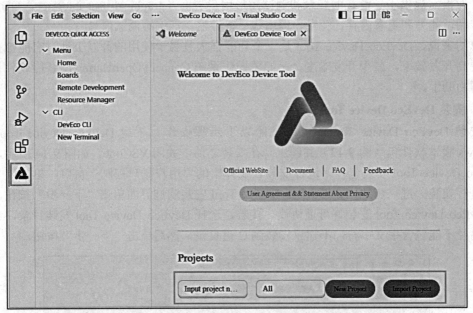

图 9-15　在 VS Code 工作界面查看 DevEco Device Tool 安装情况

9.3.4　导入及配置 Hi3861 鸿蒙工程

1. 鸿蒙工程源代码及 DevTools 工具

如图 9-16 所示，将工具库中的 hi3861_hdu_iot_application.rar 解压缩到"D 盘"的当前文件夹，避免出现路径字符串过长导致相关编译错误。

如图 9-17 所示，使用工具包中的开发工具 DevTools_Hi3861V100_v1.0.zip，将工具压缩包解压到"D 盘"文件夹，该文件夹目录为全英文目录。

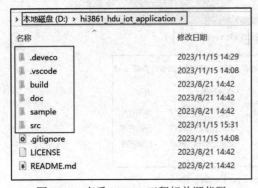

图 9-16　查看 Hi3861 工程相关源代码

图 9-17　Hi3861 工程开发相关工具汇总

2. 导入 Hi3861 鸿蒙工程

如图 9-18 所示，先打开 VS Code；接着，打开 DevEco Device Tool 主页，单击 Import Project 按钮。

如图 9-19 所示，选择 SDK 名称为"hi3861_hdu_iot_application"，在导入工程弹窗中选

择 Hi3861 SDK 目录，确认工程路径并单击 Import 按钮，如图 9-20 所示。

如图 9-21 所示，在 Import Project 弹窗中，SOC 栏选择 Hi3861，Board 栏选择 hi3861，Framework 栏选择 Hb，然后单击 Import 按钮，等待导入成功即可。如图 9-22 所示，查看代码导入成功后的主工作界面。然后，可使用该 IDE 实现代码开发、一键编译、一键烧写等功能。如图 9-23 所示，代码导入成功后，可在 DevEco Device Tool 工具主页直接打开已导入成功的工程。

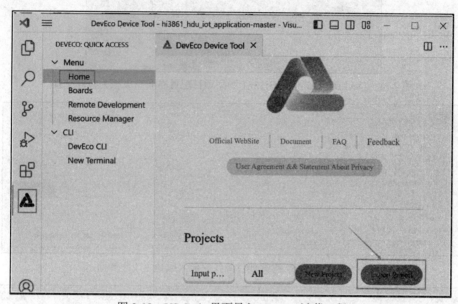

图 9-18　VS Code 界面导入 DevEco 鸿蒙工程

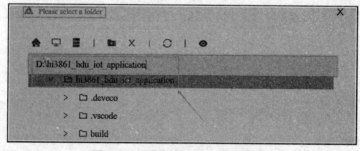

图 9-19　选择 Hi3861 鸿蒙工程目录

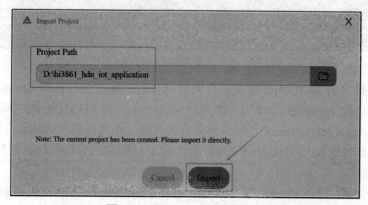

图 9-20　导入 Hi3861 鸿蒙工程

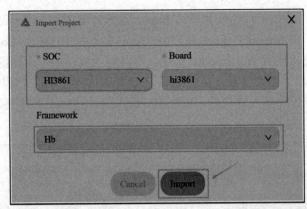

图 9-21　DevEco 工作界面 Hi3861 鸿蒙项目配置界面完成相关参数配置

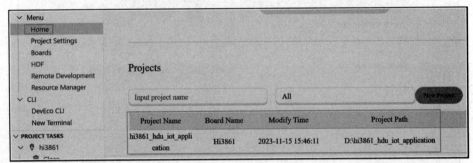

图 9-22　Hi3861 鸿蒙项目源代码导入成功主工作界面

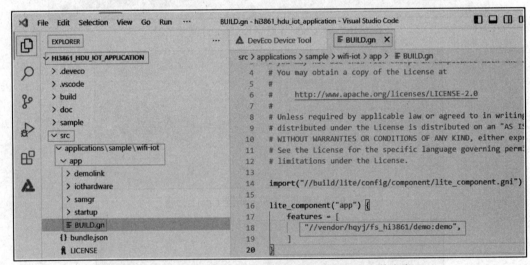

图 9-23　查看"App"文件夹内 BUILD.gn 配置文件内容

"App"文件夹内 BUILD.gn 配置文件内容"//vendor/hqyj/fs_hi3861/demo：demo"，是指"D:\hi3861_hdu_iot_application\src"文件夹内 vendor/hqyj/fs_hi3861/demo 中的 BUILD.gn 配置文件中 lite_component（"demo"）部分所指定的鸿蒙工程项目相关源代码（图 9-24）。如图 9-25 所示，在 BUILD.gn 配置文件中"反注释"需要被测试的代码示例，然后，Ctrl+S 保存 BUILD.gn 文件修改。

如图 9-26 所示，修改"network_wifi_tcp_example.c"代码中 TCP 服务器及 Wi-Fi SSID

相关信息。例如，在 network_wifi_tcp_example.c 文件中，根据开发者的实际情况，分别将 TCP_SERVER_IP、TCP_SERVER_PORT、Wi-Fi SSID 及密码修改为相应的参数，按 Ctrl+S 组合键保存文件修改。同时，在 DevEco 工作界面"QUICK ACCESS"下选择"Menu"并选择 Project Settings 选项（图 9-27）。

如图 9-28 所示，在 DevEco 主界面中选择"Project Settings"→"hi3861"选项；然后选择"compiler_bin_path"（图 9-29）。同时，在"compiler_bin_path"选项下单击文件夹图标（图 9-30）。

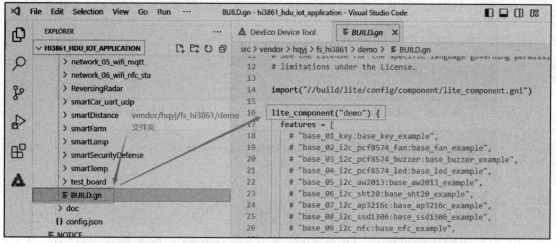

图 9-24　vendor/hqyj/fs_hi3861/demo 中的 BUILD.gn 配置内容

```
src > vendor > hqyj > fs_hi3861 > demo > ≡ BUILD.gn
35          # "kernel_08_message_queue:kernel_message_queue_example",
36
37          # "network_01_wifi_ap:network_wifi_ap_example",
38          # "network_02_wifi_sta:network_wifi_sta_example",
39          # "network_03_wifi_udp:network_wifi_udp_example",
40          "network_04_wifi_tcp:network_wifi_tcp_example",
41          # "network_05_wifi_mqtt:network_wifi_mqtt_example",
42          # "network_06_wifi_nfc_sta:network_wifi_nfc_example",
43
```

图 9-25　BUILD.gn 配置文件中"反注释"需要被测试的代码示例

```
src > vendor > hqyj > fs_hi3861 > demo > network_04_wifi_tcp > C network_wifi_tcp_example.c >
27      #include "lwip/api_shell.h"
28
29      osThreadId_t Task1_ID; // 任务1设置为低优先级任务
30      #define TASK_STACK_SIZE (1024 * 10)
31      #define TCP_SERVER_IP "192.168.3.50"
32      #define TCP_SERVER_PORT 6789
33
34      // 在sock_fd 进行监听，在 new_fd 接收新的链接
35      void Task1(void)
36      {
37          int socket_fd = 0;
38          char buff[256];                       自己的SSID与密码
39          int re = 0;
40
41          // 连接WiFi
42          WiFi_connectHotspots("                 ", "                 ");
43          socket_fd = socket(AF_INET, SOCK_STREAM, 0); // 创建套接字 (TCP
```

图 9-26　修改"network_wifi_tcp_example.c"代码中 TCP 服务器及 Wi-Fi SSID 相关信息

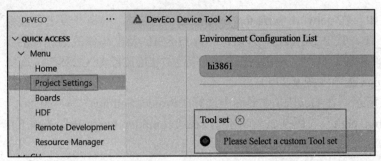

图 9-27 DevEco 工作界面"QUICK ACCESS"下选择"Menu"并选择 Project Settings 选项

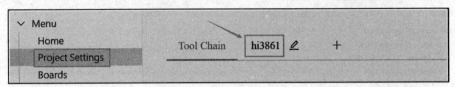

图 9-28 在 DevEco 主界面的"Project Settings"工作界面选择"hi3861"

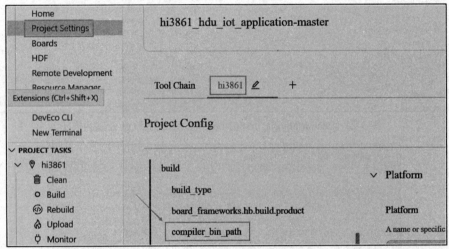

图 9-29 在 DevEco 主界面的"Project Settings"工作界面单击"compiler_bin_path"

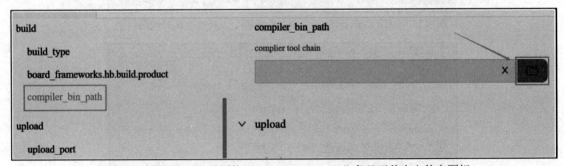

图 9-30 在 DevEco 主界面的"compiler_bin_path"条目下单击文件夹图标

在 Visual Studio Code 中，若要在右侧窗口中找到特定于"hi3861"的配置，并设置"compiler_bin_path"以指向之前下载的开发工具"DevTools Hi3861V100 v1.0"。如图 9-31 所示，配置"compiler_bin_path"时选择并确认"DevTools_Hi3861V100_v1.0"。如图 9-32 所示，在 DevEco 工作界面"PROJECT TASKS"下选择"hi3861"并执行"Clean"操作；

进一步地，选择"hi3861"并执行"Build"操作（图 9-33）。

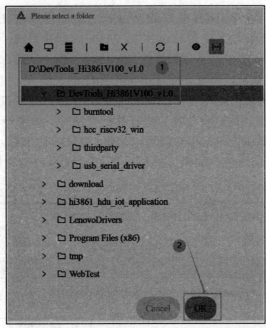

图 9-31　"compiler_bin_path"条目下选择并确认"DevTools_Hi3861V100_v1.0"

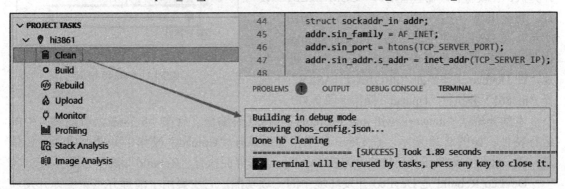

图 9-32　在 DevEco 工作界面的"Project Tasks"下选择"hi3861"并执行"Clean"操作

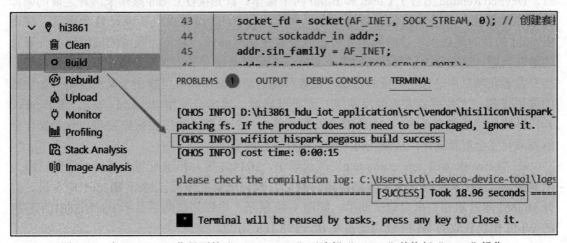

图 9-33　在 DevEco 工作界面的"Project Tasks"下选择"hi3861"并执行"Build"操作

9.3.5　Hi3861 鸿蒙程序烧录及测试

CH341SER.EXE 是一个 USB 转串口的 Windows 驱动程序，主要用于驱动 CH340 和 CH341 芯片。这款驱动程序支持 32 位和 64 位的 Windows 操作系统，包括 Windows 11、10、8.1、8、7、Vista、XP 等，以及服务器版本的 Windows Server 2022、2019、2016、2012 等。它通过了微软的数字签名认证，可以支持 USB 转 UART 的 3 线和 9 线 SERIAL 串口等。

CH341SER.EXE 的主要作用是允许计算机通过 USB 接口与串口设备进行通信。在计算机与外部设备（如单片机、调试设备等）进行数据交换时，如果设备使用的是串口通信方式，而计算机没有提供串口接口，那么就可以使用 CH341SER.EXE 这样的驱动程序，配合 USB 转串口转接器来实现通信。如果计算机没有 CH341 串口驱动器，双击安装驱动程序（图 9-34）。

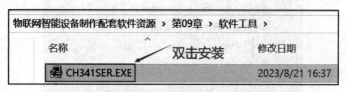

图 9-34　点击安装 CH341 驱动程序

将 FS_Hi3861 单片机设备通过 USB 接口连接到计算机，在设备管理器查看端口（COM 和 LPT）设置，将会出现一个新的串口（图 9-35）。如图 9-36 所示，在 DevEco 主界面中的"Project Settings"工作界面，配置上传端口"upload_port"；进一步地，在 DevEco 工作界面"PROJECT TASKS"下选择"hi3861"并执行"Upload"操作（图 9-37）。

图 9-35　连接 FS_Hi3861 硬件查看 USB-SERIAL CH340 串口

本部分测试"network_wifi_tcp_example.c"源代码编译之后在"hi3861 鸿蒙网关"中的运行特性。如图 9-38 所示，在 DevEco 工作界面执行"Upload"操作，并获取成功上传信息。进一步地，如果源代码被修改可在 DevEco 工作界面执行"Rebuild"操作（图 9-39）。

DevEco Rebuild 是 DevEco 开发环境中的一项功能，它主要用于清理并重新编译开发项目。DevEco Rebuild 结合了 Clean 和 Build 两个操作，首先执行 Clean 操作来清理之前的编译信息，确保从一个干净的状态开始编译，然后执行 Build 操作来重新编译整个项目。使用 Rebuild 的目的是确保项目的最新代码被完全且正确地编译，避免因残留的旧编译文件导致的潜在问题。这在修改了项目中的多个文件或者想要确保一个全新的编译结果时非常有用。当开发者在项目中进行了大量的修改，或者怀疑之前的编译结果可能由于某些原因（如中断的编译过程、文件更新未正确反映等）而不准确时，通常会使用 Rebuild 功能。在 DevEco 开发环境中，选择 Rebuild 功能通常可以通过单击相应的菜单项或按钮来完成。这个操作会触发项目完全重新编译，从源代码生成可执行文件或库。

在"network_wifi_tcp_example.c"源代码中，Hi3861 单片机被配置为连接一个默认网关 IP 地址为"192.168.3.1"的无线路由器。然后，代码烧录完成后，运行 Hi3861 单片机。打开 Hi3861 单片机相关串口调试助手。如图 9-40 所示，串口调试助手显示 FS_Hi3861 单片机的 Wi-Fi 模块获取的 Wi-Fi 成功连接及 IP（192.168.3.122）信息。

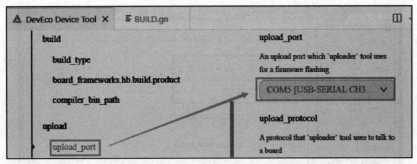

图 9-36　在 DevEco 主界面中的"Project Settings"工作界面配置上传端口"upload_port"

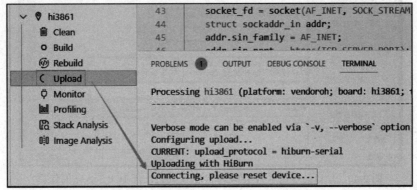

图 9-37　在 DevEco 工作界面"Project Tasks"下选择"hi3861"并执行"Upload"操作

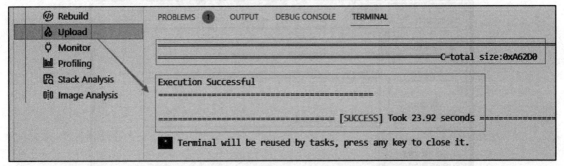

图 9-38　DevEco 工作界面执行"Upload"操作成功

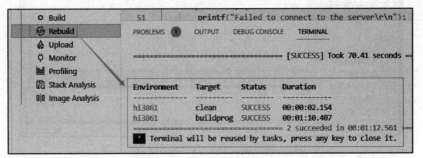

图 9-39　如果源代码被修改可在 DevEco 工作界面执行"Rebuild"操作

　　测试用的笔记本计算机从上述无线路由器获取 IP 地址"192.168.3.50"。如图 9-41 所示，在该计算机上面运行网络调试助手及 TCP Server（192.168.3.50）。进一步地，网络调试助手 TCP Server 发送信息；串口助手显示 Hi3861 单片机收到的来自 TCP Server 的信息。

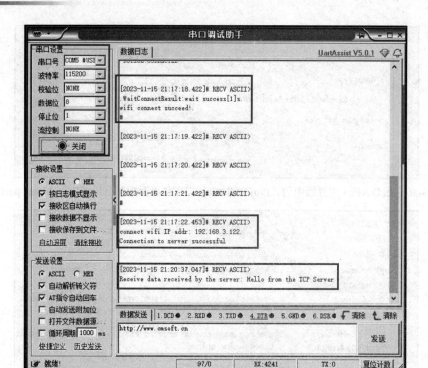

图 9-40 串口助手显示 Hi3861 单片机收到的来自 TCP Server 的信息

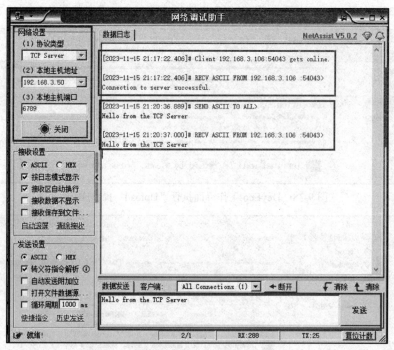

图 9-41 网络调试助手 TCP Server 发送信息

如图 9-42 所示，反注释"demo"文件夹中的"BUILD.gn"文件中的 sht20 温湿度传感器相关的测试代码；进一步地，查看"base_sht20_example.c"源代码相关信息（图 9-43）。通过上述方法进行编译并将其上传到 Hi3861 单片机；接着，使用串口助手查看程序运行输出信息（图 9-44）。

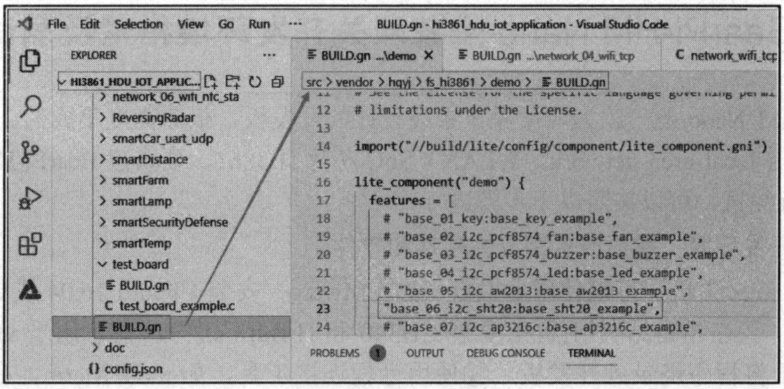

图 9-42 反注释 "demo" 文件夹中的 "BUILD.gn" 文件中的 sht20 温湿度传感器相关的测试代码

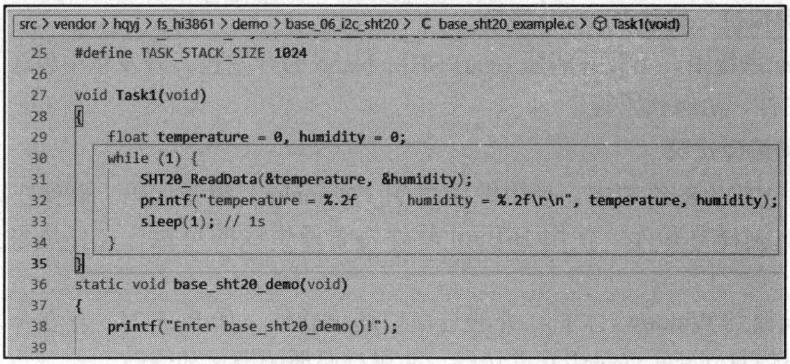

```
src > vendor > hqyj > fs_hi3861 > demo > base_06_i2c_sht20 > C base_sht20_example.c > ⓣ Task1(void)
25    #define TASK_STACK_SIZE 1024
26
27    void Task1(void)
28    {
29        float temperature = 0, humidity = 0;
30        while (1) {
31            SHT20_ReadData(&temperature, &humidity);
32            printf("temperature = %.2f        humidity = %.2f\r\n", temperature, humidity);
33            sleep(1); // 1s
34        }
35    }
36    static void base_sht20_demo(void)
37    {
38        printf("Enter base_sht20_demo()!");
39
```

图 9-43 查看 "base_sht20_example.c" 源代码相关信息

图 9-44 串口查看查看 "base_sht20_example.c" 运行输出信息

9.4　BearPi-HM Nano 鸿蒙网关开发环境搭建及测试

BearPi-HM Nano 是一款为鸿蒙操作系统设计的开发板，板载高度集成的 2.4GHz 无线局域网（wireless local area network，WLAN）SoC 芯片 Hi3861。要搭建 BearPi-HM Nano 的开发环境并进行测试，可以按照以下步骤进行。

1. 搭建开发环境，需要准备相应的硬件和软件

①一台 Linux 主机，可以使用虚拟机（如 VMware）安装 Ubuntu 16.04 或更高版本的 64 位操作系统。②在 Windows 主机上安装 CH340 和 HiBurn 软件，前者用于 USB 转串口驱动，后者用于将程序烧录到开发板。③使用远程连接工具，如 mobaXterm，在 Windows 主机和 Linux 主机之间建立连接。

2. 打开虚拟机，启动 Ubuntu 系统

在 Ubuntu 系统中，下载并解压 BearPi-HM Nano 的开发包。开发包中包含了用于开发的库文件、头文件、示例代码等。

3. 编写和编译代码

在 Linux 主机上的终端中，使用编译命令（如 make）编译代码。确保在编译之前已经安装了所需的编译器和库。使用 HiBurn 软件将编译生成的可执行文件烧录到 BearPi-HM Nano 开发板上。

连接开发板到 Windows 主机，并通过串口通信软件（如 PuTTY）查看开发板的输出信息。根据输出信息判断程序是否正常运行，并进行必要的调试和修改。

需要注意的是，以上步骤是一个大致的说明，具体的操作步骤可能因个人使用的硬件、软件和操作系统版本而有所不同。因此，在实际操作中，建议参考 BearPi-HM Nano 的官方文档和相关教程来获取更详细和准确的指导。

9.4.1　基于 VMWare 的 Ubuntu 虚拟机安装运行

双击 VMWare16 Pro 软件进行安装。同时，如图 9-45 所示，在 VMWare16 Pro 软件安装"用户账户控制"界面选择"是"，并进入软件安装过程界面。进一步地，在 VMWare16 Pro 软件安装过程中，执行重启系统操作。接着，在 VMWare16 Pro 软件安装过程中，单击"下一步"按钮。随后，在 VMWare16 Pro 软件安装过程同意"用户许可协议"；进一步地，选择 VMWare16 Pro 软件安装位置，取消选中"用户体验设置"。

图 9-45　VMWare16 Pro 软件安装"用户账户控制"选项

如图 9-46 所示，在 VMWare16 Pro 软件安装过程选择"快捷方式"；进一步地，完成安装配置并单击"下一步"按钮，密切关注安装过程状态"复制新文件"。

如果在 VMWare16 Pro 软件安装过程中弹出相关警告窗口，进行相应处理即可。进一步地，密切关注 VMWare16 Pro 软件安装进程，并在安装完成界面单击"许可证"按钮。VMWare16 Pro 软件安装完成之后输入"许可证密钥"；然后单击"完成"按钮，完成安装（图 9-47）。

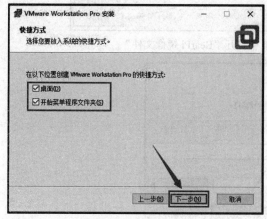

图 9-46　VMWare16 Pro 软件安装过程"快捷方式"

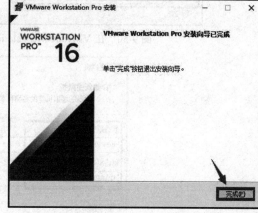

图 9-47 VMWare16 Pro 软件安装完成界面

9.4.2　BearPi-HM Nano 环境部署及测试

1. 运行 BearPi VMware 虚拟机

如图 9-48 所示，将"鸿蒙 Ubuntu18.4 镜像 OVF.zip"压缩文件解压到"D:\APPS\BearPiVM"文件夹中。如图 9-49 所示，在 VMware Workstation 中执行"文件"→"打开"操作，并选择 Ubuntu64 Harmony BearPi VMware 镜像。如图 9-50 所示，VMware Workstation 打开"BearPi 镜像文件"，并为导入的虚拟机设置名称及存储路径（图 9-51）。接着，VMware Workstation 进入导入虚拟机状态。

如图 9-52 所示，VMware Workstation 打开并运行"BearPi 镜像文件"。如果虚拟机配置不当，将弹出错误信息"您的主机不满足在启用 Hyper-V 或 Device/Credential Guard 的情况下运行 VMware Workstation 的最低要求。有关更多详细信息，请参阅 VMware 知识库文章76918，网址为 https://kb.vmware.com/kb/76918"（图 9-53）。

图 9-48　解压 HarmonyOSUbuntu18.4 镜像 OVF.zip 文件

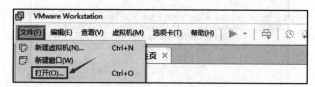

图 9-49　在 VMware Workstation 中执行"文件"→"打开"操作

图 9-50　在 VMware Workstation 中打开"BearPi 镜像文件"

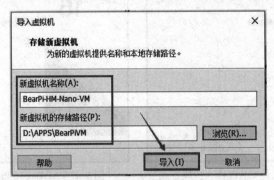

图 9-51　VMware Workstation 配置被导入虚拟机名称及路径

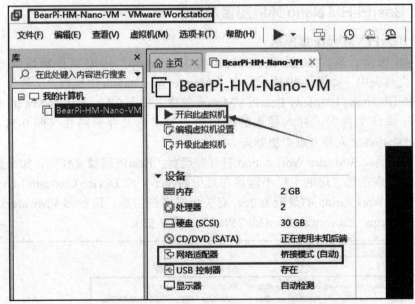

图 9-52　在 VMware Workstation 中打开已导入的"BearPi 镜像文件"

图 9-53　在 VMware Workstation 中运行"BearPi 镜像文件"弹出错误信息

上述问题一般是开启并使用 Hyper-V 造成的。开启 Hyper-V 导致 VMware 上的虚拟机运行环境冲突。一般来说，解决上述问题的一个方法为关闭 Hyper-V 功能。依次打开"设置"→"应用和功能"→"程序和功能"→"启用或关闭 Windows 功能"，并关闭这里的 Hyper-V 选项。当弹出"Windows 功能"窗口时，执行"不重新启动"操作。接着，按下 Win+R 组合键，打开"运行"对话框。在运行对话框中，输入"gpedit.msc"，并单击"确定"按钮。进一步地，依次执行"本地计算机策略"→"计算机配置"→"管理模板"→"系统"→"Device Guard"，双击"打开基于虚拟化的安全"，选择"已禁用"选项。

重启计算机后，打开虚拟机。此时可以运行虚拟机并进入登录界面，单击 HarmonyOS。输入密码：bearpi，然后单击"登录"按钮。进一步地，将 BearPi 虚拟机配置为网络地址转换（network address translation，NAT）通信模式。进入桌面后，在桌面空白处右击，选择"打开终端"。在终端中输入 ifconfig，然后按 Enter 键，可获得本虚拟机的网卡信息，并记录获取到的 BearPi 虚拟机 IP 地址。

2. 安装并运行 MobaXterm

MobaXterm 是一款增强型远程连接工具，主要用于 Windows 的增强终端，带有 X11 服务器、选项卡式 SSH 客户端、网络工具等。它集成了终端和 GUI（图形用户界面）程序，不仅可以像 PuTTY（连接软件）一样通过 SSH 连接到远程服务器，还可以运行一些 X Window 程序。同时，它也是一个优秀的 SSH、Telnet、Ftp、串口等连接工具。

MobaXterm 提供了丰富的功能，包括支持多种网络协议，如 SSH、X11、远程桌面协议（remote desktop protocol，RDP）、虚拟网络控制台（virtual network console，VNC）、FTP、MOSH 等，并提供了大量的 Unix 命令（bash、ls、cat、sed、grep、awk、rsync 等），方便用户进行各种远程任务。它还提供了图形化的安全文件传输协议（SSH file transfer protocol，SFTP）文件传输功能，使得远程文件管理变得非常直观和方便。此外，MobaXterm 还支持 SSH 密钥管理、虚拟键盘和鼠标、自定义快捷键和脚本等功能，大大提高了远程访问的便利性和效率。

要了解安装并运行 MobaXterm 等的详细步骤，请扫描观看视频。

总的来说，MobaXterm 是一款功能强大的远程连接工具，适用于程序员、网站管理员、IT 管理员及所有需要以更简单的方式处理远程工作的用户。它提供了人性化的操作界面和丰富的功能，使得远程访问变得非常便捷和高效。如图 9-54 所示，双击软件包安装 MobaXterm，单击 Next 按钮。

图 9-54　单击安装 MobaXterm 远程连接软件

随后，安装 MobaXterm 远程连接软件接受"许可协议"，选择安装 MobaXterm 地址，并实施 MobaXterm 远程连接软件安装。接着，完成软件安装，并使得 Windows 防火墙允许启动 MobaXterm 软件。打开 MobaXterm 工具，并依次选择 Session（会话）、User sessions（用户会话）（图 9-55）。然后，选择 SSH session。

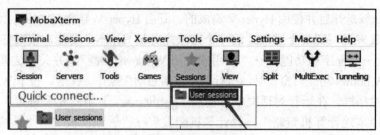

图 9-55 MobaXterm 软件运行主界面点击 "User sessions"

如图 9-56 所示，在 Session settings 界面输入连接信息：BearPi 虚拟机 IP 地址及 username，并单击 OK 按钮，选择保存 SSH 连接相关密码。

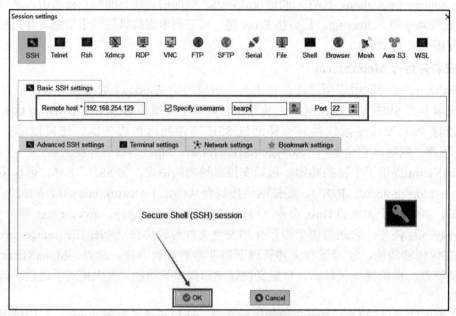

图 9-56 SSH 配置界面输入 BearPi 虚拟机 IP 地址及用户信息

进一步地，输入账号：bearpi，输入密码：bearpi，注意，输入密码的时候屏幕不会显示，输完之后按 Enter 键。在弹出的界面上，单击 Yes 按钮保存账号信息，以免下次重复输入。随后，MobaXterm 即可成功连接到 BearPi 虚拟机（图 9-57）。

3. 安装并运行 RaiDrive

RaiDrive 是一款 Windows 平台信息服务工具，它的主要功能是将各种云存储服务映射为本地网络磁盘，从而方便用户管理和访问远程文件。这款软件支持多种云存储服务，如 Google Drive（谷歌云端硬盘）、OneDrive（云存储服务）、Dropbox（免费网络文件同步工具）等，同时支持 Web 分布式编写和版本控制（Web-based distributed authoring and versioning，WebDAV）、SFTP、FTP 等协议，以及 Google Workspace（云端协作工具套件）、Microsoft 365（云端办公室方案）、SharePoint（门户站点）等企业级云服务和亚马逊 Web 服务（Amazon Web Services，AWS）、Azure（微软云平台）、Google 云平台（Google cloud platform，GCP）等云平台。RaiDrive 提供了三种访问模式，分别是本地磁盘模式、网络磁盘模式和浏览器模式。本地磁盘模式可以将云存储服务映射为本地磁盘，支持读写操作，但需要占用本地空间。网络磁盘模式则是将云存储服务映射为网络磁盘，不占用本地空间，但只支持读操作。浏览器模式则可以在浏览器中打开云存储服务的网页。

安装 RaiDrive 的目的是在本机（Windows）上面可以访问 BearPi 虚拟机上面的文件夹及文件。如图 9-58 所示，双击安装 RaiDrive 软件，默认安装即可。进一步地，选择安装地址成功安装 RaiDrive 软件。单击 Settings 按钮配置 "RaiDrive" 软件，并在 "RaiDrive" 设置界面选择 "中文（简体）"。

如图 9-59 所示，添加链接信息，取消选中 "只读" 复选框。在 "SFTP：//" 处填写 BearPi-HM-Nano-VM 虚拟计算机的 IP 地址 192.168.254.129。进一步地，输入账户：bearpi 及密码：bearpi（图 9-60），单击 "确定" 按钮。如图 9-61 所示，运行 SFTP 成功之后，可以查看本地映射的 BearPi Ubuntu 虚拟机的文件路径。

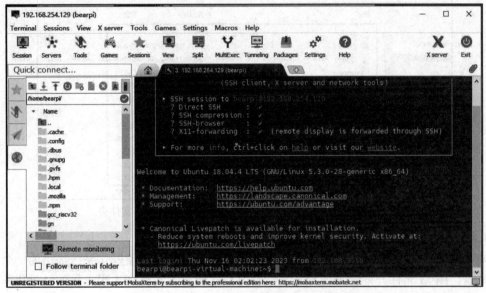

图 9-57　MobaXterm 成功连接到 BearPi 虚拟机

图 9-58　安装 "RaiDrive" 软件

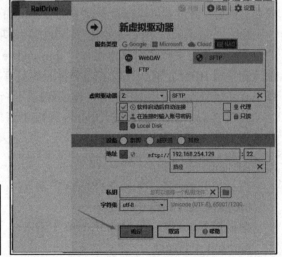

图 9-59　"RaiDrive" 设置界面配置连接参数

图 9-60　输入"RaiDrive"SFTP 用户密码

名称	修改日期	类型	大小
.cache	2023/11/16 20:20	文件夹	
.config	2020/12/14 13:58	文件夹	
.dbus	2020/12/14 12:00	文件夹	
.gnupg	2020/12/14 11:04	文件夹	
.gvfs	2020/12/14 12:00	文件夹	
.hpm	2020/12/14 13:59	文件夹	
.local	2020/12/14 13:52	文件夹	
.mozilla	2023/11/16 20:20	文件夹	
.npm	2020/12/14 13:59	文件夹	
gcc_riscv32	2020/9/2 14:54	文件夹	
gn	2020/9/2 17:01	文件夹	
ninja	2020/9/2 17:03	文件夹	
node-v14.15.1-linux-x64	2020/11/16 21:23	文件夹	

此电脑 > SFTP (F:) > home > bearpi >

图 9-61　文件资源管理器中打开"RaiDrive"SFTP 文件夹

4. HPM 命令行工具

鸿蒙包管理器（HarmonyOS package manager，HPM）是鸿蒙操作系统提供的一个组件包管理器。HPM 允许开发者方便地从鸿蒙官方获取所需的组件，实现工程的轻量化和模块化。它可以根据项目的需要，只下载并安装相关的组件，从而优化开发过程。

开发者可以通过 Node 包管理器（node package manager，NPM）来安装 HPM 命令行工具。安装完成后，开发者可以在命令行中使用 hpm 命令来初始化项目、管理组件和构建应用等。

命令"hpm init"用于初始化一个新的鸿蒙项目或组件。命令"hpm install"用于安装指定的组件或解决方案。还有其他诸如"hpm update""hpm uninstall"等命令，用于更新或卸载组件。在使用 HPM 之前，开发者需要按照鸿蒙官方的指导配置好开发环境，包括安装必要的编译工具和依赖库。使用 HPM 时，建议保持网络连接稳定，以便从鸿蒙官方仓库下载组件。

如图 9-62 所示，为了在 Ubuntu 系统中获取 BearPi-HM 源代码，在 MobaXterm 中输入并运行如下 4 条指令。

```
cd /home/bearpi
然后按 Enter 键，在 MobaXterm 中输入：
mkdir project && cd project
然后按 Enter 键，在 MobaXterm 中输入：
hpm init -t default
然后按 Enter 键，在 MobaXterm 中输入：
hpm i @bearpi/bearpi_hm_nano
```

然后按 Enter 键，等待 1～3 分钟（根据不同网速）。若上述命令执行失败，请解决网络问题，并通过 ping（Packet Internet Groper，因特网包探索器）外网确认 Ubuntu（以桌面应用为主的 Linux 发行版操作系统）网络正常。屏幕中出现"Installed"（安装），意味着代码获取完成（图 9-63）。进一步地，查看/home/bearpi/project 文件夹中的文件与文件夹（图 9-64）。

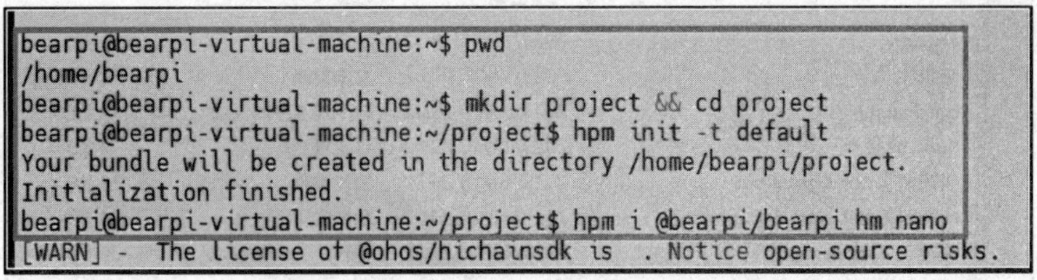

```
bearpi@bearpi-virtual-machine:~$ pwd
/home/bearpi
bearpi@bearpi-virtual-machine:~$ mkdir project && cd project
bearpi@bearpi-virtual-machine:~/project$ hpm init -t default
Your bundle will be created in the directory /home/bearpi/project.
Initialization finished.
bearpi@bearpi-virtual-machine:~/project$ hpm i @bearpi/bearpi hm nano
[WARN] - The license of @ohos/hichainsdk is . Notice open-source risks.
```

图 9-62　安装"BearPi 鸿蒙源代码"进程状态

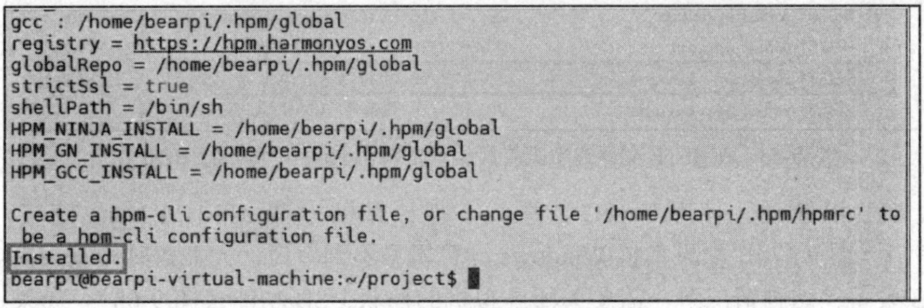

```
gcc : /home/bearpi/.hpm/global
registry = https://hpm.harmonyos.com
globalRepo = /home/bearpi/.hpm/global
strictSsl = true
shellPath = /bin/sh
HPM_NINJA_INSTALL = /home/bearpi/.hpm/global
HPM_GN_INSTALL = /home/bearpi/.hpm/global
HPM_GCC_INSTALL = /home/bearpi/.hpm/global

Create a hpm-cli configuration file, or change file '/home/bearpi/.hpm/hpmrc' to
 be a hpm-cli configuration file.
Installed.
bearpi@bearpi-virtual-machine:~/project$
```

图 9-63　成功安装"BearPi 鸿蒙源代码"

```
bearpi@bearpi-virtual-machine:~/project$
bearpi@bearpi-virtual-machine:~/project$ ls
applications  bundle-lock.json  LICENSE                README.md      utils
base          foundation        Makefile               src            vendor
build         headers           ohos_bundles           test
bundle.json   kernel            product.template.json  third_party
bearpi@bearpi-virtual-machine:~/project$
```

图 9-64　查看/home/bearpi/project 文件夹中的文件与文件夹

9.4.3　BearPi-HM Nano 源代码编译及烧录

如图 9-65 所示，在 MobaXterm 中，路径"/home/bearpi/project"之下，输入 hpm dist，然后按 Enter 键，等待直到屏幕出现"BUILD SUCCESS"字样，说明编译成功。

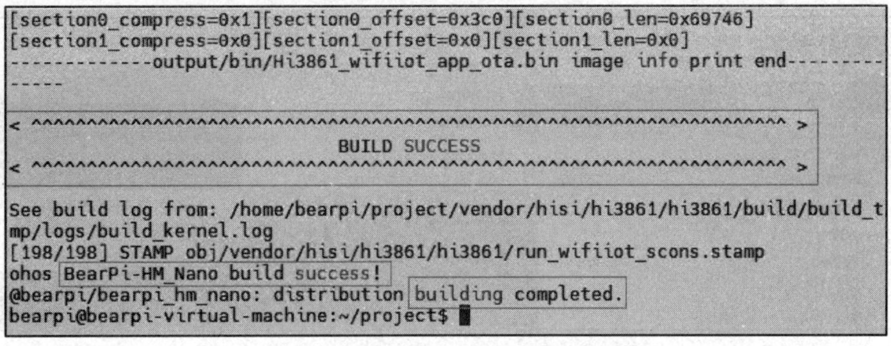

```
[section0_compress=0x1][section0_offset=0x3c0][section0_len=0x69746]
[section1_compress=0x0][section1_offset=0x0][section1_len=0x0]
------------output/bin/Hi3861_wifiiot_app_ota.bin image info print end---------
-----

< ^^^^^^^^^^^^^^^^^^^^^^^^^^^^^^^^^^^^^^^^^^^^^^^^^^^^^^^^^^^^^^^^^^^^^^ >
                               BUILD SUCCESS
< ^^^^^^^^^^^^^^^^^^^^^^^^^^^^^^^^^^^^^^^^^^^^^^^^^^^^^^^^^^^^^^^^^^^^^^ >

See build log from: /home/bearpi/project/vendor/hisi/hi3861/hi3861/build/build_t
mp/logs/build_kernel.log
[198/198] STAMP obj/vendor/hisi/hi3861/hi3861/run_wifiiot_scons.stamp
ohos BearPi-HM Nano build success!
@bearpi/bearpi_hm_nano: distribution building completed.
bearpi@bearpi-virtual-machine:~/project$
```

图 9-65　BearPi 鸿蒙源代码编译成功

查看编译出的固件位置，当编译完后，在 Windows 中可以直接查看到最终编译的固件，具体路径如图 9-66 所示。

SFTP (F:) › home › bearpi › project › out › BearPi-HM_Nano ›			
名称 ^	修改日期	类型	大小
args.gn	2023/11/16 23:32	GN 文件	1 KB
build	2023/11/16 23:32	文本文档	52 KB
build.ninja	2023/11/16 23:32	NINJA 文件	14 KB
build.ninja.d	2023/11/16 23:32	D 文件	3 KB
Hi3861_boot_signed.bin	2023/11/16 23:32	BIN 文件	24 KB
Hi3861_boot_signed_B.bin	2023/11/16 23:32	BIN 文件	24 KB
Hi3861_demo.map	2023/11/16 23:32	Linker Address ...	29 KB
Hi3861_loader_signed.bin	2023/11/16 23:32	BIN 文件	15 KB
Hi3861_wifiiot_app.asm	2023/11/16 23:32	Assembler Source	15,981 KB
Hi3861_wifiiot_app.map	2023/11/16 23:32	Linker Address ...	2,571 KB
Hi3861_wifiiot_app.out	2023/11/16 23:32	OUT 文件	1,516 KB
Hi3861_wifiiot_app_allinone.bin	2023/11/16 23:32	BIN 文件	761 KB
Hi3861_wifiiot_app_burn.bin	2023/11/16 23:32	BIN 文件	722 KB

图 9-66　在 SFTP 文件夹中查看所编译的海思 Hi3861 可执行 BIN 文件

安装 CH340 驱动，使用 TypeC 数据线，把计算机与 BearPi-HM Nano 连接，并查看 CH340 串口（图 9-67）。如果本机 Windows 计算机看不到串口，大多数时候是因为虚拟机捕获了 USB 设备；这种情况下，需要关闭虚拟机的捕获 USB 功能（图 9-68）。如果还看不到串口，可直接关闭 VMware Workstation，选择挂起，然后重新插拔 USB。

图 9-67　在 Windows 主机上查看 CH340 串口

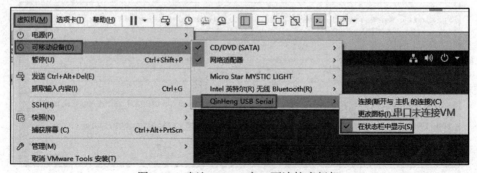

图 9-68　确认 CH340 串口不连接虚拟机

Hiburn 是一种烧录工具，用于在嵌入式系统中将软件程序或固件加载到芯片或设备中。该工具通常用于嵌入式开发，特别是在物联网领域中，用于将软件部署到各种设备中，如传感器、微控制器等。双击"Hiburn.exe"可执行文件，在 Windows 打开 Hiburn 工具，并单击 Refresh 按钮，在 COM 中选择 CH340 串口（COM5）（图 9-69）。

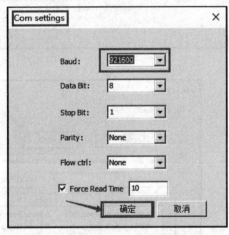

图 9-69　配置 HiBurn 运行串口

如图 9-70 所示，单击 Setting 按钮，并选择 Com settings 选项；并在 Com settings 对话框中设置 Baud 为 921600，然后单击"确定"按钮（图 9-71）。

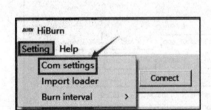

图 9-70　配置 HiBurn Baud 参数　　　图 9-71　将 HiBurn Baud 参数配置为 921600

在 Hiburn 工具工作界面，单击 Select file 按钮，在弹出的文件框中，选择对应的路径，并选中"Hi3861_wifiiot_app_allinone.bin"文件（图 9-72）。

如图 9-73 所示，选中 Select all 及 Auto burn 复选框，然后单击 Connect 按钮。

如图 9-74 所示，此时 Connect 按钮变成 Disconnect，等待下载。如图 9-75 所示，按 RESET 键并松开，开始下载程序，并密切查看烧录进程（图 9-76）。

如果烧录不成功，可多试几次，直到出现"Execution Successful"字样，程序下载完成（图 9-77）。单击 Disconnect 按钮，并关闭 Hiburn 程序，便于后面调测使用。

运行 BearPi 单片机，并利用 MobaXterm 查看串口打印日志。打开 MobaXterm，单击 Session→Serial 按钮，设置 Serial port 为 Hiburn 曾选用的串口，设置 Speed 为 115200，单击 OK 按钮。注意，在一段时间内，串口只能被一个软件工具使用（图 9-78）。再次按单片机上面的 Reset 复位按钮，BearPi 进入工作状态，此时串口会输出对应日志信息（图 9-79）。

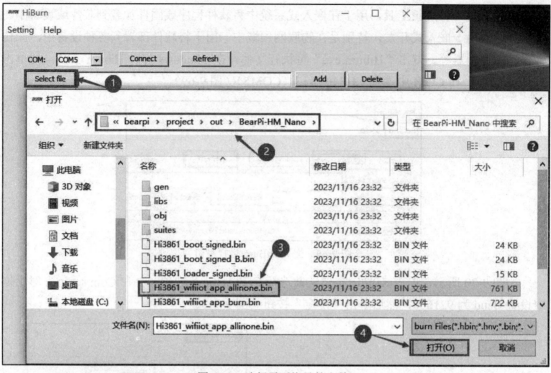

图 9-72　选择需要烧录的文件

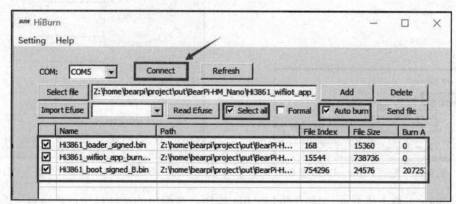

图 9-73　单击 Connect 按钮

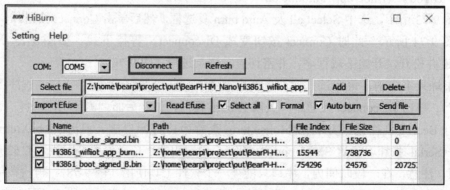

图 9-74　准备好待烧录文件

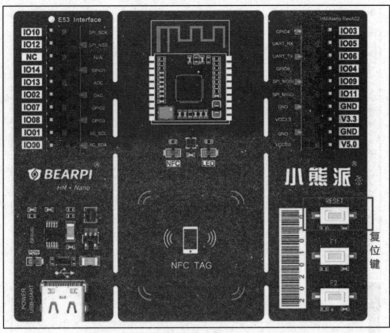

图 9-75　按 BearPi 硬件复位开发板 RESET 键并开始下载程序

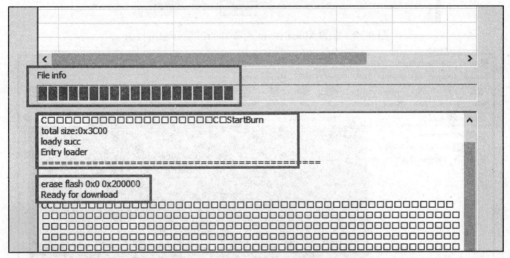

图 9-76　HiBurn 软件烧录进行中

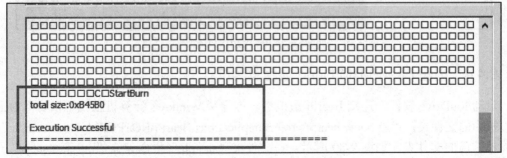

图 9-77　HiBurn 软件烧录成功

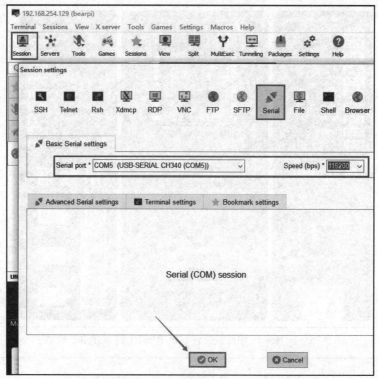

图 9-78　配置 MobaXterm 查看 BearPi 运行输出日志

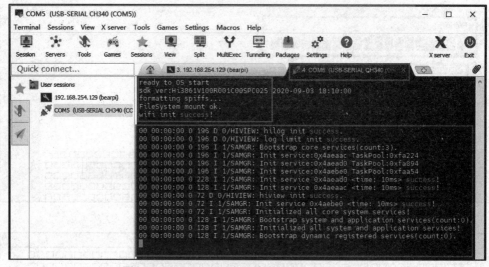

图 9-79　MobaXterm 串口输出的 BearPi 运行日志

9.4.4　创建 BearPi-HM Nano 项目及测试

启动 RaiDrive 软件，连接 BearPi 虚拟机。这样从 Windows 计算机上就可以访问 BearPi 虚拟机中的文件夹；"Z:\home\bearpi\project\applications\BearPi\BearPi-HM_Nano\sample" 为具体被访问的文件夹。如图 9-80 所示，在文件夹 "sample" 里面建立 "my_first_app" 子文件夹。进一步地，在 "my_first_app" 文件夹中建立 "hello_world.c"（图 9-81），使用 MabaTextEditor 或者其他工具编写并保存 "hello_world.c" 源代码（图 9-82）。

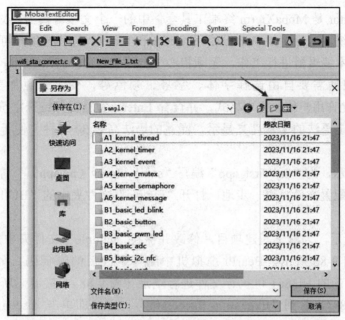

图 9-80　在文件夹"sample"中建立"my_first_app"子文件夹

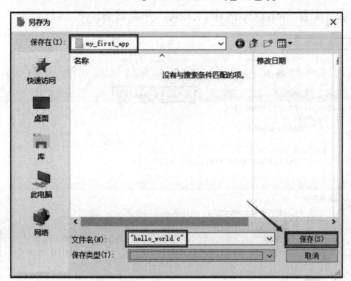

图 9-81　在"my_first_app"文件夹中建立"hello_world.c"

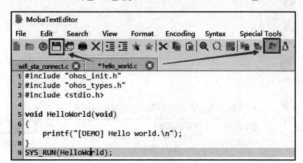

图 9-82　MobaTextEditor 编写并保存"hello_world.c"源代码

　　MobaTextEditor 是 MobaXterm 终端工具套件中的一个文本编辑器。MobaTextEditor 能够在多种操作系统上运行，如 Windows、macOS 和 Linux，这使得用户可以在不同的平台上使用相同的文本编辑器进行工作，无须担心平台限制。MobaTextEditor 支持多种文本格式，用户可以根据需要自由选择字体、字号、颜色等，使文章更加美观、个性化。MobaTextEditor 允许用户修改文本格式，并查看 Enter、空格键等特殊字符的占位情况。此外，它还支持特定语法的文本高亮显示，涵盖的语法高达 30 多种，便于用户进行代码阅读和编辑。

　　如图 9-83 所示，为"my_first_app"编写"static_library（myapp）"等相关代码，并保存"BUILD.gn"配置文件。进一步地，打开"sample"文件夹中的"BUILD.gn"配置文件（图 9-84）。

　　如图 9-85 所示，为测试新建项目，修改并保存"sample"文件夹中的"BUILD.gn"配置文件。如图 9-86 所示，BearPi 虚拟机中编译修改后的源代码。如图 9-87 所示，HiBurn 重新选取新的 Hi3861 可执行文件进行烧录（图 9-88）。接着，新的可执行文件被成功烧录（图 9-89）。看到"Execution Successful"时，立即单击 disconnect 按钮，关闭"HiBurn"程序。

　　如图 9-90 所示，配置 MobaXterm 串口工具，并查看 BearPi 运行日志（图 9-91）。

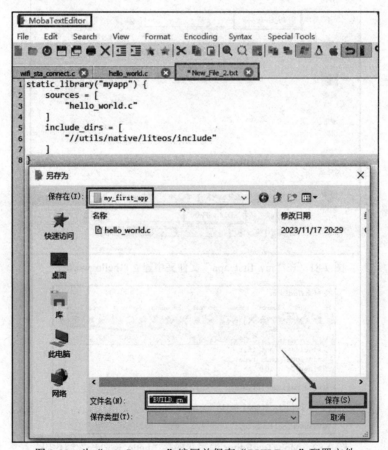

图 9-83　为"my_first_app"编写并保存"BUILD.gn"配置文件

图 9-84 打开"sample"文件夹中的"BUILD.gn"配置文件

```
MobaTextEditor
File    Edit    Search    View    Format    Encoding    Syntax    Special Tools

hello_world.c        BUILD.gn        *BUILD.gn

39        #"D2_iot_wifi_sta_connect:wifi_sta_connect",
40        #"D3_iot_udp_client:udp_client",
41        #"D4_iot_tcp_server:tcp_server",
42        #"D5_iot_mqtt:iot_mqtt",
43        #"D6_iot_cloud_oc:oc_mqtt",
44        #"D7_iot_cloud_onenet:onenet_mqtt",
45        #"D8_iot_cloud_oc_smoke:cloud_oc_smoke",
46        #"D9_iot_cloud_oc_light:cloud_oc_light",
47        #"D10_iot_cloud_oc_manhole_cover:cloud_oc_manhole_cover",
48        #"D11_iot_cloud_oc_infrared:cloud_oc_infrared",
49        #"D12_iot_cloud_oc_agriculture:cloud_oc_agriculture",
50        #"D13_iot_cloud_oc_gps:cloud_oc_gps",
51        "my_first_app:myapp",
52      ]
53 }
54
55
56

Z:\home\bearpi\project\applications\BearPi\BearPi-HM Nar DOS        Plain text        56 lines
```

图 9-85 修改并保存"sample"文件夹中的"BUILD.gn"配置文件

```
bearpi@bearpi-virtual-machine:~/project$ pwd
/home/bearpi/project
bearpi@bearpi-virtual-machine:~/project$ hpm dist
[WARN] -  The license of @ohos/hichainsdk is  . Notice open-source risks.
[WARN] -  The license of @ohos/syspara is  . Notice open-source risks.
[WARN] -  The license of @ohos/wlan is  . Notice open-source risks.
[WARN] -  The license of @ohos/system_ability_manager is  . Notice open-source r
isks.
[WARN] -  The license of @ohos/utils is  . Notice open-source risks.
```

图 9-86 BearPi 虚拟机中编译修改后的源代码

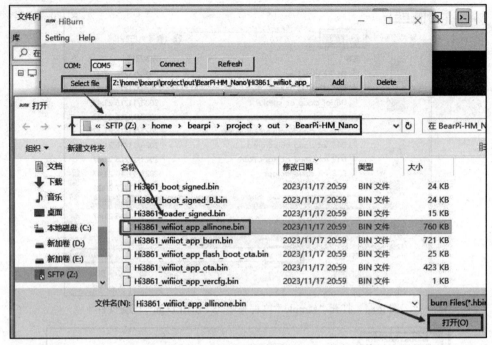

图 9-87　HiBurn 重新选取新的 Hi3861 可执行文件

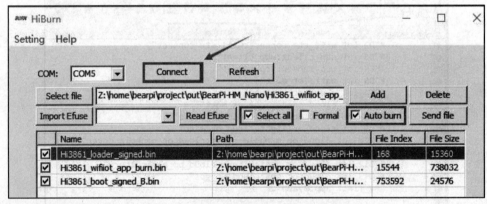

图 9-88　HiBurn 重新烧录新的可执行文件

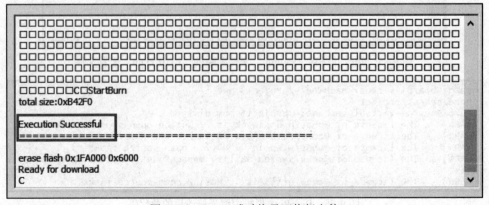

图 9-89　HiBurn 成功烧录可执行文件

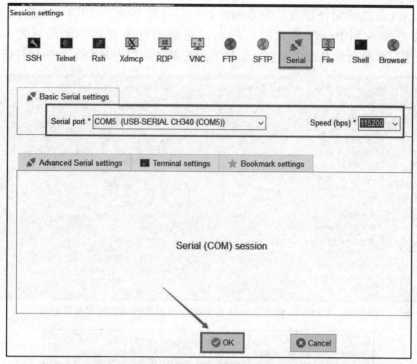

图 9-90　配置 MobaXterm 串口工具

图 9-91　用 MobaXterm 串口工具查看 BearPi 运行日志

9.4.5　测试 BearPi-HM Nano 样例

如图 9-92 所示，基于 RaiDrive 共享的 BearPi 虚拟机文件，VS Code 打开并修改 BearPi 虚拟机中的源代码。按 Ctrl+S 组合键保存源代码修改；执行"hpm dist"命令，继续编译代码（图 9-93）。编译成功后，使用 HiBurn 将可执行文件烧录到 BearPi 单片机，然后，重新运行单片机，并利用 MobaXterm 串口工具查看 BearPi 温湿度传感器相关运行日志（图 9-94）。

如图 9-95 所示，VS Code 修改 BearPi 虚拟机中的源代码测试 Wi-Fi 及 TCP 服务器。进一步地，BearPi 虚拟机编译修改后的 BearPi 源代码（图 9-96），编译成功后，使用 HiBurn 将可执行文件烧录到 BearPi 单片机，然后，重新运行单片机。如图 9-97 所示，利用 MobaXterm 串口工具查看 BearPi Wi-Fi 及 TCP 服务器（端口为 8888）相关运行日志。

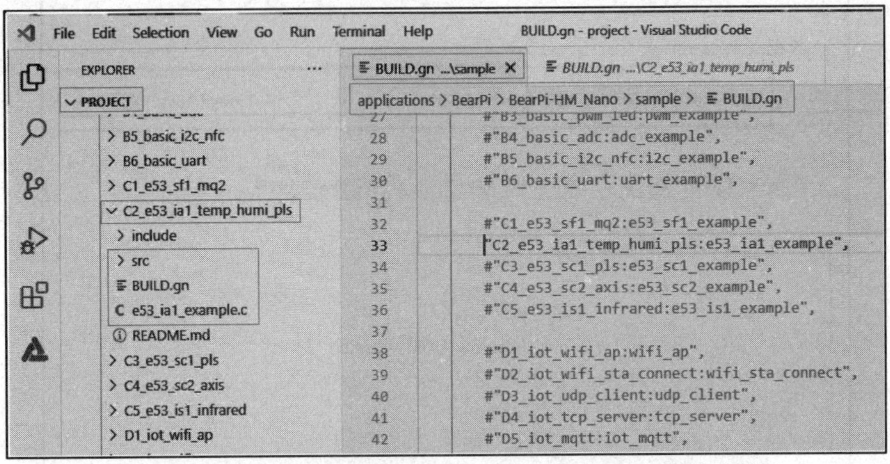

图 9-92　VS Code 修改 BearPi 虚拟机中的源代码测试温湿度传感器

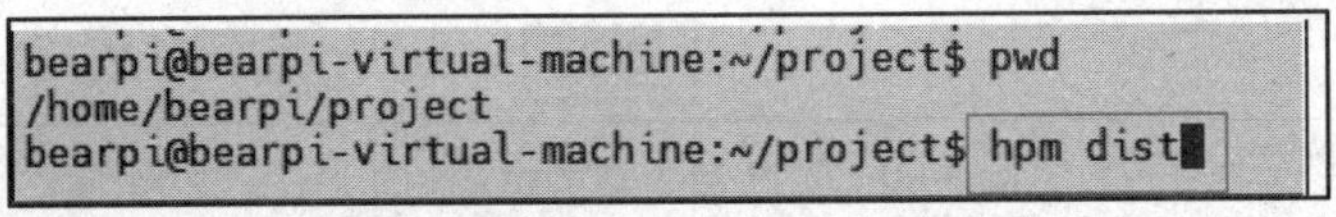

图 9-93　BearPi 虚拟机编译修改后的 BearPi 源代码

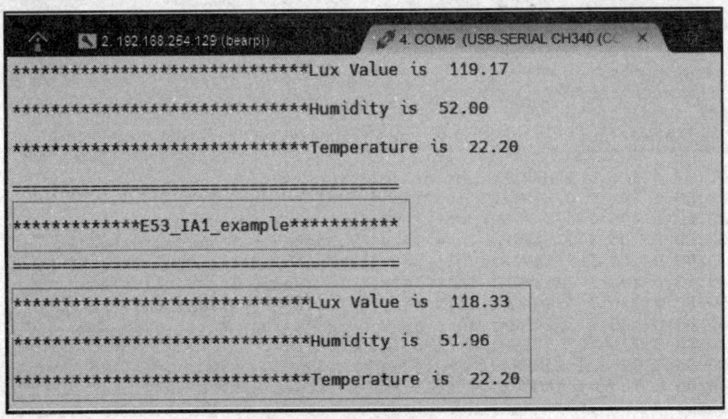

图 9-94　MobaXterm 串口工具查看 BearPi 温湿度传感器相关运行日志

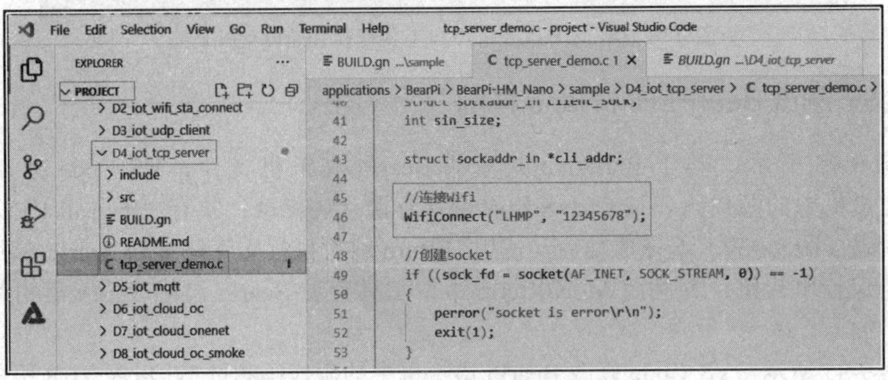

图 9-95　VS Code 修改 BearPi 虚拟机中的源代码测试 Wi-Fi 及 TCP 服务器

```
< ^^^^^^^^^^^^^^^^^^^^^^^^^^^^^^^^^^^^^^^^^^^^^^^^^^^^^^^^^^^^^^^^^^^^^^^ >
                            BUILD SUCCESS
< ^^^^^^^^^^^^^^^^^^^^^^^^^^^^^^^^^^^^^^^^^^^^^^^^^^^^^^^^^^^^^^^^^^^^^^^ >

See build log from: /home/bearpi/project/vendor/hisi/hi3861/hi3861/build/build_t
mp/logs/build_kernel.log
[199/199] STAMP obj/vendor/hisi/hi3861/hi3861/run_wifiiot_scons.stamp
ohos BearPi-HM Nano build success!
@bearpi/bearpi_hm_nano: distribution building completed.
bearpi@bearpi-virtual-machine:~/project$ █
```

图 9-96　BearPi 虚拟机编译修改后的 BearPi 源代码

```
⌂   2. 192.168.254.129 (bearpi)        ⚡ 5. COM5 (USB-SERIAL CH340 (C  ×  ∧

no:005, ssid:HK-ZW                            , rssi: -81
********************
Select:  1 wireless, Waiting...
+NOTICE:CONNECTED
WaitConnectResult:wait success[1]s
WiFi connect succeed!
begain to dhcp
<-- DHCP state:Inprogress -->
<-- DHCP state:Inprogress -->
<-- DHCP state:Inprogress -->
<-- DHCP state:Inprogress -->
<-- DHCP state:OK -->
server :
        server_id : 192.168.43.1
        mask : 255.255.255.0, 1
        gw : 192.168.43.1
        T0 : 3600
        T1 : 1800
        T2 : 3150
clients <1> :
        mac_idx mac          addr            state   lease   tries   rto
        0       a41131d2a0ad 192.168.43.184  10      0       1       4
start accept
█
```

图 9-97　MobaXterm 串口工具查看 BearPi Wi-Fi 及 TCP 服务器相关运行日志

　　BearPi 网关 Wi-Fi 模块获取的 IP 地址为 "192.168.43.184"，并在端口 "8888" 运行 TCP 服务器。在手机上下载安装 "网络调试精灵" App。如图 9-98 所示，智能手机使用 "网络调试精灵" 作为 TCP 客户端连接到 "192.168.43.184：8888"，建立与 BearPi TCP 服务器之间的连接，并发送数据到 BearPi TCP 服务器。同时，使用 MobaXterm 串口工具，可以在 BearPi 单片机上，查看来自智能手机 TCP 客户端的数据（图 9-99）。

图 9-98　智能手机 TCP 客户端发送数据到 BearPi TCP 服务器

```
clients <1> :
        mac_idx mac          addr            state   lease   tries   rto
        0       a41131d2a0ad 192.168.43.184  10      0       1       4
start accept
accept addr
recv :Hello,I am from a smartphone.
█
```

图 9-99　BearPi TCP 服务器收到来自智能手机 TCP 客户端的数据

9.5 鸿蒙应用 App 开发

鸿蒙应用 App 开发主要是基于华为鸿蒙操作系统进行的应用程序开发。鸿蒙应用 App 开发的过程包括以下几个主要步骤。①环境搭建与配置：安装鸿蒙开发工具，配置开发环境，包括安装必要的软件、SDK 和模拟器等。②设计与规划：在开始编码之前，需要对应用程序进行设计和规划，确定应用程序的功能、界面设计、用户体验等。③编码实现：使用鸿蒙操作系统提供的 API 和开发工具进行编码实现，包括界面布局、事件处理、数据管理等。④测试与调试：在开发过程中，需要对应用程序进行测试和调试，确保应用程序的功能和性能符合要求。⑤打包与发布：将应用程序打包成安装包，并发布到鸿蒙应用商店或其他渠道，供用户下载和使用。

鸿蒙应用 App 开发需要掌握一定的编程技能和经验，同时需要熟悉鸿蒙操作系统的特性和 API。此外，还需要关注用户体验和性能优化等方面，以提供高质量的应用程序。鸿蒙应用 App 开发具有广阔的市场前景和发展空间，随着鸿蒙操作系统的不断推广和普及，越来越多的开发者和企业将加入鸿蒙应用生态中来。

9.5.1 开发环境搭建

1. 下载 DevEco-Studio

DevEco Studio 是华为推出的一款面向全场景多设备的一站式分布式应用开发平台。它基于 IntelliJ IDEA Community 开源版本进行深度定制开发，为开发者提供了设计、编码、编译、调试和云端测试等端到端的一站式服务。以下是 DevEco Studio 的主要特点和功能。

（1）工程管理：DevEco Studio 可以对项目进行创建、编辑、编译、构建和部署等操作，方便开发者管理和组织多个项目。

（2）代码编辑：它提供了强大的代码编辑功能，支持语法高亮、智能补全、代码格式化、代码重构等，帮助开发者更高效地编写代码。

（3）调试与仿真：DevEco Studio 内置了调试器和模拟器，支持真机调试、远程调试、模拟器调试等多种调试方式，方便开发者快速定位和解决问题。

（4）多端支持：DevEco Studio 支持多种平台的应用开发，包括手机、平板计算机、电视、智能穿戴等，满足开发者全场景开发需求。

（5）汉化支持：对于习惯使用中文的开发者来说，DevEco Studio 支持汉化，可以更加方便地操作和使用。

（6）低代码开发：DevEco Studio 还支持低代码开发，通过可视化的配置和简单的编程，开发者可以快速构建应用原型和实现功能。

此外，与 Android Studio 相比，DevEco Studio 还拥有一些额外的特性，如支持多种 Android 设备、多种语言（Java、Kotlin、C++等）、多种工具（Android Studio、Gradle、Maven 等）及多种插件（Android Studio 插件、Gradle 插件、Maven 插件等）。这使得开发者能够更好地开发适用于不同设备和场景的应用。

打开 HarmonyOS 应用开发官网，并单击右上角注册华为账号，有账号的直接登录即可。如图 9-100 所示，转到 DevEco Studio 下载页面，选择 Windows 版本，Windows 版本只能用于 Windows 10 及以上。

图 9-100　下载华为 DevEco Studio

要了解安装 deveco-studio 等的详细步骤，请扫描观看视频。

2. 安装 DevEco-Studio

将下载的 DevEco-Studio 软件压缩包解压获取 eveco-studio-3.1.0.501.exe。进一步地，双击可执行文件进行安装（图 9-101）。

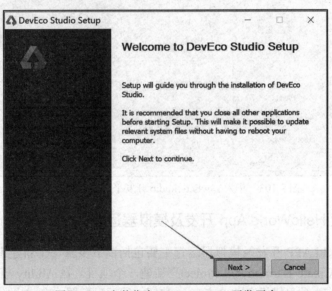

图 9-101　安装华为 DevEco Studio 开发平台

接着，选择华为 DevEco Studio 开发平台安装目录，并单击 Next 按钮。随后，配置华为 DevEco Studio 开发平台安装选项，选中"Create Desktop Shortcut"，然后单击 Next 按钮。进一步地，配置华为 DevEco Studio 开发平台开始菜单文件夹，单击 Install 按钮，并密切查看华为 DevEco Studio 开发平台安装进行状态。

最后，在华为 DevEco Studio 开发平台安装完成界面，选中"Run DevEco Studio"，单击 Finish 按钮。进一步地，在弹出协议窗口，单击 Agree 按钮。接着，在随后的 Import DevEco Studio Settings 界面选择"不导入配置"。

如图 9-102 所示，在华为 DevEco Studio 开发平台安装选择"Basic Setup（基础配置）"。然后，选择"SDK Setup"。随后，选择接受"许可证协议"，并单击 Next 按钮。接着，进入华为 DevEco Studio 开发平台安装选择配置汇总界面。

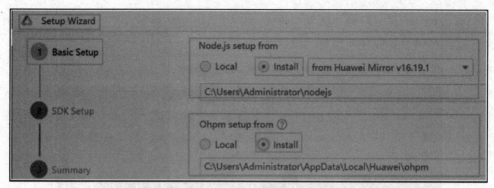

图 9-102　华为 DevEco Studio 开发平台安装选择相应配置

密切关注华为 DevEco Studio 开发平台安装进度；进一步地，进入华为 DevEco Studio 开发平台安装完成界面，并单击 Finish 按钮，进入 DevEco Studio 的欢迎界面（图 9-103）。至此，DevEco Studio3.0 开发环境就安装完成了。

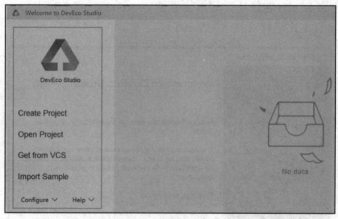

图 9-103　华为 DevEco Studio 开发平台启动欢迎界面

9.5.2　鸿蒙 HelloWorld App 开发及模拟器运行

鸿蒙 HelloWorld APP 开发及模拟器运行主要包括以下步骤。①新建工程：打开 DevEco Studio 后，选择"Create HarmonyOS Project"新建一个项目。在 Ability 模板选择窗口，选择"Empty Ability"作为项目模板，并单击 Next 按钮。②项目配置：在弹出的项目配置界面中，可以修改项目名为"HelloWorld"，选择项目类型为"Application"，语言选择"Java"。在设备类型中，选中"Phone"。配置好后，单击 Finish 按钮。此时，DevEco Studio 会自动联网同步需要的资源，并尝试编译项目。③模拟器运行：在 DevEco Studio 的工具栏中，选择"Tools"→"Device Manager"。然后，选择一台模拟器，然后运行。此时，应该能在模拟器中看到 HelloWorld 应用正在运行。

如图 9-104 所示，在 DevEco Studio3.0 的环境界面，单击 CreateProject 按钮。如图 9-105 所示，在

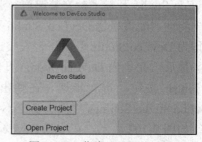

图 9-104　华为 DevEco Studio
开发平台新建项目

Ability 模板选择窗口，选择"Empty Ability"，单击 Next 按钮。

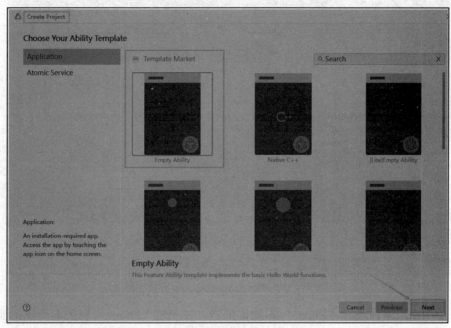

图 9-105　新建项目选择"Empty Ability"

如图 9-106 所示，在新建项目界面，配置项目名称及保存路径等并单击 Finish 按钮。接着，进入华为 DevEco Studio App 开发主界面（图 9-107），按 Ctrl+S 组合键或者执行"File-Save All"操作保存所有文件操作。如果弹出安全警告提醒选择"允许所有操作"。单击主工作界面右上部的下拉菜单启动设备管理器。进一步地，在新出现的窗口，运行"Device Manager"（图 9-108）。

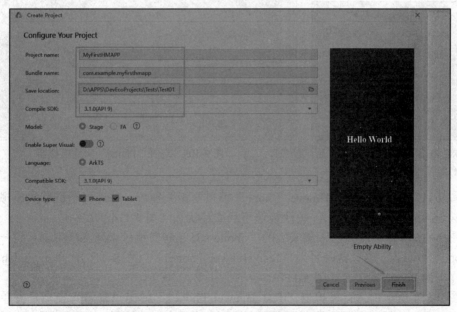

图 9-106　新建项目配置项目名称及保存路径等并单击 Finish 按钮

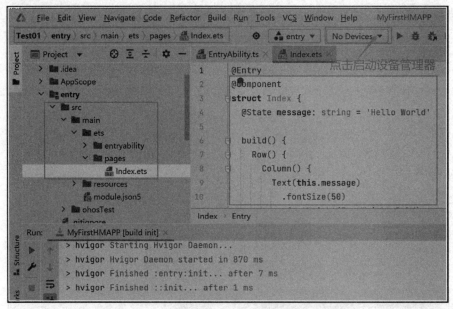

图 9-107   华为 DevEco Studio App 开发主界面

如图 9-109 所示，选择"Phone"本地模拟器，并安装"Phone"相关本地模拟器软件库（图 9-110）；安装完成后，可以继续创建新的模拟器（图 9-111）。

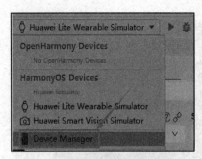

图 9-108   在华为 DevEco Studio 开
发平台运行"Device Manager"

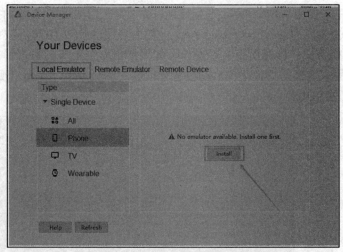

图 9-109   选择"Phone"本地模拟器

如图 9-112 所示，选择"Huawei_Phone"模拟器相关参数，并选择下载相关模拟器镜像"phone-x86-api9"（图 9-113）。关注镜像下载安装状态（图 9-114）。

如图 9-115 所示，选择已下载安装的"phone-x86-api9"镜像来建立模拟器；进一步地，将"phone-x86-api9"模拟器命名为"Test_Huawei_Phone1"（图 9-116），单击 Finish 按钮，成功建立华为 Phone 模拟器（图 9-117）。

如图 9-118 所示，运行模拟器"Test_Huawei_Phone1"弹出"警告"窗口，并单击"确定"按钮。进一步地，在弹出的"用户账户控制"窗口，单击"是"按钮（图 9-119），允许程序所有操作。

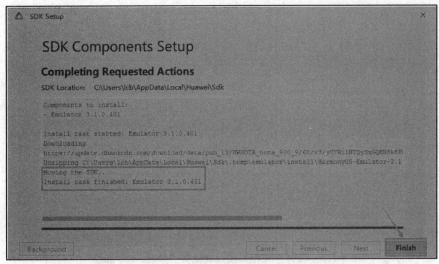

图 9-110　安装"Phone"相关本地模拟器软件库

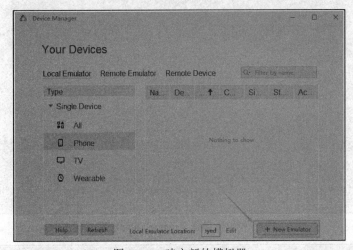

图 9-111　建立新的模拟器

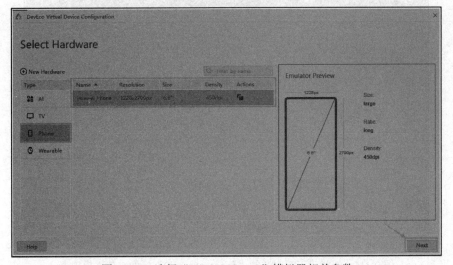

图 9-112　选择"Huawei_Phone"模拟器相关参数

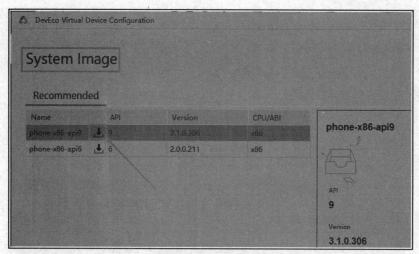

图 9-113　选择下载相关模拟器镜像"phone-x86-api9"

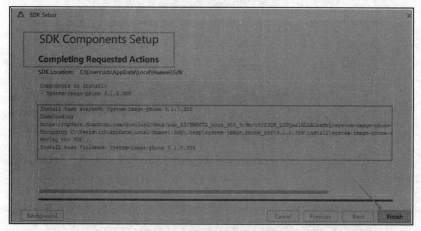

图 9-114　模拟器镜像"phone-x86-api9"下载中

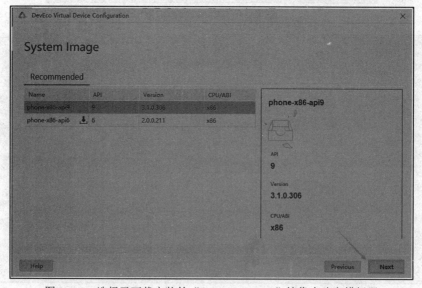

图 9-115　选择已下载安装的"phone-x86-api9"镜像来建立模拟器

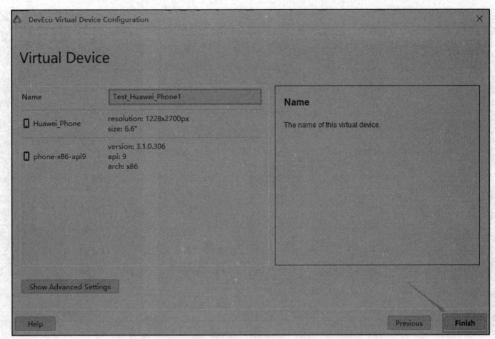

图 9-116　将"phone-x86-api9"模拟器命名为"Test_Huawei_Phone1"

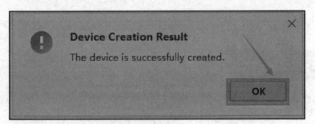

图 9-117　成功建立华为 Phone 模拟器

图 9-118　运行模拟器"Test_Huawei_Phone1"
弹出警告窗口

图 9-119　运行模拟器执行"用户账户
控制"选项

　　如图 9-120 所示，模拟器"Test_Huawei_Phone1"运行成功。进一步地，在模拟器上运行所开发的华为 App（图 9-121），查看模拟器上运行华为 App 日志（图 9-122）。同时，用户开发的华为 App 能够在模拟器上面安装与运行界面（图 9-123）。

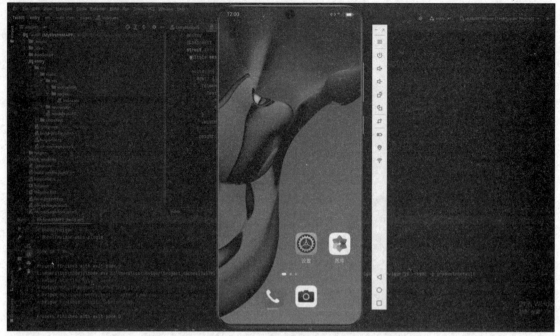

图 9-120　模拟器 "Test_Huawei_Phone1" 运行成功

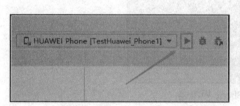

图 9-121　在模拟器上面运行
所开发的华为 App

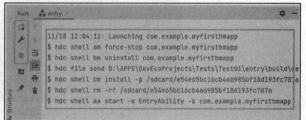

图 9-122　查看模拟器上运行华为 App 日志

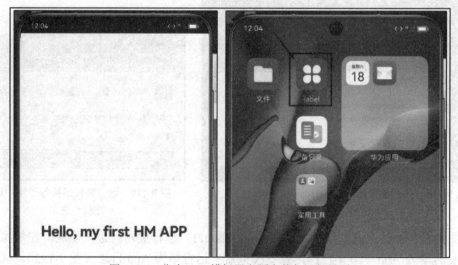

图 9-123　华为 App 模拟器上面安装与运行界面

9.5.3　测试鸿蒙蓝牙 App 开发样例

如图 9-124 所示，从 Gitee 官网（https://gitee.com/harmonyos/samples）下载 HarmonyOS 示例源代码，或者使用软件包所提供的"samples-master.zip"源代码。进一步地，将下载的"samples-master"示例代码解压到特定的文件夹（图 9-125），并查看"samples-master"示例代码中"network"相关示例（图 9-126）。

图 9-124　Gitee 官网下载 OpenHarmony
相关示例代码

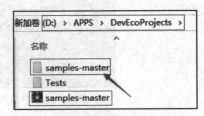

图 9-125　将下载的"samples-master"
示例代码解压到特定的文件夹

图 9-126　查看"samples-master"示例代码中"network"相关示例

如图 9-127 所示，DevEco Studio 关闭当前项目，并关闭当前运行的 DevEco Studio 项目（图 9-128）。进一步地，DevEco Studio 开发平台打开已有项目"Open Project"（图 9-129）。

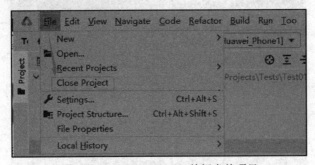

图 9-127　DevEco Studio 关闭当前项目

传统蓝牙本机管理主要是针对蓝牙本机的基本操作，包括打开和关闭蓝牙、设置和获取本机蓝牙名称、扫描和取消扫描周边蓝牙设备、获取本机蓝牙 profile 对其他设备的连接状态、获取本机蓝牙已配对的蓝牙设备列表。所开发的蓝牙 App 功能包括：①打开蓝牙开关；

②点击"Start Discovery"，开始搜索蓝牙设备，并显示设备名称；③选择蓝牙设备进行配对，输入配对码即可配对。

如图 9-130 所示，DevEco Studio 打开特定文件夹之中的"Bluetooth"项目。进一步地，查看已打开的"Bluetooth"项目（图 9-131）及其源代码（图 9-132）。

如图 9-133 所示，重新编译"Bluetooth"项目源代码；并在"Bluetooth"项目编译成功之后（图 9-134），运行"Bluetooth"项目（图 9-135）。接着，利用鸿蒙 Phone 模拟器，安装并运行"Bluetooth"App（图 9-136）。

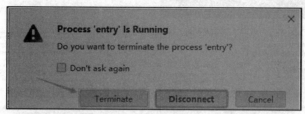

图 9-128　中断当前运行的 DevEco Studio 项目

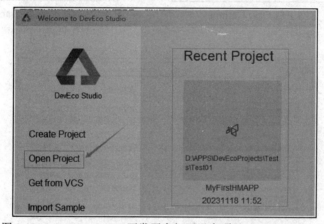

图 9-129　DevEco Studio 开发平台打开已有项目"Open Project"

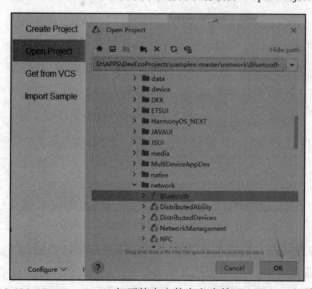

图 9-130　DevEco Studio 打开特定文件夹之中的"Bluetooth"项目

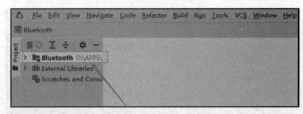

图 9-131　查看已打开的"Bluetooth"项目

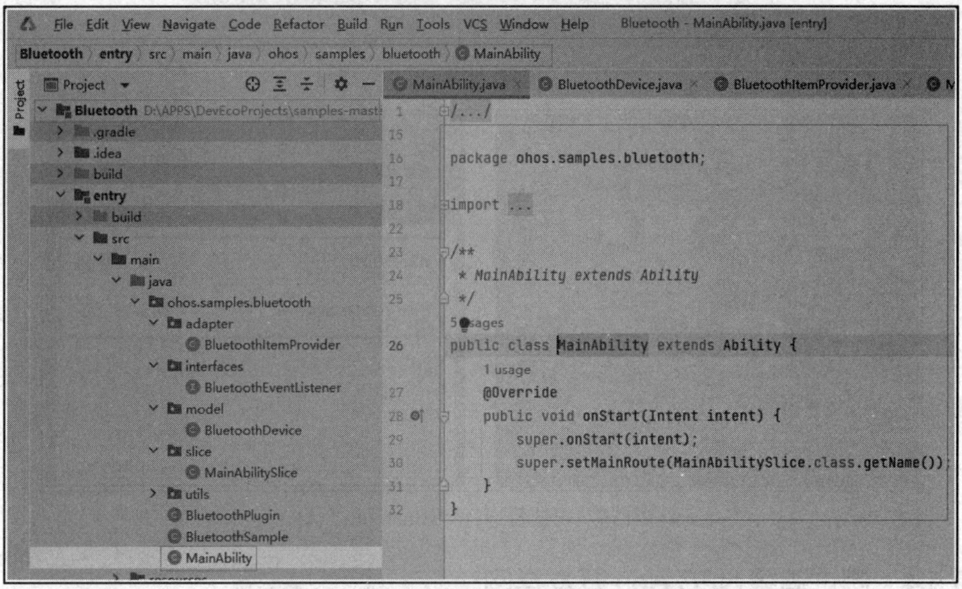

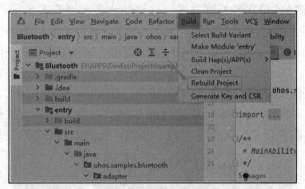

图 9-132　查看已打开的"Bluetooth"项目源代码

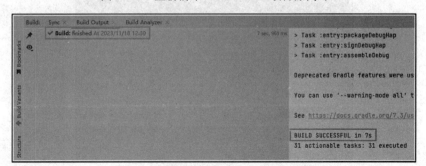

图 9-133　重新编译"Bluetooth"项目源代码

图 9-134　"Bluetooth"项目编译成功

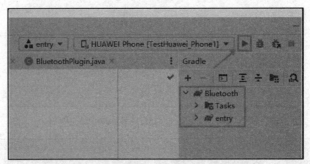

图 9-135　运行"Bluetooth"项目

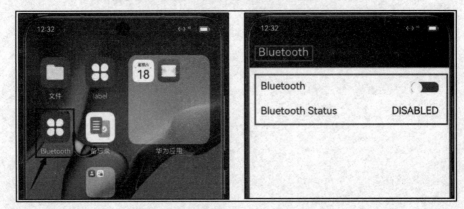

图 9-136　安装及运行"Bluetooth"App

9.5.4　测试鸿蒙 NFC App 开发样例

NFC 是一种非接触式识别和互联技术，让移动设备、消费类电子产品、PC 和智能设备之间可以进行近距离无线通信。此次所开发的 NFC App 可完成以下功能：①开启 NFC，状态显示"NFC_ENABLED"；②关闭 NFC，状态显示"NFC_DISABLED"。

如图 9-137 所示，DevEco Studio 打开 NFC 项目。进一步地，查看 NFC 项目源代码（图9-138），编译 NFC 项目源代码（图 9-139）。接着，DevEco Studio NFC 项目源代码编译下载相关库文件，随后，项目源代码编译成功（图 9-140）。如果在第 1 次执行"Rebuild"时，出现编译错误，则再次执行"Rebuild"。进一步地，安装及运行 NFC App（图 9-141）。

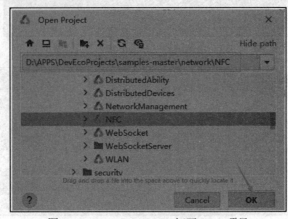

图 9-137　DevEco Studio 打开 NFC 项目

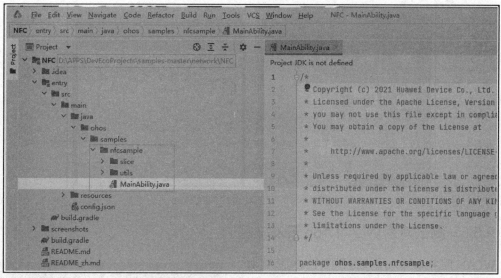

图 9-138　DevEco Studio 查看 NFC 项目源代码

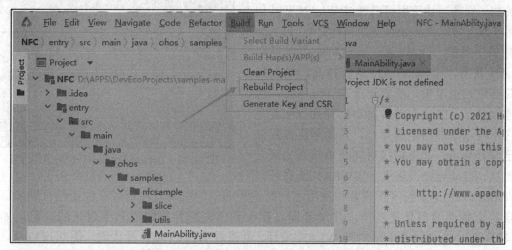

图 9-139　DevEco Studio 编译 NFC 项目源代码

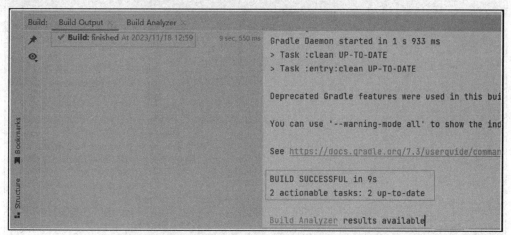

图 9-140　DevEco Studio NFC 项目源代码编译成功

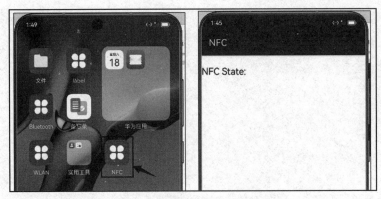

图 9-141　安装及运行 NFC App

9.5.5　测试鸿蒙 WLAN App 开发样例

WLAN 服务系统为用户提供 WLAN 基础功能、P2P（peer-to-peer）功能和 WLAN 消息通知的相应服务，让应用可以通过 WLAN 和其他设备互联互通。该部分所开发的鸿蒙 Wi-Fi App 具有以下功能。①WLAN 基础功能可以获取 WLAN 状态，查询 WLAN 是否打开。发起扫描并获取扫描结果。获取连接态详细信息，包括连接信息、IP 信息等。②不信任热点配置是指应用可以添加指定的热点，其选网优先级低于已保存热点。如果扫描后判断该热点为最合适热点，自动连接该热点。③WLAN 消息通知

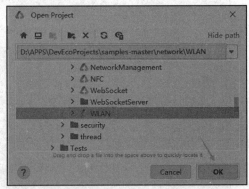

图 9-142　DevEco Studio 打开 WLAN 项目

（Notification）是系统内部或者与应用之间跨进程通信的机制，注册者在注册消息通知后，一旦符合条件的消息被发出，注册者即可接收到该消息并获取消息中附带的信息。如图 9-142 所示，DevEco Studio 打开 WLAN 项目，并查看 WLAN 项目源代码（图 9-143）。

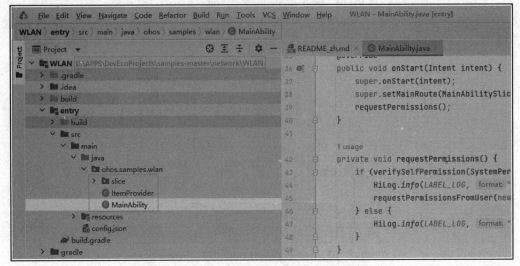

图 9-143　DevEco Studio 查看 WLAN 项目源代码

如图 9-144 所示，DevEco Studio 编译 WLAN 项目源代码，并编译成功（图 9-145）。进一步地，运行 WLAN 项目（图 9-146），并查看安装及运行 WLAN 项目界面（图 9-147）。

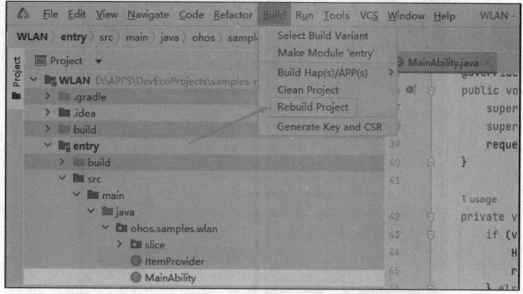

图 9-144　DevEco Studio 编译 WLAN 项目源代码

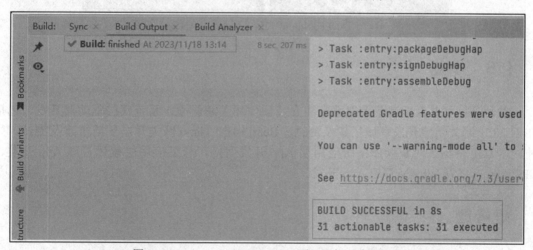

图 9-145　DevEco Studio WLAN 项目源代码编译成功

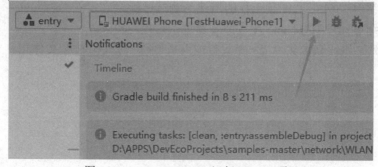

图 9-146　DevEco Studio 运行 WLAN 项目

图 9-147　DevEco Studio 安装及运行 WLAN 项目界面

9.6　小结

本章内容主要包括鸿蒙操作系统简介及硬件相关鸿蒙操作系统底层驱动器开发，包括
FS-Hi3861 网关鸿蒙开发环境搭建及测试、BearPi-HM Nano 网关开发环境搭建及测试。同
时，本章也介绍了鸿蒙操作系统应用层 App 开发案例，包括应用层蓝牙管理 App 开发、
NFC App 开发及 WLAN 管理 App 开发。

思考题

1. 简述鸿蒙操作系统的特点。
2. 简要介绍 Hi3861 芯片鸿蒙工程的搭建与测试过程。
3. 简要介绍 BearPi-HM Nano 环境部署及测试过程。

请扫描下列二维码获取第 9 章-鸿蒙智能网关制作-源代码与库文件相
关资源。

第 10 章

智能物联网设备上位机软件设计

学习要点

❑ 了解网关智能设备上位机通信原理。
❑ 掌握基于 SpringBoot 的 Web 服务器开发相关知识。
❑ 掌握基于 Idea 进行 SpringBoot 编程的相关步骤。
❑ 了解基于 TCP Server 的上位机开发相关知识。

10.1 网关智能设备–上位机介绍

如图 10-1 所示，上位机是指位于物联网系统中上层的计算设备或软件系统，负责接收、处理和管理来自物联网设备的数据，并进行数据分析和决策。具体来说，上位机连接着物联网系统中的各个终端设备，充当了系统和设备之间的桥梁与协调者，具有数据采集、存储、处理和应用的功能。

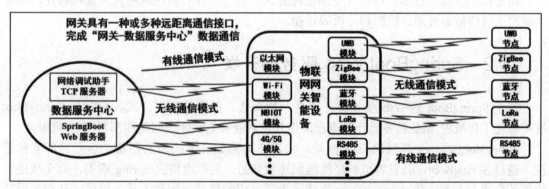

图 10-1　物联网网关智能设备与上位机（数据服务中心）通信示意图

上位机软件开发是指针对物联网系统中的网关设备，开发用于与上层系统或云平台进行通信和数据交换的软件。以下是物联网网关上位机软件开发的详细介绍。

1. 功能需求

（1）数据采集与传输：从传感器或设备获取数据，并通过通信协议将数据传输到上层系统或云平台。

（2）远程控制：支持远程控制物联网设备，如远程开关、调节参数等。

（3）安全管理：实现数据加密、身份验证等安全机制，确保数据传输的安全性。

（4）设备管理：对接入的设备进行管理，包括注册、配置、监控等功能。

（5）数据处理与分析：对采集到的数据进行处理、分析和存储，提供数据可视化、报表等功能。

2. 开发工具

（1）编程语言：常用的语言包括 C/C++、Java、Python 等，开发时可选择适合项目需求和开发团队熟悉的语言。

（2）开发环境：选择合适的集成开发环境，如 Eclipse（一个开放源代码的、基于 Java 的可扩展开发平台）、Visual Studio（功能强大的集成开发环境）等。

（3）物联网通信协议：根据项目需求选择适合的通信协议，如 MQTT、CoAP、HTTP 等。

3. 开发步骤

（1）设计架构：定义软件架构，包括模块划分、数据流程、接口设计等。

（2）编码实现：根据设计的架构，编写各个模块的代码，实现功能需求。

（3）调试测试：进行单元测试、集成测试和系统测试，确保软件功能正常运行。

（4）集成部署：将开发完成的软件部署到物联网网关设备中，进行配置和调优。

（5）运维维护：持续监控和维护软件运行状态，及时处理问题和更新功能。

4. 关键技术

（1）通信协议：了解和应用物联网通信协议，实现设备与上层系统的数据交换。

（2）数据处理：掌握数据采集、存储、处理和分析技术，提高数据利用价值。

（3）安全防护：实施数据加密、认证授权、访问控制等安全措施，保障系统安全性。

（4）可视化界面：设计用户友好的界面，实现数据展示、操作和管理的可视化。

（5）多线程编程：针对复杂任务和并发处理需求，掌握多线程编程技术。

通过以上步骤和技术，可以开发出功能强大、稳定可靠的物联网网关上位机软件，实现物联网系统的数据管理、控制和分析等功能。

10.2　SpringBoot Web 服务器开发

基于 SpringBoot 的 Web 服务器开发是一种高效、便捷的开发方式，它利用 SpringBoot 框架简化了传统的 Web 服务器开发流程，使开发者能够更快速地构建和部署 Web 应用。

SpringBoot 是一个开源的 Java 框架，它旨在简化 Spring 应用的创建、运行、部署和监控。通过 SpringBoot，开发者可以轻松地创建独立的、生产级别的 Spring 应用，而无须进行烦琐的配置和部署工作。SpringBoot 集成了大量常用的第三方库和工具，提供了开箱即用的功能，使开发者能够更专注于业务逻辑的实现。

在基于 SpringBoot 的 Web 服务器开发中，开发者利用 SpringBoot 提供的各种功能和特性来简化开发流程。首先，SpringBoot 提供了自动配置功能，它可以根据项目的依赖关系自动配置 Spring 应用所需的各项设置，从而避免了烦琐的手动配置工作。其次，SpringBoot 内置了嵌入式 Web 服务器（如 Tomcat、Jetty 等），开发者无须额外安装和配置 Web 服务器即可运行 Web 应用。此外，SpringBoot 还支持热部署、监控和性能优化等功能，提高了开发效率和应用性能。

10.2.1　SpringBoot Web 服务器与智能网关设备通信简介

STM32 通过使用 HTTP GET 将数据传输到 SpringBoot Web 服务器的机理，可以按以下步骤进行。①数据收集：STM32 连接到温湿度传感器并读取数据；②数据处理：STM32 对读取的数据进行处理和格式化，以便在 Web 服务器上进行存储和使用；③网络通信：STM32 连接到 Web 服务器。首先，STM32 需要具备网络模块（如以太网模块或 Wi-Fi 模块）以进行网络通信。其次，STM32 需要使用 HTTP 协议与服务器进行通信。STM32 构建 HTTP 请求并将数据作为 GET 参数添加到 URL 中；④数据传输：STM32 使用 HTTP GET 请求将数据发送到 SpringBoot Web 服务器。它将所需的数据作为 GET 参数附加在 HTTP 请求的 URL 中；⑤服务器接收和处理：SpringBoot Web 服务器通过相应的 Controller 接收到 STM32 发送的 HTTP 请求。服务器解析统一资源定位符（Uniform Resource Location，URL）中的 GET 参数以及其他请求头信息。然后，服务器可以使用 Spring Framework 的后端逻辑处理程序来提取和处理被 STM32 传输的数据；⑥数据存储和使用：一旦服务器接收到数据，它根据需要进行存储、分析和应用。例如，服务器可以将数据存储在数据库中，生成报告，发送警报等。

10.2.2　SpringBoot 开发工具 IDEA 安装与配置

SpringBoot 与 IDEA（IntelliJ IDEA）的关系主要体现为开发过程中的相互支持和协作。SpringBoot 是一个用于简化 Spring 应用开发的框架，而 IDEA 是一个功能强大的集成开发环境。首先，IDEA 提供了对 SpringBoot 项目的全面支持。开发者可以在 IDEA 中直接创建、运行和调试 SpringBoot 项目，无须进行烦琐的配置和部署工作。IDEA 内置了 SpringBoot 的插件和模板，使开发者能够更快速地构建 SpringBoot 应用，并提供了丰富的代码提示、自动补全和重构功能，提高了开发效率。

JetBrains IDEA，通常被称为 IntelliJ IDEA，是一款由 JetBrains 公司开发的强大且广受欢迎的集成开发环境。它主要用于 Java 开发，但也支持其他编程语言和技术栈的开发。IntelliJ IDEA 提供了丰富的功能，以提高开发者的生产力。它的代码编辑器具有代码自动完成、智能代码分析、代码重构、代码导航、快速修复等功能，可以显著减少编写代码的时间和错误。此外，IDEA 还提供了智能重构功能，帮助开发者轻松修改和优化代码结构。其内置的各种强大的静态代码分析工具，可以自动检测出代码中可能存在的问题，并给出相应的警告或建议，提高代码质量。IDEA 还集成了调试工具，支持断点调试、变量跟踪、表达式求值等，方便开发者定位和修复代码中的错误。

IDEA 支持多种版本控制系统，如 Git、版本控制系统（Subversion，SVN）等，方便开发人员进行版本管理和团队协作。同时，它还提供了丰富的插件和扩展，可以满足不同开发需求。无论是集成新的框架、库还是工具，都可以通过插件来实现。IDEA 还支持各种构建工具和自动化测试框架，如 Maven、Gradle 等，使开发流程更加高效和可靠。

要了解 IDEA 安装及创建一个新的 Java 项目的详细步骤，请扫描观看视频。

在官方网站 https://www.jetbrains.com/idea/download/？section=windows 下载 IDEA 并存储到本地。如图 10-2 所示，双击安装 IDEA 社区版软件，在用户账户控制选项界面选择"是"来允许安装继续进行。

接着，在安装 IDEA 社区版软件欢迎界面单击 Next 按钮；进一步地，配置安装文件夹并单击 Next 按钮。随后，选择安装选项并单击 Next 按钮；进一步地，选择启动菜单文件夹并单击 Install 按钮。在安装 IDEA 社区版软件完成安装及配置界面，单击 Finish 按钮。进一步地，在后续弹出的"是否导入 IDEA 配置"窗口选择"不导入"并单击 OK 按钮。接着，进入 IDEA 社区版软件启动主界面（图 10-3）。

图 10-2　双击安装 IDEA 社区版软件

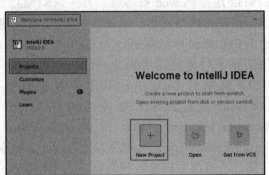

图 10-3　IDEA 社区版软件启动主界面

10.2.3　使用 IDEA 创建一个新的 Java 项目

如图 10-4 所示，IDEA 创建 Java 项目并配置"JDK"。如果用户的计算机上没有所需要的 JDK，请选择下载 JDK。在下一个对话框中，指定 JDK 供应商（如 OpenJDK）版本，根据需要更改安装路径，然后单击下载图。进一步地，IDEA 在线下载并安装 Java JDK。

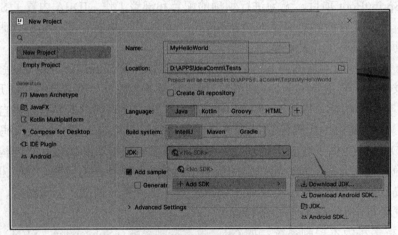

图 10-4　IDEA 创建 Java 项目并配置"JDK"

在选择或者安装 JDK 之后的创建新项目界面，请取消选中"Add sample Code"选项，并单击 Create 按钮创建 Java 项目。IDEA 将创建并加载新项目。如图 10-5 所示，在新创建的 MyHelloWorld 项目窗口中选中"src"子文件夹，右键单击"src"文件夹，选择 New 命令，然后选择 Java Class。

如图 10-6 所示，在"名称"字段中，输入 com.example.helloworld.HelloWorld，然后单击"确定"按钮或者按 Enter 键。

如图 10-7 所示，IntelliJ IDEA 创建 com.example.helloworld 包和 HelloWorld 类。根据创

建的文件的类型，IDEA 会插入该类型的所有文件中预期的初始代码和格式。有关如何使用和配置模板的详细信息，在 Java 中，在命名包和类时应该遵循 Java 编程命名约定。

图 10-5　打开项目文件夹选择"src"子文件夹

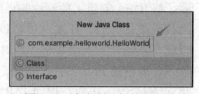

图 10-6　命名所添加的 Java 类

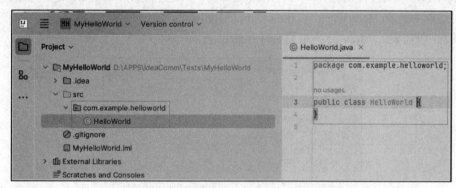

图 10-7　新生成的 HelloWorld.java 类空文件

在 Java 类中添加 main()方法，并编写代码"public static void main（string[] args）{System.out.println（"Hello World！"）}"。IDEA 编译运行 Java 类 HelloWorld（图 10-8）。

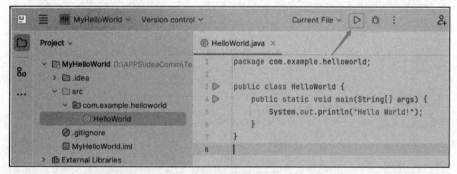

图 10-8　IDEA 编译运行 Java 类 Hello World

10.2.4　IDEA 创建工件流程

Java JAR（Java ARchive）文件是用于将多个 Java 类文件及其相关资源（如图片、配置文件等）打包成一个压缩文件的格式。它的扩展名为.jar，类似于.zip 文件，是基于 ZIP 压缩格式构建的。JAR 文件的主要作用包括：①打包与分发。JAR 文件的核心功能是将多个文件（Java 类、资源文件等）打包成一个压缩文件，以方便应用程序的分发和部署。JAR 文件可以将一个应用程序所需的所有文件集成在一起，减少文件的数量，便于管理和发布。②支持类库分发。JAR 文件常用于分发 Java 类库。开发人员可以将自己的代码打包成 JAR 文件，然后供其他开发者使用。在项目中，开发人员可以通过添加 JAR 文件来引用这些类库，而不需要处理大量的源代码。③支持可执行文件。JAR 文件可以配置为可执行的，即包含一个 MANIFEST.MF 文件，该文件中指定了主类（Main-Class），当运行 JAR 文件时，JVM 会自动执行该主类的 main() 方法，如 java -jar myapp.jar。

要了解 IDEA 创建工件流程的详细步骤，请扫码观看视频。

当代码准备好后，开发人员可以将应用程序打包到 Java 归档（JAR）中，以便与其他开发人员共享。同时，所构建的 Java 归档称为工件。如图 10-9 所示，要创建 Java 工件，首先，执行 File→Project Structure 命令。接着，单击 Add（+）按钮，指向 JAR，然后选择 From modules with dependencies，所建立的 "MyHelloWorld" 项目将被选择。在 "Main Class" 字段的右侧，单击 Browse 按钮，然后在打开的对话框中选择 HelloWorld（com.example.HelloWorld），并单击 OK 按钮，这样就能够选择生成 Jar 所需要的 Main 类及相关文件存储目录。

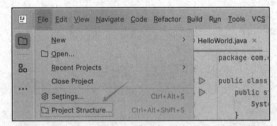

图 10-9　执行 "File" → "Project Structure" 命令

如图 10-10 所示，IntelliJ IDEA 创建工件配置，并在 "项目结构" 对话框的右侧部分显示其设置。单击 OK 按钮保存更改并关闭对话框。

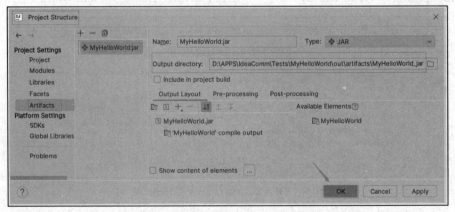

图 10-10　完成并查看 "Artifacts" 配置并单击 OK 按钮

接着，选择 "Build" → "Build Artifacts"；进一步地，选择 "MyHelloWorld：jar" 并执行 "Build" 操作。随后，查看 out/artifacts 文件夹，会在那里找到 JAR。为了确保 JAR 工件被正确创建，开发人员可以运行测试它。要运行打包在 JAR 中的 Java 应用程序，开发者可通过 IntelliJ IDEA 创建专用的运行配置。如图 10-11 所示，在 IDEA 程序编写工作界面，按 Ctrl+Shift+A 组合键，找到并执行 "编辑配置" 操作。

随后，在 "运行/调试配置" 对话框中，单击 "添加" 按钮并选择 "JAR 应用程序"。

将新配置命名为 MyHelloWorldJar。在 Path to JAR 字段中，单击 Browse 按钮并指定计算机上 JAR 文件的路径。向下滚动对话框，在"Before launch"下，单击 Add（+）按钮，选择"Select Artifacts""MyHelloWorld：jar"。

如图 10-12 所示，在工具栏上，选择 HelloWorldJar 配置，然后单击运行配置选择器右侧的 Run 按钮（Shift+F10）。和以前一样，Run 工具窗口将打开并显示应用程序输出。进程已成功退出，这意味着应用程序已正确打包。

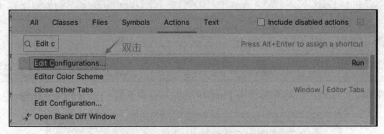

图 10-11　IDEA 执行编程配置操作

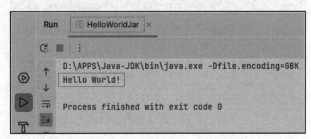

图 10-12　HelloWorldJar 运行结果

10.2.5　SpringBoot Web 服务开发流程

Spring Boot 是一个开源的 Java 框架，用于快速构建基于 Spring 的应用程序。下面是使用 Spring Boot 开发 Web 服务的一般流程。①创建项目：使用 Spring Initializr 或其他工具创建一个新的 Spring Boot 项目，并选择适当的依赖项，如 Spring Web、Spring Data JPA 等。②配置应用程序：在 application.properties 或 application.yml 文件中配置应用程序的属性，如端口号、数据库链接等。③创建实体类：创建与应用程序相关的实体类，用于映射数据库表。④创建数据访问层：编写与数据库交互的数据访问层代码，可以使用 Spring Data JPA 等框架简化数据访问操作。⑤创建业务逻辑层：编写业务逻辑层代码，处理业务逻辑，如数据处理、验证等。⑥创建控制器层：编写控制器层代码，处理 HTTP 请求和响应。使用注解标记控制器类和方法，指定 URL 映射和请求方法。⑦创建视图层：根据需要，创建视图层代码，用于生成动态超文本标记语言（hypertext markup language，HTML）页面或其他响应。⑧运行和测试：运行应用程序，并使用 Postman 或其他工具进行测试。发送 HTTP 请求，验证响应是否符合预期。⑨部署和发布：根据需要，将应用程序打包成可执行的 JAR 或 WAR 文件，并部署到服务器或云平台上。⑩监测和维护：监测应用程序的性能和稳定性，根据需要进行优化和维护。

以上是一般的开发流程，具体的步骤和细节可能会根据项目需求与个人偏好有所变化。使用 SpringBoot 可以大大简化 Web 服务的开发过程，提高开发效率和代码质量。

1. 安装 IDEA 插件

如图 10-13 所示，在 Idea 启动界面单击"Plugins"并搜索安装"Spring Boot Helper"。

进一步地，在安装"Spring Boot Helper"时接受安装第 3 方软件告知（图 10-14）。安装"Spring Boot Helper"后，重新启动 IDEA（图 10-15）。

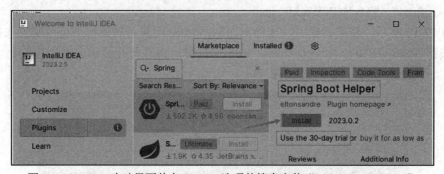

图 10-13　IDEA 启动界面单击 Plugins 选项并搜索安装"Spring Boot Helper"

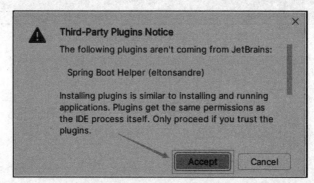

图 10-14　安装"Spring Boot Helper"时接受安装第 3 方软件告知

图 10-15　安装"Spring Boot Helper"后重新启动 IDEA

单击 Start trial 按钮，选择使用试用版。只有登录 JetBrains 账号，才能激活试用版。如果没有 JetBrains 账号，请注册一个账号并登录（图 10-16）。如果登录成功，则进入 JetBrains 授权使用成功页面（图 10-17）。

如图 10-18 所示，选择"Spring Boot Helper"插件，并单击 Start Trial 按钮。进一步地，显示软件使用许可信息（图 10-19）。接着，查询并安装 Smart Tomcat 插件（图 10-20），并关注该插件的安装状态。

2. 完成 Maven 配置

Apache Maven 是一个开源的项目管理和构建工具。它基于项目对象模型（Project Object Model，POM）的概念，用于管理 Java 项目的构建、依赖管理和项目生命周期的管理。

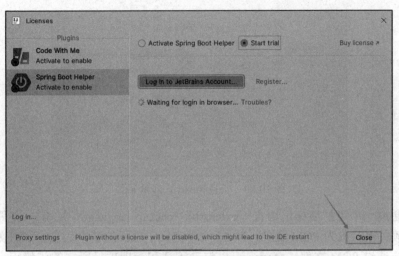

图 10-16　注册 JetBrains 账号登录

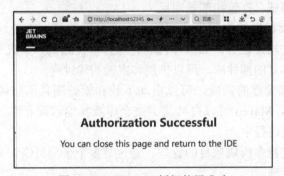

图 10-17　JetBrains 授权使用成功

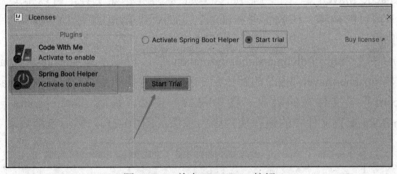

图 10-18　单击 Start Trial 按钮

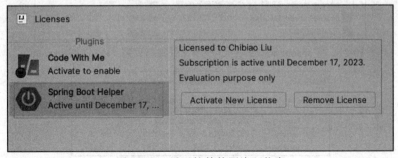

图 10-19　显示软件使用许可信息

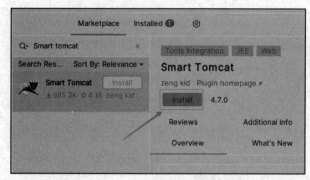

图 10-20 安装 Smart Tomcat 插件

Maven 通过一个可扩展标记语言（extensible markup language，XML）文件来描述项目的结构和依赖关系，称为 POM 文件。POM 文件定义了项目的基本信息、依赖关系、构建目标和插件等。通过 POM 文件，Maven 可以自动下载和管理项目所需的依赖库，并根据定义的构建目标来编译、测试、打包和部署项目。

Maven 提供了一套标准的构建生命周期和插件机制，可以方便地进行项目的构建和管理。它支持各种常见的构建任务，如编译代码、运行单元测试、生成文档、打包发布等。同时，Maven 还提供了丰富的插件库，可以扩展和定制构建过程。

Maven 还具有依赖管理的功能，可以自动下载和管理项目所依赖的第三方库。通过在 POM 文件中定义依赖，Maven 可以自动从中央仓库或其他远程仓库下载所需的库文件，并将其添加到项目的构建路径中。

另外，Maven 还支持多模块项目的管理。通过将多个子项目组织为一个父项目，方便地进行整体构建和依赖管理。

总之，Apache Maven 是一个功能强大的项目管理和构建工具，可以帮助开发人员更高效地进行 Java 项目的构建、依赖管理和部署。它的标准化和插件机制使得项目的构建过程更加简单与可靠。

从 Maven 官网"https://dlcdn.apache.org/maven/ "，可以下载 apache-maven-3.9.5。如图 10-21 所示，将 apache-maven-3.9.5 的解压后的整个文件拷贝到"D：/APPS/maven"；并进一步查看"conf"子文件夹的组成（图 10-22）。接着，编辑"settings.xml"文件，并将 apache-maven-3.9.5 配置文件中的镜像换为国内镜像（图 10-23），然后重新启动 IDEA。

名称	修改日期	类型	大小
apache-maven-3.9.5	2023/10/1 18:38	文件夹	
apache-maven-3.9.5-bin	2023/11/18 23:16	WinRAR Z...	9,242 KB
idealC-2023.2.5	2023/11/18 14:25	应用程序	680,332 KB

图 10-21 将 apache-maven-3.9.5 整个文件夹拷贝到"D:/APPS/maven"

新加卷 (D:) › APPS › maven › apache-maven-3.9.5 › conf ›

名称	修改日期	类型	大小
logging	2023/11/18 23:20	文件夹	
settings	2023/11/18 23:52	XML 文档	11 KB
toolchains	2023/10/1 18:38	XML 文档	4 KB

图 10-22 将 apache-maven-3.9.5 整个文件夹拷贝到"D:/APPS/maven"

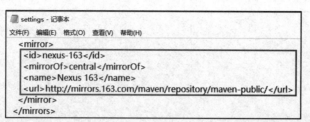

图 10-23　将 apache-maven-3.9.5 配置文件中的镜像换为国内镜像

3. 创建 SpringBoot 项目

如图 10-24 所示，IDEA 创建新项目，并在新项目创建界面选择"Spring Initializr"进行相关配置（图 10-25），选择相关软件开发依赖（图 10-26）。

如图 10-27 所示，命名新建 SpringBoot 项目及配置存储文件夹，并查看 maven 配置情况（图 10-28）。很多情况下，新创建的 SpringBoot 项目由于缺乏依赖库而报错（图 10-29）。

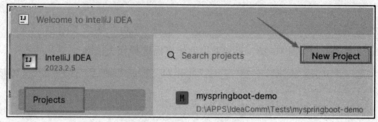

图 10-24　IDEA 创建新项目

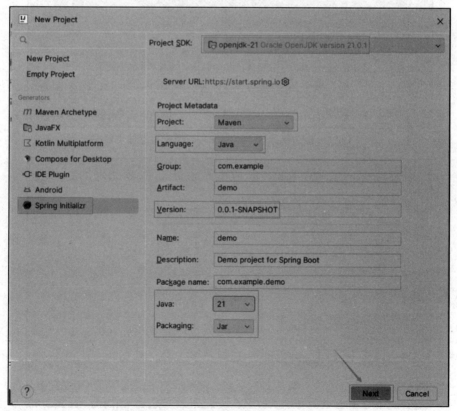

图 10-25　在新项目创建界面选择"Spring Initializr"并进行相关配置

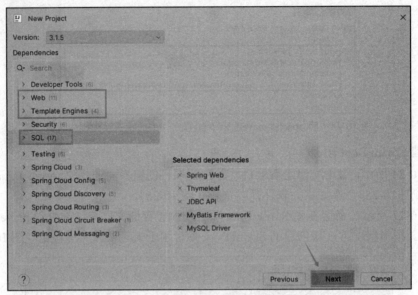

图 10-26　在新项目创建界面选择相关依赖

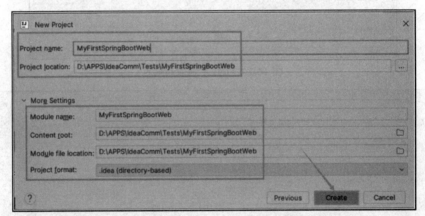

图 10-27　命名新建 SpringBoot 项目及配置存储文件夹

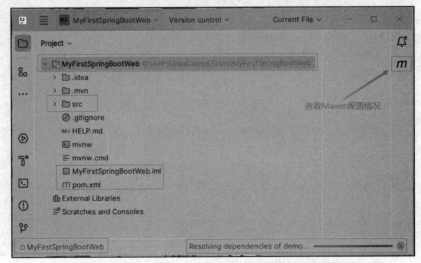

图 10-28　查看新创建的 SpringBoot 项目并查看 maven 配置情况

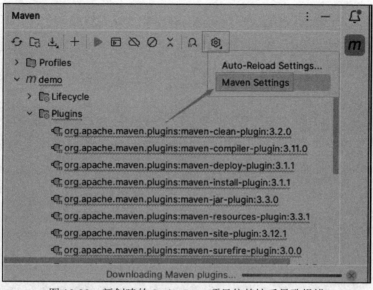

图 10-29　新创建的 SpringBoot 项目依赖缺乏导致报错

　　在 IDEA 工作界面，单击右上角的轮形配置图标，如图 10-30 所示，实施 apache-maven-3.9.5 本地配置，接着，SpringBoot 项目依赖缺乏报错警告信息消失（图 10-31）。

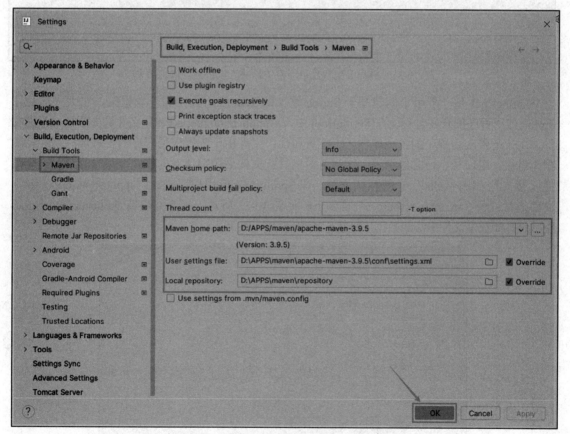

图 10-30　实施 apache-maven-3.9.5 本地配置

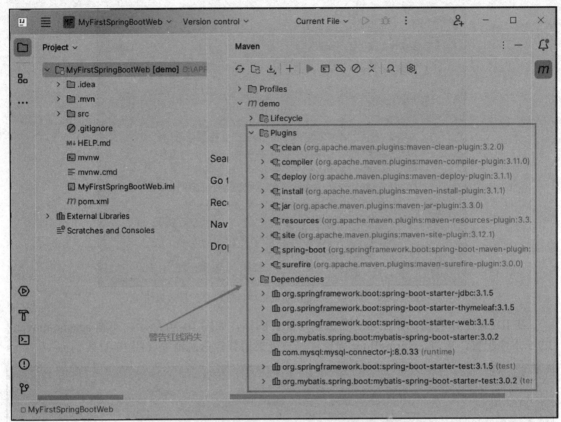

图 10-31 Maven 配置显示项目依赖缺乏报错警告信息消失

SpringBoot 是一个用于创建基于 Spring 框架的 Java 应用程序的开发框架，它大大简化了 Spring 应用程序的开发过程。在 SpringBoot 中，"application.properties" 文件是一个核心配置文件，用于配置应用程序的各种属性。①配置属性：文件用于配置应用程序的各种属性，包括数据库链接、端口号、日志级别等。②键值对格式：文件采用键值对的格式，每一行都是一个属性，格式为"key=value"；③默认位置：在 SpringBoot 应用程序中，"application.properties"文件通常位于"src/main/resources"目录下。如图 10-32 所示，打开并编辑 application.properties 空文件，如在空文件中添加数据库链接配置内容（图 10-33）。

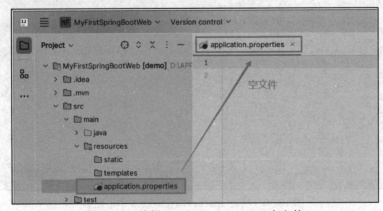

图 10-32 编辑 application.properties 空文件

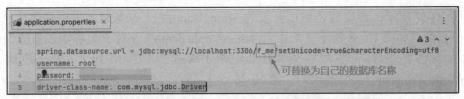

图 10-33　application.properties 空文件中添加数据库连接配置内容

如果没有安装 MySQL 数据库，请按照相关说明安装数据库。如图 10-34 所示，执行 "File" → "Save All" 操作，或者按 Ctrl+S 组合键保存修改。进一步地，选择 Springboot 项目主程序，并在 IDEA 工作界面右上角单击绿色箭头运行 Springboot 项目（图 10-35），并查看运行日志（图 10-36）。

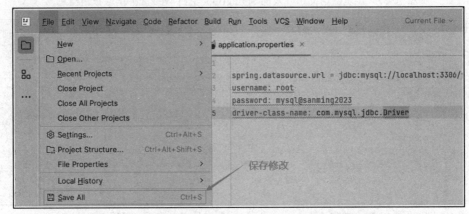

图 10-34　IDEA 编译界面执行 "File" → "Save All" 操作

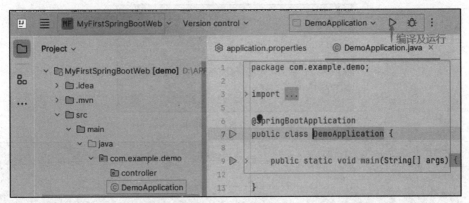

图 10-35　IDEA 编译界面单击 "DemoApplication" 执行 "编译及运行" 操作

图 10-36　IDEA 编译界面 "DemoApplication" 运行结果

如图 10-37 所示，浏览器访问所开发的 SpringBoot 空白 Web 服务出现报错信息。为了消除这个报错，如图 10-38 所示，右击"com.example.demo"文件夹名称添加新的 Java 类，并将这个新添加的 Java 类命名为"Hello Word Web"（图 10-39）。进一步地，修改"HelloWorldWeb.java"类的源代码（图 10-40）。

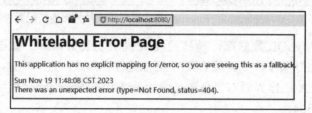

图 10-37　浏览器访问所开发的 SpringBoot 空白 Web 服务出现报错信息

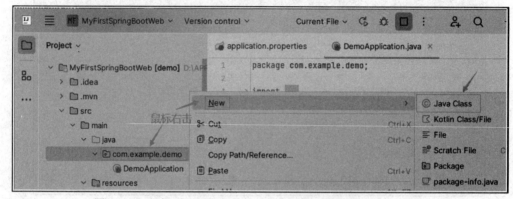

图 10-38　右击"com.example.demo"文件夹名称添加新的 Java 类

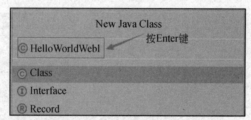

图 10-39　命名新添加的 Java 类

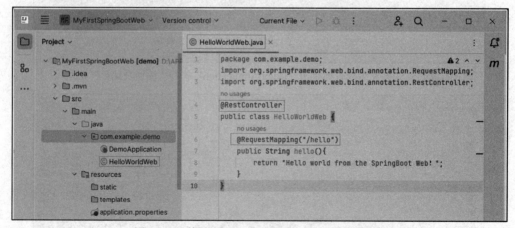

图 10-40　修改 HelloWorldWeb.java 文件的源代码

如图 10-41 所示，IDEA 重新编译并运行"DemoApplication"，查看 SpringBoot Web 服务器运行日志，确保 Web 服务运行成功（图 10-42）。进一步地，浏览器成功访问 SpringBoot "hello" 页面（图 10-43）。

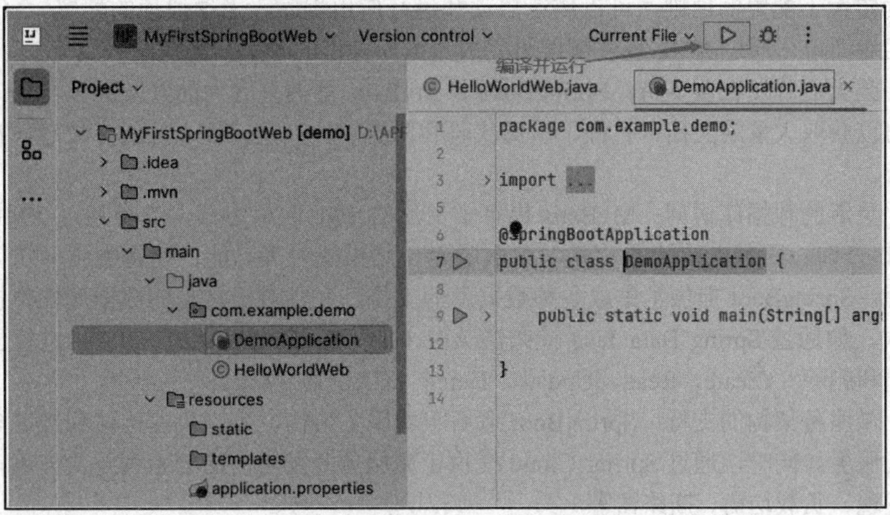

图 10-41　IDEA 重新编译并运行"DemoApplication"

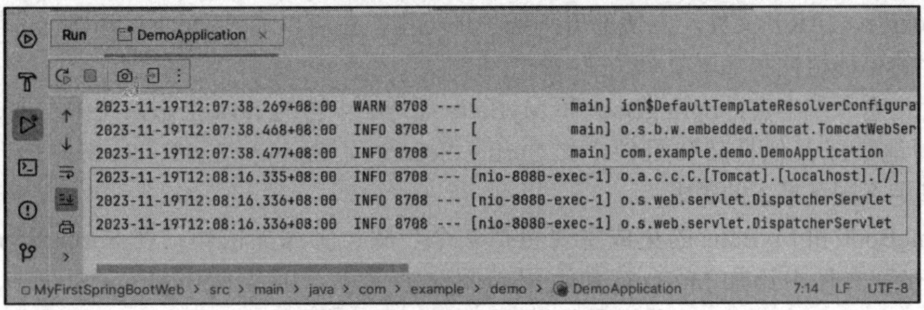

图 10-42　SpringBoot Web 服务运行日志

图 10-43　浏览器成功访问 SpringBoot "Hello" 页面

10.3　SpringBoot MyBatis Web 服务器设计与实现

SpringBoot 和 MyBatis 是 Java 开发中常用的两个框架，结合它们可以很方便地搭建 Web 服务。下面是一个简单的 SpringBoot+MyBatis Web 服务开发的简介。

SpringBoot 是一个基于 Spring 框架的快速开发框架，它简化了 Spring 应用程序的初始配置和部署过程，提供了一套开箱即用的功能。通过 Spring Boot，开发者可以更加轻松地构建独立的、基于 Spring 的应用程序，而无须过多的配置。

MyBatis 是一个持久层框架，它通过 XML 或注解的方式将 Java 对象和数据库表进行映射。MyBatis 提供了一种非常灵活的方式来编写结构化查询语言（structured query language，

SQL）查询，同时支持自定义的 SQL 映射、缓存等功能。利用 SpringBoot 和 MyBatis 开发 Web 服务主要有 6 个优点：

（1）快速开发和简化配置：SpringBoot 提供了一种快速开发应用程序的方式，通过自动配置和约定大于配置的原则，可以快速启动和运行应用程序，无须烦琐的配置。MyBatis 的配置也相对简单，通过 XML 或注解即可完成数据库操作的映射和配置。

（2）强大的开发社区支持：SpringBoot 和 MyBatis 都拥有庞大的开发社区与活跃的用户群体，可以获取大量的文档、教程、示例代码和问题解决方案，便于开发者快速解决问题和获取支持。

（3）灵活的数据库访问：MyBatis 提供了灵活的 SQL 映射方式，支持通过 XML 或注解定义 SQL 查询，同时支持动态 SQL、参数映射、结果映射等功能，使得数据库访问更加灵活和便捷。SpringBoot 提供了集成各种数据库的支持，并且对于常见的数据库操作提供了简化的方式，如通过 Spring Data Java 持久层 API（Java Persistence API，JPA）进行创建、读取、更新和删除（Create，Read，Update，Delete，CRUD）操作。

（4）微服务架构的支持：SpringBoot 适用于微服务架构，可以快速构建和部署独立的、可扩展的服务。同时，通过 Spring Cloud 提供了微服务开发所需的一系列解决方案，如服务注册与发现、负载均衡、断路器等。

（5）容器化和部署方便：SpringBoot 应用程序可以轻松地打包成可执行的 Java 归档（Java Archive，JAR）文件，方便部署到各种环境中，也可以通过 Docker 容器化部署，提高应用程序的可移植性和部署效率。

（6）生态系统丰富：SpringBoot 和 MyBatis 都是在丰富的 Java 生态系统中发展起来的，可以方便地集成其他框架和组件，如 Spring Security、Spring Cloud、Redis、Elasticsearch 等，以满足不同场景下的需求。

SpringBoot 和 MyBatis 的集成主要包括 7 个步骤：①添加依赖：在 SpringBoot 项目的"pom.xml"文件中添加 MyBatis 和数据库驱动的依赖，以及 SpringBoot Starter JDBC 或 SpringBoot Starter Data JPA。②配置数据源：在"application.yml"文件中配置数据库链接信息，包括数据库 URL、用户名、密码等。③创建实体类：定义与数据库表对应的实体类，使用注解或 XML 配置映射关系。④创建 Mapper 接口：编写 Mapper 接口，定义与数据库交互的方法，可以使用注解或 XML 进行 SQL 的映射。⑤配置 MyBatis：在 SpringBoot 项目的配置类中添加"@MapperScan"注解，指定 Mapper 接口所在的包路径。⑥编写业务逻辑：编写 Service 层和 Controller 层的代码，调用 MyBatis 提供的方法进行数据库操作。⑦启动应用程序：通过"@SpringBootApplication"注解标记的启动类启动 SpringBoot 应用程序。

10.3.1　MySQL 数据库安装与测试

MySQL 是一个开源关系型数据库管理系统，它使用了 SQL 来管理和操作数据库。MySQL 是目前世界上最流行的开源数据库之一，被广泛用于 Web 应用程序的后端数据存储。MySQL 是一个关系型数据库管理系统，它以表格的形式存储数据，数据之间可以通过关联建立关系。MySQL 使用 SQL 来进行数据库的管理和操作，包括数据的查询、插入、更新、删除等操作。MySQL 可以在多种操作系统上运行，包括 Windows、Linux、macOS 等，因此它非常适合在不同环境下部署和使用。MySQL 提供了多种存储引擎，如 InnoDB、MyISAM 等，每种引擎都有不同的特性和适用场景。MySQL 支持事务处理，保证了在并发访问时数据的一致性和完整性。MySQL 是一个功能强大、灵活且稳定的数据库管理系统，它被广泛应用于 Web 开发和其他数据驱动的应用程序中。无论是小型网站还是大型企业应用，MySQL 都是一个可靠的数据库选择。

在 MySQL 安装向导中，选择"Developer Default"安装模式。使用 Developer Default 模式安装 MySQL 是一种简单快捷的方式，特别适用于开发人员。这种模式自动安装和配置了大多数开发环境所需的工具与组件，包括 MySQL Server、Workbench 和 Shell，从而简化了安装过程。通过以上步骤，用户可以快速安装并配置 MySQL 开发环境。

MySQL Server 是一个开源的关系型数据库管理系统（RDBMS），被广泛用于各种应用场景，包括网页应用、数据仓库和电子商务系统。MySQL Server 以其高性能和快速的读写操作而著称，适用于高负载的应用程序，其提供了强大的安全机制，包括用户管理、权限控制和加密传输。

MySQL Workbench 是一个统一的可视化工具，专为数据库架构师、开发人员和数据库管理员设计。它提供了全面的数据库管理功能，包括设计、开发和维护，它支持数据建模和数据库设计，提供了可视化的数据库结构图。同时，它提供了一个强大的 SQL 编辑器，可以编写和执行 SQL 查询，并查看结果，并支持将数据从其他数据库（如 Microsoft SQL Server、PostgreSQL）迁移到 MySQL。

MySQL Shell 是一个用于与 MySQL Server 交互的高级工具，支持 SQL、JavaScript 和 Python 三种语言模式。它适用于数据库管理、开发和自动化任务。同时，它可以编写脚本来自动化数据库管理任务，如备份、恢复和数据迁移，并支持复杂的数据处理和分析任务。进一步地，其所提供内置的工具可以用来管理 MySQL InnoDB Cluster 和高可用性解决方案。

MySQL Server 是一个高性能、安全、跨平台的数据库服务器，适用于各种规模的应用场景。MySQL Workbench 提供了全面的可视化工具，适用于数据库设计、开发和管理。MySQL Shell 是一个多功能的命令行工具，支持多种编程语言，适用于数据库管理和自动化任务。这些工具共同组成了 MySQL 的强大生态系统，满足了从开发到生产环境的各种需求。

首先，访问官网下载 Windows 版本 MySQL 安装包。如图 10-44 所示，双击 MySQL 安装文件。进一步地，选择"Developer Default"模式安装 MySQL，查看所安装的 MySQL 相关文件并执行"Execute"操作。如图 10-45 所示，完成 MySQL 相关文件安装并单击 Next 按钮。进一步地，查看 MySQL 配置内容，确认配置模式及网络连接模式。

MySQL 是一个流行的关系型数据库管理系统，它提供了多种方法用于用户身份验证和访问控制。以下是 MySQL 中常用的 2 种验证方法。

（1）基于用户名和密码的身份验证。用户可以通过用户名和密码进行身份验证。MySQL 会将提供的用户名和密码与数据库中存储的凭据进行比较，如果匹配成功则允许用户访问。

（2）基于主机的访问控制。MySQL 可以配置基于主机的访问控制，限制从特定主机或 IP 地址访问数据库的用户。这可以通过修改 MySQL 的访问控制列表（access control lists，ACLs）来实现。

安装过程中，MySQL 选择基于用户名和密码的身份验证方法；进一步地，确认 MySQL 账户及密码信息（图 10-46）。

接着，MySQL 安装界面设置 Root 账户及一般用户密码并单击 Next 按钮。另外，将 MySQL 服务器配置为 Windows 服务可以确保它在系统启动时自动启动，并且可以方便地通过 Windows

服务管理器进行管理。接着，MySQL 配置界面确认 Windows 服务信息。如果在 MySQL 安装阶段没有进行 Windows 服务配置，后续可使用 Windows 服务管理器（services.msc）找到 MySQL 服务，并启动它，也可以将 MySQL 服务设置为自动启动，以确保系统启动时 MySQL 服务也会自动启动；完成以上步骤后，MySQL 服务器将会配置为 Windows 服务，在系统启动时自动启动，并且可以通过 Windows 服务管理器进行管理。

图 10-44　双击 MySQL 安装文件

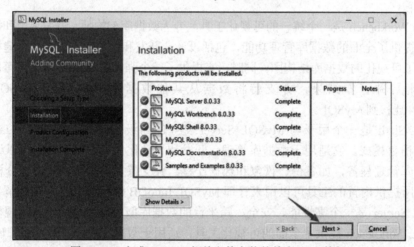

图 10-45　完成 MySQL 相关文件安装并单击 Next 按钮

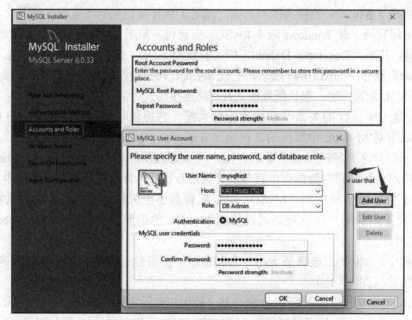

图 10-46　确认 MySQL 账户及密码信息

　　MySQL 安装程序可以通过更新文件的权限来保护服务器的数据目录文件夹位于
"C:\ProgramData\MySQL\MySQL Server 8.0\Data"。在 MySQL 安装配置过程中，可以允许
MySQL 安装程序更新服务器文件权限，将完全访问权限授予运行 Windows 服务的用户（如
果适用）和仅限管理员组，其他用户和组将无权访问。然后，MySQL 配置界面确认服务器
文件许可；进一步地，查看 MySQL 安装配置详情并单击 Execute，进入配置完成界面。

　　完成安装后，可以进行产品配置。这通常包括配置 MySQL 服务器的类型，如是作为开
发机器、服务器还是专用服务器运行。需要配置服务器的端口号，默认情况下 MySQL 使用
3306 端口，但如果需要避免与其他服务冲突，可以更改这个端口号。

　　此外，在产品配置过程中，可以设置 MySQL 服务的名称，这个名称将出现在 Windows
服务列表中，并可以用于命令行窗口中的服务启动和停止，还可以选择是否让 MySQL 服务
在系统启动时自动运行。

　　接着，在 MySQL 产品配置界面单击 Next 按钮；进一步地，查看 MySQL 路由器配置信
息并单击 Finish 按钮，完成 MySQL 路由器配置并单击 Next 按钮。随后，完成连接服务器界
面检验并单击 Next 按钮；进一步地，应用配置界面单击 Execute 按钮。然后，完成应用配置
界面单击 Finish 按钮；进一步地，完成产品配置界面单击 Next 按钮，并在安装完成界面单击
Finish 按钮。

　　如图 10-47 所示，完成 MySQL 安装之后，计算机增加相关软件项目。进一步地，单击
运行 MySQL Shell（图 10-48），单击运行 MySQL Workbench（图 10-49）。同时，运行

图 10-47　完成 MySQL 安装之后所添加的相关项目

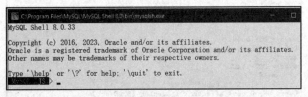

图 10-48　单击运行 MySQL Shell

图 10-49　单击运行 MySQL Workbench

MySQL8.0 命令行客户端（图 10-50），并输入 Root 用户密码登录 MySQL8.0 命令行客户端（图 10-51）。如图 10-52 所示，MySQL8.0 命令行客户端运行 SQL 语句建立数据库及相关表格。如果上述操作执行顺利，表明 MySQL 安装成功。

图 10-50　运行 MySQL8.0 命令行客户端

```
MySQL 8.0 Command Line Cli ×    + ∨

Enter password: **************
Welcome to the MySQL monitor.  Commands end with ; or \g.
Your MySQL connection id is 19
Server version: 8.0.33 MySQL Community Server - GPL

Copyright (c) 2000, 2023, Oracle and/or its affiliates.

Oracle is a registered trademark of Oracle Corporation and/or its
affiliates. Other names may be trademarks of their respective
owners.

Type 'help;' or '\h' for help. Type '\c' to clear the current input statement.

mysql>
```

图 10-51　登录 MySQL8.0 命令行客户端

```
mysql> CREATE DATABASE
    -> IF
    -> NOT EXISTS books DEFAULT charset utf8;
Query OK, 1 row affected, 1 warning (0.00 sec)

mysql> USE books;
Database changed
mysql>
mysql> DROP TABLE
    -> IF
    -> EXISTS `t_book`;
Query OK, 0 rows affected, 1 warning (0.00 sec)

mysql> CREATE TABLE `t_book` (
    -> `id` INT ( 11 ) NOT NULL auto_increment,
    -> `title` VARCHAR ( 20 ) NOT NULL COMMENT '图书名称',
    -> `pub_date` date NOT NULL COMMENT '发布日期',
```

图 10-52　MySQL8.0 命令行客户端运行 SQL 语句建立数据库及相关表格

10.3.2　创建及配置 SpringBoot MyBatis Web 服务项目

SpringBoot 和 MyBatis 是两个非常流行的开源框架，它们可以很好地配合使用来构建 Web 服务器。下面是一个简单的 Web 服务器设计和实现步骤。①设计数据库表结构：根据业务需求设计数据库表结构，并创建相应的表。②创建 SpringBoot 项目：使用 Spring Initializr 或其他方式创建一个 SpringBoot 项目，并添加必要的依赖，包括 Spring Web、MyBatis 等。③配置数据库链接：在项目的配置文件中配置数据库链接信息，包括数据库 URL、用户名和密码等。④创建实体类：根据数据库表结构，创建对应的实体类，并使用注解标记实体类与数据库表的映射关系。⑤创建 Mapper 接口：用于定义数据库操作的方法。可以使用 MyBatis 的注解或

XML 配置来实现具体的 SQL 语句。⑥创建 Service 层：用于处理业务逻辑。在 Service 中，可以调用 Mapper 接口中定义的方法来操作数据库。⑦创建 Controller 层：用于处理 HTTP 请求。在 Controller 中，可以调用 Service 层中的方法，并返回相应的结果。⑧编写测试代码：对各个层的功能进行单元测试，确保各个组件的正确性。⑨部署和运行：将项目打包成可执行的 jar 文件，并部署到 Web 服务器上，可以使用 Spring Boot 内置的 Tomcat 容器，也可以使用其他容器。

如图 10-53 所示，创建 SpringBoot Web 服务器项目；进一步地，选择 Spring Initializr 插件，并对 SpringBoot Web 应用开发进行相关参数配置（图 10-54）。如图 10-55 所示，选择 SpringBoot Web 服务器项目所需的相关依赖，并命名新创建项目及配置存储路径（图 10-56）。

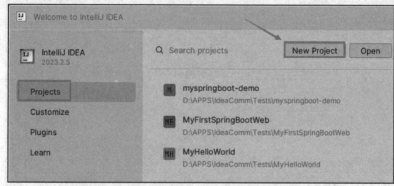

图 10-53　创建 SpringBoot Web 服务器项目

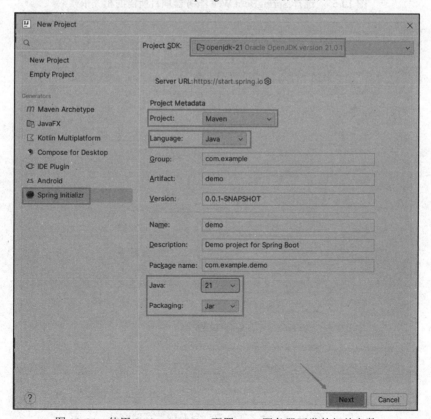

图 10-54　使用 Spring Initializr 配置 Web 服务器开发的相关参数

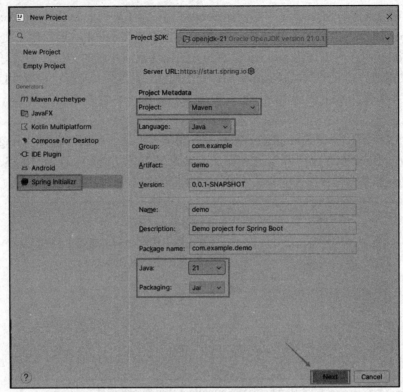

图 10-55 选择 SpringBoot Web 服务器项目所需的相关依赖

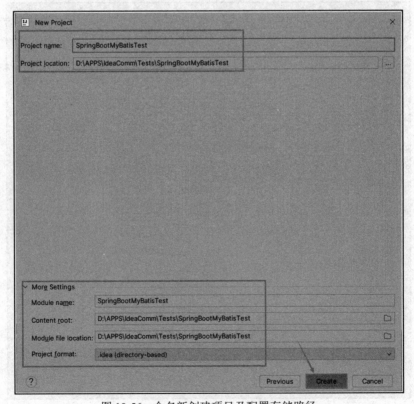

图 10-56 命名新创建项目及配置存储路径

如图 10-57 所示，为新创建的 SpringBoot Web 服务器项目配置 Maven 参数，并确认 SpringBoot Web 服务器项目所需依赖加载成功（图 10-58）。

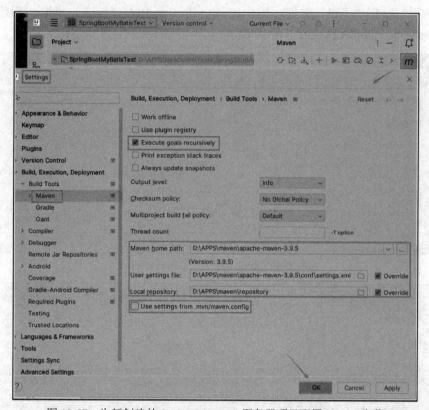

图 10-57　为新创建的 SpringBoot Web 服务器项目配置 Maven 参数

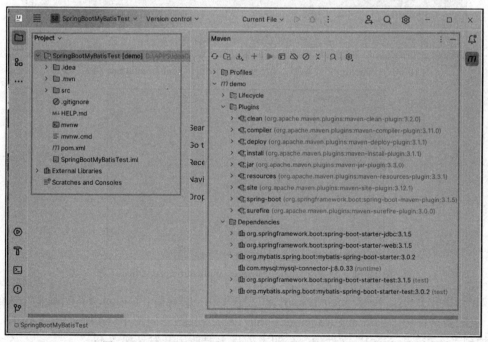

图 10-58　SpringBoot Web 服务器项目所需依赖加载成功

如图 10-59 所示，在 pom.xml 文件添加 resources 内容。pom 文件为默认生成，只需要在其中的 build 下添加 resources 相关代码，在编译时，将囊括 src/main/resources 文件下的".properties"".xml"".yml"文件，防止编译出错（图 10-60）。进一步地，删除 src/main/resources/application.properties 文件（图 10-61）。

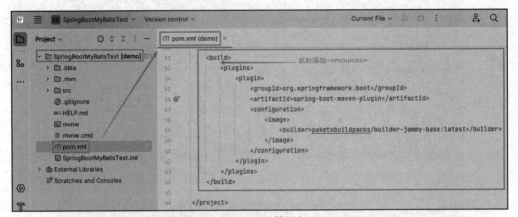

图 10-59　pom.xml 文件添加 resources

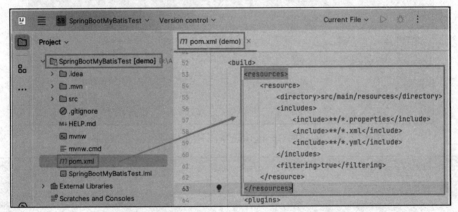

图 10-60　pom.xml 文件添加".properties、.xml、.yml" resources 相关信息

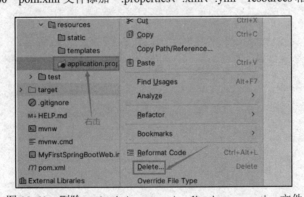

图 10-61　删除 src/main/resources/application.properties 文件

如图 10-62 所示，在 src/main/resources/文件夹中，创建 application.yml 配置文件（图 10-63），该配置文件用于加载 application-dev.yml（后文创建）。如图 10-64 所示，将下述 3 行内容添加到"application.yml"文件中，表明本项目主要使用开发环境"dev"。

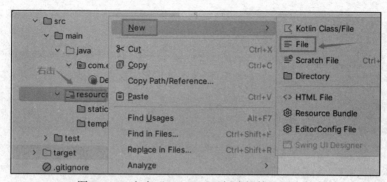

图 10-62　右击"resources"创建新的配置文件

图 10-63　将新文件命名为"application.yml"

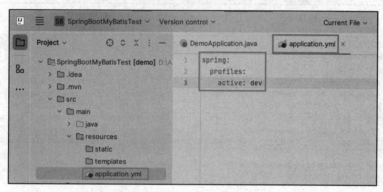

图 10-64　修改并保存"application.yml"文件

"application.yml"文件包含软件运行与开发环境信息。一个项目有很多环境，如开发环境，测试环境，准生产环境，生产环境等。每个环境的参数不同，可以把每个环境的参数配置到特定的 yml 文件中，这样在想用哪个环境的时候只需要在主配置文件中将用到的配置文件写进 application.yml 文件中即可。在 SpringBoot 中，多环境配置文件名需要满足 application-{profile}.yml 的格式，其中{profile}对应环境标识，如 application-dev.yml 文件对应开发环境；application-test.yml 文件对应测试环境；application-prod.yml 对应生产环境。至于哪个具体的配置文件会被加载，需要在 application.yml 文件中通过 spring.profiles.active 属性来设置。如图 10-65 所示，在"resources"文件夹执行，创建 application-dev.yml 配置文件，并在该文件中添加项目开发相关配置内容（图 10-66）。接着，编译并运行初步创建的 SpringBoot Web 服务器（图 10-67），此时，如果浏览器查看所初步创建的 SpringBoot Web 网页，会出现报错信息（图 10-68）。错误信息一方面说明 SpringBoot Web 服务器初步创建成功；另一方面说明该 Web 服务器需要进一步的完善，这一部分内容将在后续章节中讲解。

图 10-65　创建 application-dev.yml 配置文件

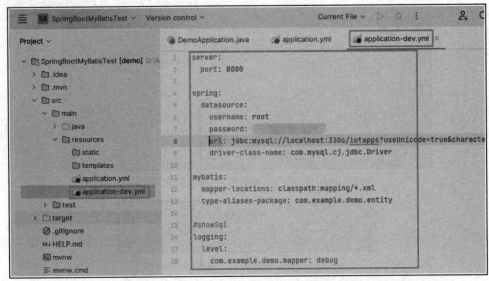

图 10-66　修改并保存 application-dev.yml 配置文件

图 10-67　运行初步创建的 SpringBoot Web 服务器

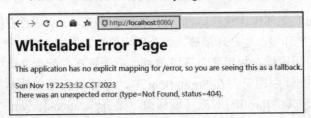

图 10-68　浏览器查看初步创建的 SpringBoot Web 服务器出现报错信息

10.3.3　创建传感器数据存储相关实体类及控制器等

在一个典型的 Java Web 应用中，按照模型视图和控制器（model-view-controller，MVC）架构模式进行组织是一种常见的做法。在这种架构中，各个模块的职责被分配得很清晰。①Controller（控制器）：控制器负责接收来自客户端的请求，调用相应的业务逻辑来处理请求，然后将结果返回给客户端。在 Spring MVC 中，控制器通常使用`@Controller`或`@RestController`注解进行标识。②Entity（实体类）代表了业务领域中的对象，在数据库中通常对应着数据表。实体类用于存储数据，并且通常包含了数据的属性以及相关的方法。③Mapper（数据访问对象）负责与数据库进行交互，执行数据的增、删、改、查等操作。在 MyBatis 中，Mapper 通常是一个接口，定义了与数据库交互的方法，可以使用注解或者

XML 进行 SQL 的映射。④Service（服务）：服务层包含了应用程序的业务逻辑，负责处理具体的业务操作，如数据校验、数据处理等。服务层调用 Mapper 执行数据库操作，并将结果返回给控制器。

　　按照这种方式组织代码，能够使得应用程序的各个模块职责清晰、结构清晰，易于维护和扩展。同时，这种分层架构也符合单一职责原则和高内聚低耦合原则，有利于代码的复用和可测试性。如图 10-69 所示，在 com.example.demo 包创建子文件夹，并将其命名为 "controller"（图 10-70），成功创建 "controller" 子文件夹（图 10-71）。按照类似方法，创建并查看所有子文件夹 controller、entity、mapper、service（图 10-72）。

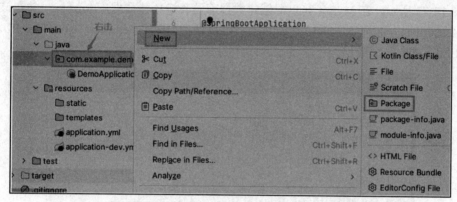

图 10-69　在 com.example.demo 包创建子文件夹

图 10-70　命名新创建的子文件夹

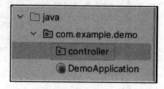

图 10-71　查看新创建的 controller 文件夹

　　在 MyBatis 项目中，Entity 扮演着非常重要的角色。Entity 在 MyBatis 中通常用于表示数据库中的表格（Table）的行数据。MyBatis 将数据库表格中的数据映射为 Java 对象，这些 Java 对象就是 Entity。一般来说，在一个 Entity 文件夹下面，可以创建多个 Entity Java 类，每一个 Entity Java 类对应一个数据库表格。

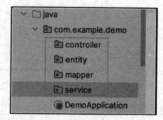

图 10-72　查看新创建的 controller、entity、mapper、service 文件夹

　　在传统的关系型数据库中，Entity 通常与数据库表格（Table）存在一一对应的关系。Entity Java 类用于表示业务逻辑中的实体对象，而数据库表格用于存储数据。因此，为了将应用程序中的数据持久化到数据库中，并在应用程序中对数据进行操作，需要将 Entity 映射到数据库表格上。以下是 Entity 与数据库表格的关系。

　　（1）属性与字段的对应：Entity 中的属性通常对应数据库表格中的字段，即 Entity 中的每个属性对应数据库表格中的一个列。例如，一个 User Entity 可能有 id、username、email 等属性，对应数据库表格中的 id、username、email 列。

　　（2）主键的映射：Entity 中通常会有一个属性作为主键，用于唯一标识该实体对象。主键在数据库表格中也有对应的概念，即主键列。通常情况下，Entity 的主键属性会映射到数据库表格的主键列，从而实现唯一标识实体对象的功能。

（3）数据类型的匹配：Entity 中的属性类型通常与数据库表格中的列类型匹配，以便正确存储和检索数据。例如，在 Entity 中定义的 String 类型属性可能会映射到数据库表格中的 VARCHAR 类型列。

（4）关联关系的映射：如果 Entity 之间存在关联关系（如一对多、多对多等），则在数据库表格中也会存在相应的外键约束。外键约束可以在数据库中维护 Entity 之间的关联关系，实现数据的一致性和完整性。

如图 10-73 所示，在 MySql 客户端创建数据库及表格新建数据库 iotapps，并在该数据库下建表 sensordata，包含 id（int），datetime（DATETIME），sensorID（INTEGER），value（DOUBLE），插入几组数据。

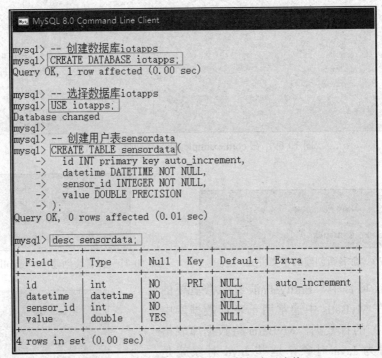

图 10-73　MySql 客户端创建数据库及表格

如图 10-74 所示，在 entity 包中新建 Sensordata.java，使该类的属性与表格中的字段一一对应。如图 10-75 所示，在 mapper 包中新建 SensordataMapper 接口。

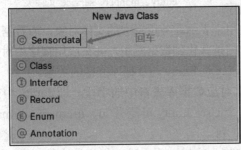

图 10-74　在 entity 包中新建 Sensordata.java

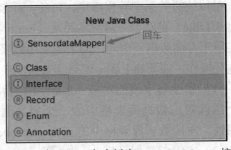

图 10-75　在 mapper 包中新建 SensordataMapper 接口

如图 10-76 所示，在 service 包中新建实现类 SensordataService.java。

如图 10-77 所示，在 controller 包中新建控制类 SensordataController.java。如图 10-78 所示，查看创建的 controller、entity、mapper、service 相关 Java 类文件。

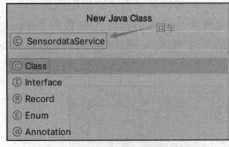

图 10-76　在 service 包中新建实现类
SensordataService.java

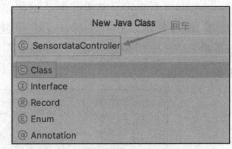

图 10-77　在 controller 包中新建访问类
SensordataController.java

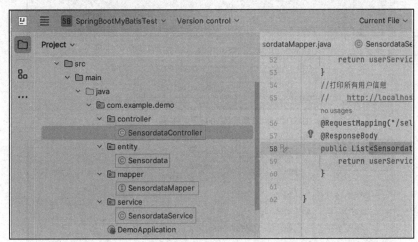

图 10-78　查看已创建的 controller、entity、mapper、service 相关文件

MyBatis Mapper XML 文件是 MyBatis 中用于定义 SQL 映射的一种方式。在 Mapper XML 文件中，开发者可以定义 SQL 查询、插入、更新、删除等操作，并且可以将这些操作映射到相应的 Java 方法上。以下是对 MyBatis Mapper XML 文件的简要介绍。

（1）位置：Mapper XML 文件通常存放在项目的资源目录（src/main/resources）下，且按照包名和命名规范来组织。MyBatis 根据配置文件中的路径设置来加载 Mapper XML 文件。

（2）定义命名空间：Mapper XML 文件中的第一行通常会定义一个命名空间，用于指定该 XML 文件中定义的 SQL 映射与哪个 Java 接口关联。命名空间与对应的 Mapper 接口关联，使 MyBatis 能够根据 XML 文件中的配置来动态生成 Mapper 接口的实现类。

（3）定义 SQL 查询：在 Mapper XML 文件中，可以使用<select>元素来定义 SQL 查询操作，包括查询语句、参数映射、结果映射等。查询语句可以直接写在 XML 中，也可以使用`${}`和`#{}`来引用动态参数。

（4）定义 SQL 插入、更新、删除等操作：除了查询操作，Mapper XML 文件还可以使用<insert><update><delete>等元素来定义插入、更新、删除等 SQL 操作。这些元素允许定义对应的 SQL 语句，并且可以指定参数映射和结果映射等。

（5）定义参数映射：在 Mapper XML 文件中，可以使用<parameterMap>或者<parameterType>元素来定义参数的映射关系，指定传入 SQL 的参数类型和参数值。

（6）定义结果映射：结果映射定义了 SQL 查询结果与 Java 对象之间的映射关系。可以使用<resultMap>元素来定义结果映射，也可以使用<result>元素来定义单个字段的映射关系。

如图 10-79 所示，右击"resources"创建新的子文件夹，并将该文件夹命名为"mapping"（图 10-80）。进一步地，右击"mapping"创建新的子文件夹（图 10-81），并将其命名为"SensordataMapper.xml"（图 10-82）。如图 10-83 所示，修改并保存"SensordataMapper.xml"。

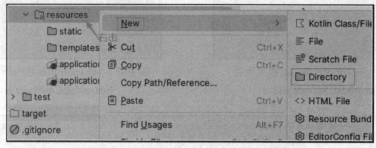

图 10-79　右击"resources"创建新的子文件夹

图 10-80　命名新创建的子文件夹"mapping"

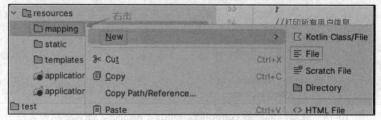

图 10-81　右击"mapping"创建新的子文件

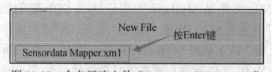

图 10-82　命名新建文件"SensordataMapper.xml"

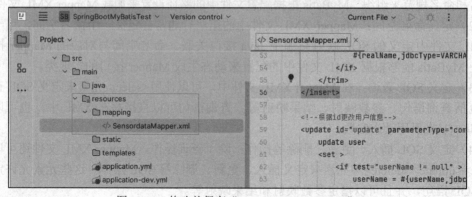

图 10-83　修改并保存"SensordataMapper.xml"

修改程序的启动入口类 DemoApplication。

```java
package com.example.demo;
import org.mybatis.spring.annotation.MapperScan;
import org.springframework.boot.SpringApplication;
import org.springframework.boot.autoconfigure.SpringBootApplication;
@MapperScan("com.example.demo.mapper")  //扫描的 mapper
@SpringBootApplication
public class DemoApplication {
    public static void main(String[] args) {
        SpringApplication.run(DemoApplication.class, args);
    }
}
```

如图 10-84 所示，浏览器访问"http://localhost：8080/testBoot/getSensordata/1"查看 SpringBoot"getSensordata"Web 页面。

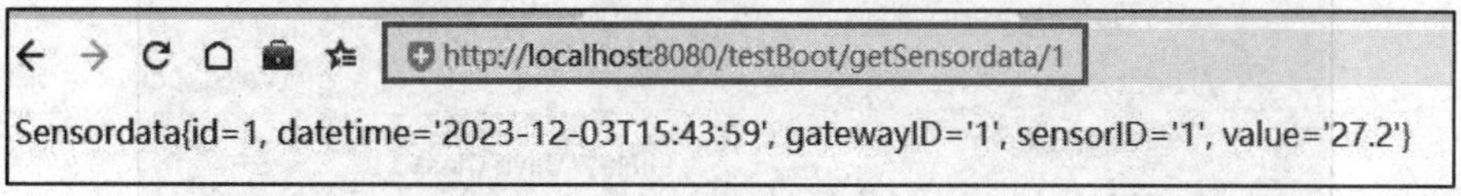

图 10-84　浏览器查看 SpringBoot"getSensordata"Web 页面

用浏览器访问网址"http://localhost:8080/testBoot/insert?gatewayID=2&sensorID=2&value= 28.3"，查看 SpringBoot"insert"Web 页面（图 10-85）。

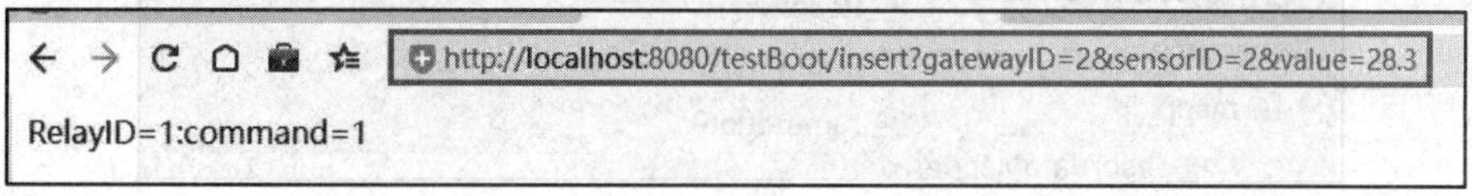

图 10-85　浏览器查看 SpringBoot"insert"Web 页面

如图 10-86 所示，用浏览器访问"http://localhost:8080/testBoot/update?id=9&value= 35.5"，查看 SpringBoot"update"Web 页面。

图 10-86　浏览器查看 SpringBoot"update"Web 页面

如图 10-87 所示，用浏览器访问"http://localhost:8080/testBoot/delete?id=8"，查看 SpringBoot"delete"Web 页面。

图 10-87　浏览器查看 SpringBoot"delete"Web 页面

如图 10-88 所示，用浏览器访问"http://localhost:8080/testBoot/selectAll"，查看 SpringBoot "selectAll"Web 页面。

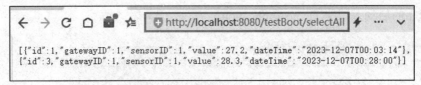

图 10-88　浏览器查看 SpringBoot "selectAll" Web 页面

10.3.4　创建继电器控制相关实体类及控制器等

为了借助 SpringBoot MyBatis Web 服务，通过数据中心发送 "继电器指令" 到 STM32 网关，新建表 relaycommand，包含 datetime（DATETIME），gatewayID（INTEGER），relayID（INTEGER），command（INTEGER）4 列，并插入几组数据。如图 10-89 所示，右击 "entity" 创建新的 RelayCommand.Java 类。类似地，创建 RelayCommand 表格相关 MyBatis Java 类及其他相关配置文件（图 10-90）。

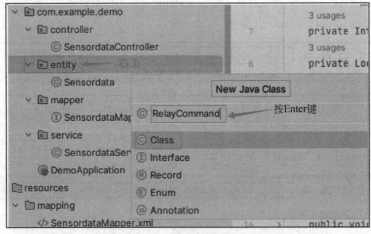

图 10-89　右击 "entity" 创建新的 RelayCommand.Java 类

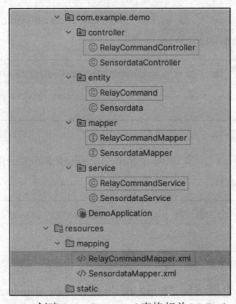

图 10-90　创建 RelayCommand 表格相关 MyBatis 文件

10.3.5　Web 服务器-STM32 数据交互测试

要在 STM32 和 Web 服务器之间进行数据交互测试，可以按照以下步骤进行。

（1）硬件准备：准备一块 STM32 开发板，根据需要选择适合的型号。确保开发板上有网络连接的硬件模块，如以太网模块或 Wi-Fi 模块。

（2）开发环境搭建：安装适当的集成开发环境，如 Keilv5；并确保安装了适当的 STM32 开发工具链和库。

（3）网络配置：根据网络环境，配置 STM32 开发板的网络连接。对于同 STM32 连接在一起的 Wi-Fi 模块，需要设置 Wi-Fi SSID 和密码。

（4）HTTP 客户端：在 STM32 上实现一个简单的 HTTP 客户端，用于发送 HTTP 请求到 Web 服务器。

（5）HTTP 服务器：前面所开发的 SpringBoot MyBatis Web 服务器，用于接收 STM32 发送的 HTTP 请求，并返回相应的数据，如继电器控制指令。

本节基于已有的 STM32 软件包及 SpringBoot MyBatis Web 服务器软件包来进行测试 STM32 与 Web 服务器之间的数据交互。如图 10-91 所示，将 SpringBoot 及 STM32 相关源代码解压到指定文件夹。进一步地，查看所解压的 SpringBoot 及 STM32 相关源代码文件夹（图 10-92）。同时，要利用已有的源代码来测试 STM32 与 Web 服务器之间的数据交互，需要先创建相应的数据库及数据表格。

图 10-91　将 SpringBoot 及 STM32 相关源代码解压到当前文件夹

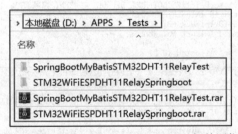

图 10-92　查看所解压的 SpringBoot 及 STM32 相关源代码文件夹

如图 10-93 所示，登录 MySQL8.0 命令行客户端，并执行数据库创建及表格创建任务（图 10-94）。

如图 10-95 所示，MySQL 执行"relaycommand"表格创建及数据插入；并执行 MySQL 指令，查看所插入的"relaycommand"表格数据（图 10-96）。

如图 10-97 所示，IDEA 打开所解压的 SpringBoot Web 服务器项目文件夹。进一步地，在 IDEA 导入项目界面单击"Trust Project"（图 10-98），并配置 SpringBoot Web 服务器项目所需 maven 相关路径（图 10-99）。如图 10-100 所示，IDEA 重新编译所导入的 SpringBoot Web 服务器项目，确保所导入项目编译成功（图 10-101）。

```
MySQL 8.0 Command Line Client - Unicode
Enter password: ****************
Welcome to the MySQL monitor.  Commands end with ; or \g.
Your MySQL connection id is 9
Server version: 8.0.33 MySQL Community Server - GPL

Copyright (c) 2000, 2023, Oracle and/or its affiliates.

Oracle is a registered trademark of Oracle Corporation and/or its
affiliates. Other names may be trademarks of their respective
owners.

Type 'help;' or '\h' for help. Type '\c' to clear the current input

mysql> _
```

图 10-93　登录 MySQL8.0 命令行客户端

```
mysql> DROP DATABASE IF EXISTS iotapps;
Query OK, 2 rows affected (0.01 sec)

mysql> -- 创建数据库iotapps
mysql> CREATE DATABASE iotapps;
Query OK, 1 row affected (0.00 sec)

mysql> -- 选择数据库iotapps
mysql> USE iotapps;
Database changed
mysql> -- 创建用户表sensordata
mysql> CREATE TABLE sensordata(
    ->   id INT primary key auto_increment,
    ->   datetime DATETIME NOT NULL DEFAULT CURRENT_TIMESTAMP,
    ->   gatewayID INTEGER NOT NULL,
    ->   sensorID INTEGER NOT NULL,
    ->   value DOUBLE PRECISION
    -> );
Query OK, 0 rows affected (0.01 sec)
```

图 10-94　查看所创建的数据库及表格

```
mysql> -- 创建继电器命令表relaycommand
mysql> CREATE TABLE relaycommand(
    ->   datetime DATETIME NOT NULL DEFAULT CURRENT_TIMESTAMP,
    ->   gatewayID INTEGER NOT NULL,
    ->   relayID INTEGER NOT NULL,
    ->   command INTEGER NOT NULL
    -> );
Query OK, 0 rows affected (0.01 sec)

mysql> INSERT INTO relaycommand (gatewayID,relayID,command)VALUES(1,1,1);
Query OK, 1 row affected (0.00 sec)

mysql> INSERT INTO relaycommand (gatewayID,relayID,command)VALUES(1,1,0);
Query OK, 1 row affected (0.00 sec)

mysql> INSERT INTO relaycommand (gatewayID,relayID,command)VALUES(2,1,1);
Query OK, 1 row affected (0.00 sec)
```

图 10-95　MySQL 执行“relaycommand”表格创建及数据插入

```
mysql> Select * from relaycommand;
+---------------------+-----------+---------+---------+
| datetime            | gatewayID | relayID | command |
+---------------------+-----------+---------+---------+
| 2023-12-06 14:53:41 |         1 |       1 |       1 |
| 2023-12-06 14:53:41 |         1 |       1 |       0 |
| 2023-12-06 14:53:43 |         2 |       1 |       1 |
+---------------------+-----------+---------+---------+
3 rows in set (0.00 sec)
```

图 10-96　MySQL 查看所插入的“relaycommand”表格数据

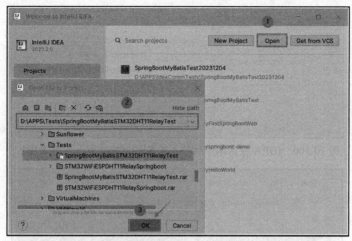

图 10-97　IDEA 打开所解压的 SpringBoot Web 服务器项目文件夹

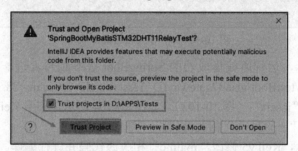

图 10-98　IDEA 导入项目界面单击 Trust Project 按钮

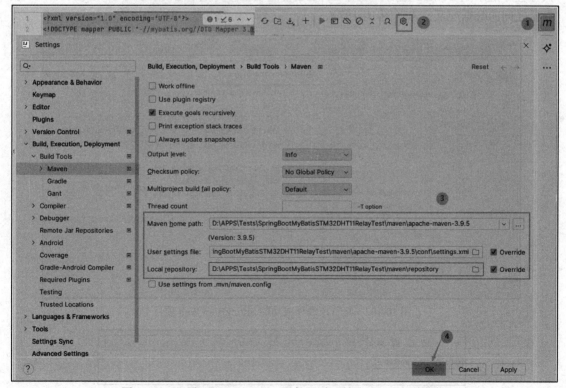

图 10-99　配置 SpringBoot Web 服务器项目所需 maven 相关路径

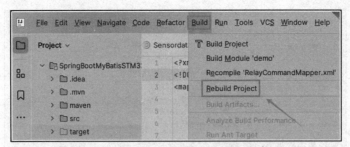

图 10-100　IDEA 重新编译所导入的 SpringBoot Web 服务器项目

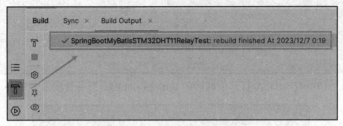

图 10-101　所导入项目编译成功

　　如图 10-102 所示，运行所编译成功的 SpringBoot Web 项目。进一步地，在浏览器访问 "http://localhost:8080/testBoot/insert?gatewayID=1&sensorID=1&value=28.3"，查看 Relaycommand 相关 Web 页面 "insert"（图 10-103）。如图 10-104 所示，利用 Keil v5 打开 STM32 相关源代码；进一步修改 "esp8266.c" 相关源代码（图 10-105）。

　　如图 10-106 所示，Keil v5 修改 "main.c" 相关源代码并进行编译。成功将编译成功的可执行程序烧录到 STM32 之后，运行 STM32 智能设备，并查看 STM32 与 SpringBoot Web 服务器之间的数据交互日志（图 10-107）。

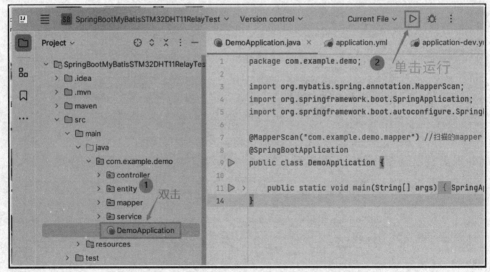

图 10-102　运行所编译成功的 SpringBoot Web 项目

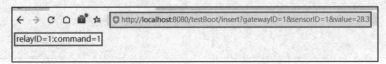

图 10-103　浏览器查看 Relaycommand 相关 Web 页面 "insert"

图 10-104 利用 Keil v5 打开 STM32 相关源代码

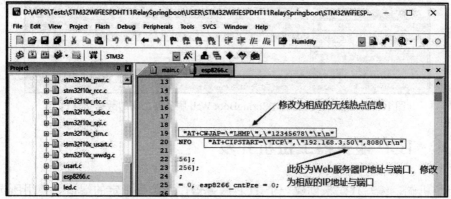

图 10-105 Keil v5 修改 "esp8266.c" 相关源代码

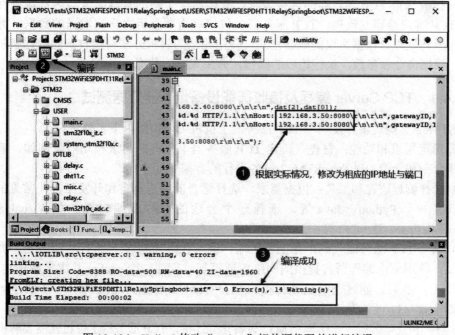

图 10-106 Keil v5 修改 "main.c" 相关源代码并进行编译

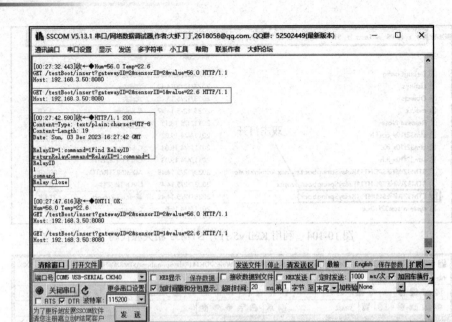

图 10-107 查看 STM32 与 SpringBoot Web 服务器之间的数据交互日志

10.4 TCP 服务器上位机开发

在上位机端，编写代码来创建一个 TCP 服务器，并监听指定的端口。使用所选编程语言提供的网络库或框架，创建一个 socket 并绑定到指定的 IP 地址和端口上。然后，通过监听 socket 接收来自 TCP 客户端的连接请求，并创建一个新的 socket 来与客户端进行通信。一旦与 TCP 客户端建立连接，TCP 服务器上位机就需要解析客户端发送的数据，并根据协议进行相应的处理。根据协议的数据格式，使用相应的解析方法将接收到的数据解析为可读的格式。根据命令和参数，执行相应的操作，并生成响应数据。

10.4.1 TCP Server 编程及接收智能设备传感器数据测试

为 STM32 智能设备开发一个 TCP 服务器上位机可以按照以下步骤进行。

（1）确定需求和功能：首先，确定 TCP 服务器上位机的需求和功能。例如，确定需要实现哪些命令和功能，以及与 STM32 设备进行的数据交互方式。

（2）选择编程语言和工具：根据需求，选择适合的编程语言和开发工具。常见的编程语言包括 C/C++、Python、Java 等。选择一个合适的 IDE 或编辑器，如 Visual Studio、PyCharm、Eclipse、DevC++等。

（3）编写 TCP 服务器代码：在上位机端，编写代码来创建一个 TCP 服务器，并监听指定的端口。使用所选编程语言提供的网络库或框架，创建一个 socket 并绑定到指定的 IP 地址和端口上。然后，通过监听 socket 接收来自 STM32 设备的连接请求，并创建一个新的 socket 来与 STM32 设备进行通信。

（4）解析和处理数据：一旦与 STM32 设备建立连接，TCP 服务器上位机就需要解析 STM32 设备发送的数据，并根据协议进行相应的处理。根据协议的数据格式，使用相应的解析方法将接收到的数据解析为可读的格式。根据命令和参数，执行相应的操作，并生成响应数据。

（5）调试和优化：根据测试结果进行调试和优化。可以使用调试工具来查看网络通信和数据交互的情况，如网络抓包工具或调试器。

以上是为 STM32 智能设备开发一个 TCP 服务器上位机的基本步骤。具体的实现方式和代码会根据所选的编程语言与工具而有所差异。本章采用 DevC++工具及 C++来开发一个 TCP Server 上位机。

DevC++工具具备 6 个特点。①免费且开源：DevC++是免费的，并且源代码是开放的，这意味着任何人都可以免费使用它，并且有权修改和定制。②基于 MinGW 编译器：DevC++集成了 MinGW 编译器，MinGW 是一个基于 GNU 编译器集合的开源工具集，允许开发者在 Windows 平台上编译运行 C 和 C++代码。③用户友好的界面：DevC++提供了一个直观的用户界面，包括代码编辑器、编译器、调试器和其他工具，使开发者可以方便地编写、调试和管理他们的 C/C++项目。④丰富的功能：它支持许多功能，如语法高亮、代码折叠、代码补全等，以提高编码效率。此外，它还具有内置的代码模板和调试器，使开发过程更加顺畅。⑤跨平台：尽管主要是在 Windows 平台上使用，但 DevC++也可以在 Linux 和 macOS 上运行，并且可以通过 Wine 在其他操作系统上运行。⑥插件支持：DevC++支持插件，可以扩展其功能，满足不同开发需求。这意味着开发者可以根据自己的需求定制 DevC++，使其适合特定的项目或工作流程。

DevC++开发工具的优势主要有 3 点。①简单易用：DevC++的界面简单直观，易于上手，适合初学者和有经验的开发者。②轻量级：它是一个轻量级的 IDE，不会占用太多系统资源，适合在较低配置的计算机上运行。③快速编译：基于 MinGW 编译器，DevC++可以快速编译 C 和 C++代码，提供快速的开发和调试体验。如图 10-108 所示，DevC++进行 TCPServer 编程。

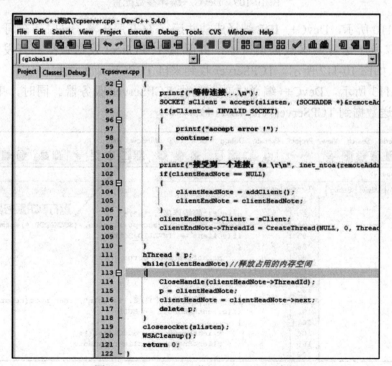

图 10-108　DevC++进行 TCPServer 编程

　　如图 10-109 所示，对 DevC++ 的编译参数进行配置。在 DevC++ 编程主界面选择"Tools"，→ "Compiler Options"，并在配置界面的"calling compiler"窗口添加"-std=c++11 -lwsock32"。这些选项将告诉编译器使用 C++11 标准进行编译，并链接到 Windows 套接字库。

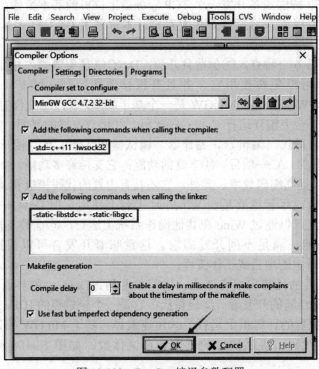

图 10-109　DevC++ 编译参数配置

　　如图 10-110 所示，DevC++ IDE 编译成功并运行 TCP 服务器。同时，在同一局域网中的另外一台计算机上运行网络数据调试器，并配置 TCPClient 发送数据到开发的 TCPServer（图 10-111）。如图 10-112 所示，TCPServer 收到来自 TCPClient 的数据。

　　如图 10-113 所示，DevC++ 编译成功并运行 TCPServer 服务器。同时，串口调试 ESP Wi-Fi 模块发送数据到 TCPServer（图 10-114）。

图 10-110　编译运行 TCP 服务器

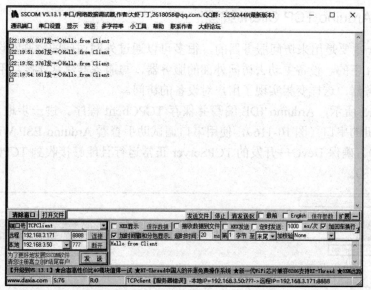

图 10-111　网络数据调试器配置 TCPClient 发送数据到开发的 TCPServer

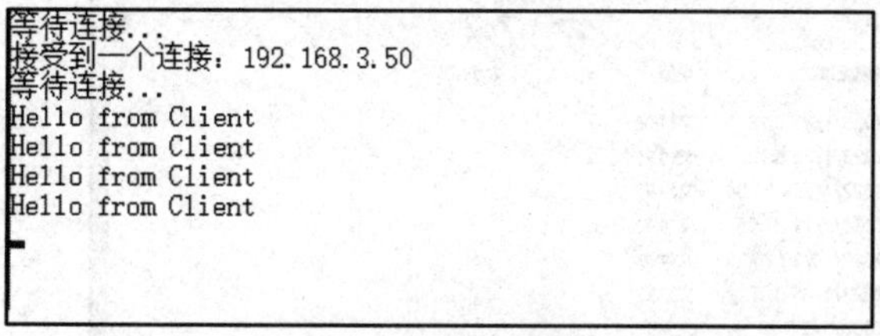

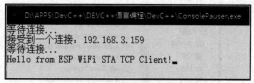

图 10-112　DevC++运行 TCPServer 并收到
来自 TCPClient 的数据

图 10-113　DevC++编译成功并运行
TCPServer 服务器

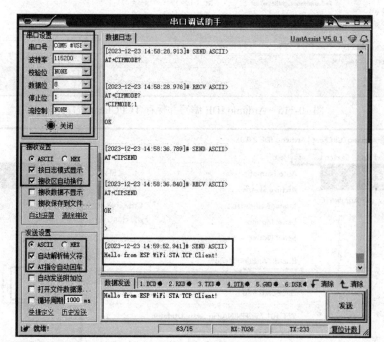

图 10-114　串口调试 ESP Wi-Fi 模块发送数据到 TCPServer

10.4.2　Arduino TCP Client 编程

TCP Client 主要是用来访问服务器的，很多可以通过外网访问的物联网设备主要就是工作在 TCP Client 下的。设备主动去访问外部的服务器，与服务器建立连接，用户的 App 也是去访问这个服务器，这样变相实现了用户对设备的访问。

如图 10-115 所示，Arduino IDE 编写并保存 TCPClient 程序。进一步地，确认 Arduino 硬件连接计算机的串口（图 10-116），使用串口调试助手查看 Arduino ESP Wi-Fi 设备运行日志（图 10-117）。确保 DevC++开发的 TCPServer 正常运行且能够接收到 TCPClient 所发送的数据（图 10-118）。

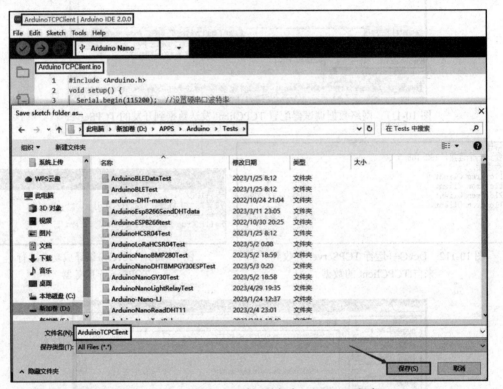

图 10-115　Arduino IDE 编写并保存 TCPClient 程序

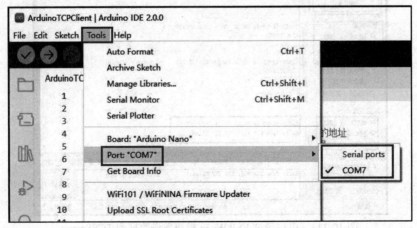

图 10-116　确认 Arduino 硬件连接计算机的串口

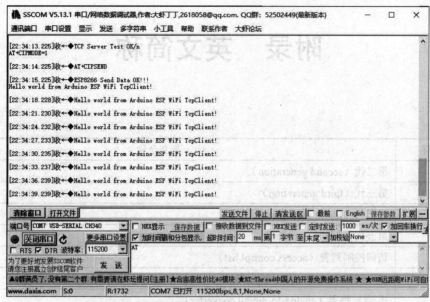

图 10-117　串口调试助手查看 Arduino ESP Wi-Fi 设备运行日志

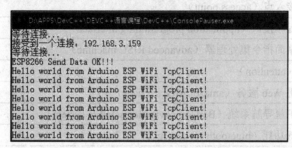

图 10-118　DevC++开发 TCPServer 运行及接收 TCPClient 数据情况

10.5　小结

物联网智能设备可以把数据发送到 Web 服务器，其接收数据之后，可以进行存储及展示。本章首先阐述了 Web 服务器与智能设备之间数据传输的网络拓扑图。然后，叙述了 Web 开发工具 IntelliJ IDEA 的安装与测试；进一步地，基于 SpringBoot MyBatis 技术，开发了 Web 服务器。同时，本章还讨论了基于 C++开发的 TCP 服务器上位机。Arduino Nano 智能网关数据收集测试、STM32 智能网关数据收集及控制测试。

思考题

1. 简述 IntelliJ IDEA 开发工具的优点。
2. 简要介绍 Arduino 智能设备数据发送 Web 服务器的机理。
3. 简要介绍如何通过 Web 服务器发送指令控制 STM32 智能设备继电器。

请扫描下列二维码获取第 10 章-智能物联网设备上位机软件设计-源代码与库文件相关资源。

附录 英文简称

英文简称	中、英文全称
2G	第二代（second generation）
3G	第三代（third generation）
4G	第四代（fourth generation）
5G	第五代（fifth generation）
ACL	访问控制列表（access control list）
AD	模拟到数字（analog-to-digital）
ADC	模/数转换器（analog-to-digital converter）
AP	无线接入点（access point）
API	应用程序接口（application programming interface）
ARM	高级精简指令集处理器（advanced RISC machine）
AT	指令（attention）
AWS	亚马逊 Web 服务（amazon Web services）
BDS	北斗卫星导航系统（BeiDou navigation satellite system）
BLE	蓝牙低功耗（bluetooth low energy）
BOM	物料清单（bill of materials）
BT	无线蓝牙（bluetooth）
CAN	控制器局域网（controller area network）
CCK	补码键控（complementary code keying）
CMOS	互补金属氧化物半导体（complementary metal oxide semiconductor）
CMSIS	cortex 微控制器软件接口标准（cortex microcontroller software interface standard）
CoAP	受限应用协议（constrained application protocol）
COM	公共端（common）
CPU	中央处理器（central processing unit）
CRUD	创建、读取、更新和删除（create，read，update，delete）
DFP	设备家族包（device family pack）
DMA	直接存储器存取（direct memory access）
DRC	设计规则检查（design rule check）
DSSS	直接序列扩频（direct sequence spread spectrum）
DTR	数据终端准备好（data terminal ready）
EDA	电子设计自动化（electronic design automation）
EEPROM	电可擦除可编程只读存储器（electrically-erasable programmable read-only memory）

英文简称	中、英文全称
FPGA	现场可编程门阵列（field-programmable gate array）
FTDI	未来技术设备国际（future technology devices international）
FTP	文件传输协议（file transfer protocol）
GCP	Google 云平台（Google cloud platform）
GPIO	通用输入输出（general-purpose input/output）
GPRS	通用无线分组业务（general packet radio service）
GPS	全球定位系统（global positioning system）
GPL	通用公共许可协议（general public license）
GUI	图形用户界面（graphical user interface）
HAL	硬件抽象层（hardware abstraction layer）
HPM	鸿蒙包管理器（HarmonyOS package manager）
HTML	超文本标记语言（hypertext markup language）
HTTP	超文本传输协议（hyper text transfer protocol）
HTTPS	超文本传输安全协议（hypertext transfer protocol secure）
IAP	在应用编程（in applicating programing）
ICP	在电路编程（in circuit programing）
IDE	集成开发环境（integrated development environment）
I2C	集成电路总线（inter-integrated circuit）
I/O	输入/输出（input/output）
IOT	物联网（internet of things ）
IP	互联网协议（internet protocol）
IPC	进程间通信（inter-process communication）
IPEX	额外输入参数（input parameter extra）
IPv4	互联网协议第四版（internet protocol version 4）
IPv6	互联网协议第六版（internet protocol version 6）
ISR	中断服务例程（interrupt service routine）
JAR	Java 归档（java archive）
JPA	Java 持久层 API（java persistence API）
LWM2M	轻量级的机器对机器通信（lightweight machine-to-machine）
LoRa	远距离无线电（long range radio）
LL	底层（low layer）
LLDB	底层调试器（low level debugger）
MCS-51	微计算机系统-51（micro computer system-51）
MCU	单片机（microcontroller unit）
MDK	微控制器开发工具包（microcontroller development kit）
MPU	内存保护单元（memory protection unit）

英文简称	中、英文全称
MQTT	消息队列遥测传输（message queuing telemetry transport）
MSP	主堆栈指针（main stack pointer）
MVC	模型视图和控制器（model-view-controller）
NAT	网络地址转换（network address translation）
NB-IoT	窄带物联网（narrow band internet of things）
NC	常闭触点（normally closed）
NFC	近场通信（near field communication）
NMOS	N 型金属氧化物半导体（N-metal-oxide-semiconductor）
NO	常开触点（normally open）
NVIC	内嵌向量中断控制器（nested vectored interrupt controller）
OFDM	正交频分复用（orthogonal frequency division multiplexing）
PaaS	平台即服务（platform as a service）
PC	个人计算机（personal computer）
PCB	印刷电路板（printed circuit board）
PIC	可编程接口控制器（programmable interface controllers）
PLC	可编程逻辑控制器（programmable logic controller）
POM	项目对象模型（project object model）
PSP	进程堆栈指针（process stack pointer）
PWM	脉冲宽度调制（pulse width modulation）
RAM	随机存取存储器（random access memory）
RDP	远程桌面协议（remote desktop protocol）
RFID	射频识别（radio frequency identification）
REST	表述性状态传递（representational state transfer）
RISC	精简指令集计算机（reduced instruction set computer）
ROM	只读存储器（read-only memory）
RS-232	推荐标准 232（recommended standard 232）
RS-485	推荐标准 485（recommended standard 485）
RSSI	接收信号强度指示（received signal strength indication）
RTC	实时时钟（real-time clock）
RTOS	实时操作系统（real time operating system）
RX	接收（receive）
RXD	外部数据输入线（receive external data）
SCL	串行时钟线（serial clock line）
SDA	串行数据线（serial data line）
SDIO	安全数字输入输出接口（secure digital input/output）
SFTP	安全文件传输协议（SSH file transfer protocol）

英文简称	中、英文全称
SMA	超小型 A 型（subminiature version A）
SMTP	简单邮件传输协议（simple mail transfer protocol）
SOPC	片上可编程系统（system on a programmable chip）
SP	设置堆栈指针（stack pointer）
SPI	串行外设接口（serial peripheral interface）
SPL	标准外设库（standard peripherals library）
SPP	串口协议（serial port profile）
SQL	结构化查询语言（structured query language）
SRAM	静态随机存取存储器（static random access memory）
SSH	安全外壳协议（secure shell）
SWDIO	串行数据输入输出引脚（serial wire data input output）
SWCLK	串行线时钟引脚（serial wire clock）
TCP	传输控制协议（transmission control protocol）
TDOA	到达时间差（time difference of arrival）
TTL	生存时间（time to live）
TWI	双线接口（two wire interface）
TX	发送（transport）
TXD	外部数据输出线（transmit external data）
UART	通用异步收发器（universal asynchronous receiver/transmitter）
UDP	用户数据报协议（user datagram protocol）
USB	通用串行总线（universal serial bus）
URC	非请求结果码（unsolicited result code）
URL	统一资源定位符（uniform resource location）
UWB	超宽带（ultra wide band）
VHDL	VHSIC 硬件描述语言（VHSIC hardware description language）
VHSIC	超高速集成电路（very-high-speed integrated circuits）
WDT	加权数据发送器（weight data transmitter）
WebDAV	web 分布式编写和版本控制（web-based distributed authoring and versioning）
WEP	有线等效保密（wired equivalent privacy）
WLAN	无线局域网（wireless local area network）
WPA	Wi-Fi 网络安全接入（Wi-Fi Protected access）
XML	可扩展标记语言（extensible markup language）

参 考 文 献

[1] 姜天童，赵宇平，赵玉凤，等. 机器视觉技术在中医智能设备中的应用分析与探讨[J]. 中国中医基础医学杂志，2024，30（3）：407-412.

[2] 祝初等. 基于新技术集成应用的智能水电机电设备运维[J]. 工业控制计算机，2024，37（3）：155-156.

[3] 刘家严，施昌建，陈有才，等. 智能设备主备运行方法研究[J]. 机电信息，2024（5）：14-17.

[4] 王晶. 直击世界移动通信大会：5G、AI 与智能穿戴设备共舞[N]. 每日经济新闻，2024-03-01（7）.

[5] 刘玉洁，唐升，郎波，等. 智能水产养殖系统设备故障诊断与排除[J]. 电子制作，2024，32（5）：83-85，78.

[6] 赵相海. 智能化采煤设备优化配置及其对煤矿生产效率的影响研究[J]. 中国设备工程，2024（4）：26-28.

[7] 朱新保. 智能建筑电气设备安装质量控制措施探讨[J]. 中国设备工程，2024（4）：30-32.

[8] 张利刚，李波，陈靖承. 采煤工作面设备智能联动控制应用研究[J]. 中国煤炭工业，2024（2）：68-69.

[9] 贺田，贾鹏，李广伟，等. 基于嵌入式人工智能设备的流星光学监测系统[J]. 天文学报，2024，65（1）：55-68.

[10] 王子怡，刘喆，李玉婉，等. 深度学习下物联网智能零售设备的投放设计与应用[J]. 信息记录材料，2024，25（1）：242-244.

[11] 陈云帆. 电力系统中 5G 移动通信与物联网技术的应用研究[J]. 光源与照明，2024（1）：77-79.

[12] 陈琳. 物联网时代信息通信技术的应用与发展[C]//广东省国科电力科学研究院. 第五届电力工程与技术学术交流会议论文集. 重庆：重庆信息通信研究院，2024：2.

[13] 尹晶晶，付紫平. 基于 LoRa 的鸡舍环境物联网监测系统研究[J]. 西昌学院学报（自然科学版），2023，37（4）：42-47.

[14] 张鹏. 基于"5G+物联网技术"的智慧工地监管平台方案设计研究[J]. 中国新通信，2023，25（23）：13-15.

[15] 王耀国. 铁建智慧工地场景下的无线通信技术研究[J]. 铁道建筑技术，2023（11）：15-17，24.

[16] 翟琛. 基于物联网的 5G 通信技术研究[J]. 信息与电脑（理论版），2023，35（21）：179-181.

[17] 王凡. NB-IoT 体制在低轨卫星物联网场景下的适应性分析及改造[D]. 南京：南京邮电大学，2023.

[18] 杨红云. 基于窄带物联网通信的电商物流配送链信息整合方法[J]. 长江信息通信，2023，36（10）：221-223.

[19] 张翀，冯海亮，郝洺. 卫星物联网技术在广电的应用思考[J]. 广播电视信息，2023，30（8）：92-94.

[20] 庞启明，吴有龙，杨娟，等. 基于北斗定位的智慧城市窨井盖安全监测系统设计[J]. 物联网技术，2023，13（6）：8-10.

[21] 伍鹏宇，龚佑斌，张力. 印制电路板设计原则与电磁兼容措施[J]. 电子质量，2023（11）：62-67.

[22] 叶成彬. "嘉立创 EDA"校企联合实验室建设研究[J]. 装备制造技术，2023（10）：126-129.

[23] 杨明静，乔新晓，骆兆松. 印制电路板设计对产品可靠性的影响[J]. 信息技术与信息化，2022（9）：153-156.

[24] 陈真，李小亮，周蕾. 电路板设计与制造的衔接探讨[J]. 电子质量，2021（10）：142-146.

[25] 邵疆. 提高电路板设计品质的检查方法[J]. 集成电路应用，2020，37（7）：32-35.

[26] 张利国. Altium Designer 18 电路板设计入门与提高实战[M]. 北京：电子工业出版社，2020.

[27] 王丽博，王庆平. 基于红外测距传感器的倒车雷达电路板设计[J]. 农机使用与维修，2019（10）：20-21.

[28] 郭锐，孙宏伟. 基于 Altium Designer 印制电路板的设计与实现[J]. 中国新通信，2019，21（9）：224.

[29] 戴乾军，袁庆运，牛金鹏. 基于物联网+PLC 的铁路翻车控制系统设计[J]. 常州工学院学报，2023，36（5）：21-26.

[30] 魏冬至. 某种车型智能继电器控制逻辑分析[J]. 汽车电器，2022（10）：107-108.

[31] 杜彬. 基于网络继电器的物联网控制系统模型研究[J]. 山西电子技术，2022（5）：82-84.

[32] 李倩，陈海永，曾鸿，等. 基于物联网技术的保护装置用中间继电器校验仪的研制[J]. 电工技术，2022（12）：121-124.

[33] 吕国涛，尹永利，赵传啸，等. 全自动全接点智能继电器校验仪设计[C]//中国水力发电工程学会自动化专业委员会. 中国水力发电工程学会自动化专委会 2021 年年会暨全国水电厂智能化应用学术交流会论文集. 成都：雅砻江流域水电开发有限公司，2021：4.

[34] 郑定超，李稗. 一种智能继电器模块的设计与制作[J]. 中原工学院学报，2019，30（1）：49-52.

[35] 韩文彬，薛彦平. 基于 LoRa 与 UWB 的复合全无线瓦斯抽采精准管控平台方案研究与应用[J]. 煤矿机械，2024，45（3）：186-189.

[36] 雷一鸣，李建莉. 一种基于 LoRa 无线技术的架空故障指示器设计[J]. 机械工程与自动化，2024（1）：179-180.

[37] 张力文. 基于 LoRa 技术的地铁车辆段物联系统标准化研究[J]. 科技与创新，2024（1）：1-4.

[38] 朱伶俐，石岩. 基于 LoRa+5G 边缘网关的高速公路智能立柱路侧预警系统设计与实现[J]. 通化师范学院学报，2023，44（12）：7-12.

[39] 李欣，高山林，王涵，等. 基于 LoRa 技术的智能监测系统设计与实现[J]. 海军工程大学学报，2024，36（1）：15-21，28.

[40] 丁小一，刘宏斌. 基于 LoRa 技术的智能阳台监测系统设计[J]. 电子制作，2023，31（21）：32-36.

[41] 周文东. LoRa 体制低轨卫星物联网场景下的上行接入性能分析以及终端参数配置方法研究[D]. 南京：南京邮电大学，2023.

[42] 袁三男. 基于 LoRa 物联网技术的门禁管理系统研究[J]. 上海电力大学学报，2023，39（5）：496-499，506.

[43] 吴瑞增，王海雁. 基于 LoRa 的汽车智能充电装置控制系统设计和实现[J]. 装备维修技术，2023（5）：41-44.

[44] 李彦廷，董飞，葛鲲鹏，等. 基于 LoRa 的矿工体征状态监测系统设计[J]. 曲阜师范大学学报（自然科学版），2023，49（4）：91-98.

[45] 何九葛，张一东，张欲峰，等. 基于远程智能气象站的配网线路杆塔带电作业效率提升研究[J]. 科技资讯，2024，22（1）：60-63.

[46] 王琛玮，燕并男. 基于 STM32 的便携式智能气象站设计[J]. 微型电脑应用，2023，39（10）：43-46.

[47] 吴天明，罗桂湘，姜殿荣. 虚拟现实技术在智能自动气象站中的应用——评《自动气象站技术与应用》[J]. 中国农业气象，2023，44（7）：646.

[48] 王振超，陈雪娇，刘姝，等. 微型智能气象站降雨观测对比试验[J]. 应用气象学报，2023，34（4）：438-450.

[49] 蔡雄友，麦健炜，韩冰，等. 基于 ESP32-E 的智能桌面气象站设计[J]. 工业控制计算机，2023，36（4）：73-74，77.

[50] 周嘉健，徐黄飞，吕玉嫦，等. 自动气象站业务可用性智能统计平台开发[J]. 气象水文海洋仪器，2022，39（4）：111-113.

[51] 严忠国，姚杨，黄高平，等. 自动气象站天气现象智能观测仪故障分析及维护[J]. 科技与创新，2022（17）：146-148.

[52] 许兵甲，黄飞龙. 基于物联网的智能自动气象站设计[J]. 广东气象，2022，44（4）：74-76.

[53] 张初江，邓圣，陈利芳，等. 自动气象站远程智能控制系统设计与应用[J]. 气象水文海洋仪器，2020，37（2）：76-78.

[54] 金伟民，王执宇. 基于智能开关的配电网电能质量监测及负荷控制技术[J]. 电气技术与经济，2024（2）：125-127.

[55] 余孟，沈星星，李梅，等. 一种多位双控或多控单火线智能开关的研究[J]. 日用电器，2023（11）：123-128，140.

[56] 胡俊，梅军. 一种智能复合开关应用在电阻表检定装置的可行性研究[J]. 中国计量，2023（11）：127-130.

[57] 刘雪峰，兆俊杰. 基于云服务的配电网智能开关[J]. 模具制造，2023，23（11）：217-219.

[58] 童星，马宏伟，李娅琪，等. 井下智能开关数据传输控制系统研制[J]. 仪器仪表用户，2023，30（11）：16-20.

[59] 王宾. 基于单片机的智能开关窗系统设计研究[J]. 沈阳工程学院学报（自然科学版），2023，19（4）：64-70.

[60] 陈洪东，林崚霄. 智能开关电源的设计[J]. 家电维修，2023（9）：26-29.

[61] 李齐新. 智能开关插座的发展探讨[J]. 中国照明电器，2023（7）：42-44.

[62] 龙刚成，吴庭政，黄河，等. 基于云服务的配电网智能开关[J]. 工业控制计算机，2023，36（5）：148-149.

[63] 彭锦锟，王文华. 基于 LD3320 语音控制的家用电器智能开关系统设计[J]. 机电工程技术，2023，52（5）：154-158.

[64] 刘捷. 基于鸿蒙的新一代智能 POS 业务软件设计[J]. 电子元器件与信息技术，2023，7（12）：32-35.

[65] 钟丽容. 基于开源鸿蒙系统的人工智能实训系统设计与实现[J]. 网络安全和信息化，2023（9）：116-118.

[66] 景峻，李杰，桑中山，等. 基于 OpenHarmony 智能控制器的隧道智慧运维应用[J]. 运输经理世界，2023（19）：74-76.

[67] 周守宇，傅文睿，刘希昱，等. 基于开放鸿蒙的口岸联网集成智能盒设计[J]. 网络安全和信息化，2023（2）：59-60.

[68] 张洋，刘建粉. 基于鸿蒙 Hi3861 和 STM32 双控的智能餐厅系统设计[J]. 物联网技术，2023，13（1）：85-88.

[69] 王晶星，李新良，李维. 鸿蒙操作系统在智能测量仪器中的应用[J]. 计测技术，2022，42（6）：96-107.

[70] 张磊，付紫妍，付梁，等. 基于鸿蒙操作系统的老人智能手表设计[J]. 集成电路应用，2022，39（12）：360-362.

[71] 李苏，何巍. 鸿蒙 Hi3861 IoT Wi-Fi 模组的智能家居设计[J]. 单片机与嵌入式系统应用，2022，22（12）：80-82，87.

[72] 邵泽杰，孙俊峰，陈靖康，等. 基于鸿蒙操作系统的智能安全驾驶监测系统[J]. 电子产品世界，2022，29（10）：20-23.

[73] 张亚，王超，胡闯，等. 冲击波超压测试多设备接入上位机软件设计及应用[J]. 计算机工程，2024（5）：272-278.

[74] 明杰婷，杨杰君，文健峰，等. 基于 UDS 协议的新能源客车智能诊断上位机软件开发[J]. 客车技术与研究，2023，45（6）：23-27.

[75] 杨青春. 飞机强度试验智能化监控系统上位机软件设计[J]. 今日制造与升级，2023（10）：91-93.

[76] 孙健，刘杰华，孙鹏，等. 低周疲劳试验技术研究及上位机软件设计[J]. 工程与试验，2023，63（3）：98-101.

[77] 潘雪荧，吴庆达. 基于 Qt 的仿蚕机器人上位机软件设计与实现[J]. 现代制造技术与装备，2023，59（8）：193-196.

[78] 谢乐乐，向忠. 面向海缆弯曲限制器锁合性能测试的上位机软件设计与实现[J]. 计算机时代，2023（8）：113-116.

[79] 管家驹，向忠. LNG 气瓶内胆耐压测试系统上位机软件设计与实现[J]. 计算机时代，2023（6）：138-141.

[80] 王东，杨杰. 温室大棚监控系统上位机软件设计[J]. 无线互联科技，2023，20（9）：69-73.

[81] 晁阳. 图书馆纸张表面缺陷检测上位机软件系统开发[J]. 造纸科学与技术，2023，42（2）：82-85.

[82] 侯清，王浩全，李凯丰. 基于 Qt 的空耦超声探伤系统上位机软件设计[J]. 工业控制计算机，2023，36（2）：35-37.

[83] 余立强，张学东. 一种基于 Android 的 AHRS 上位机软件设计[J]. 中国科技信息，2023（1）：31-35.

[84] 张超力，武国旺，孟超，等. 输煤皮带巡检机器人系统上位机软件设计与实现[J]. 能源与节能，2022（12）：183-185.

[85] 费晓昕，吴述园，朱红生，等. 面向地表水水质检测的无人船上位机软件设计与实现[J]. 计算机时代，2022（9）：49-52.